KB149826

UNDERSTANDING NANOMATERIALS

나노물질의 이해

MALKIAT S. JOHAL 지음
이용산 · 김석원 옮김

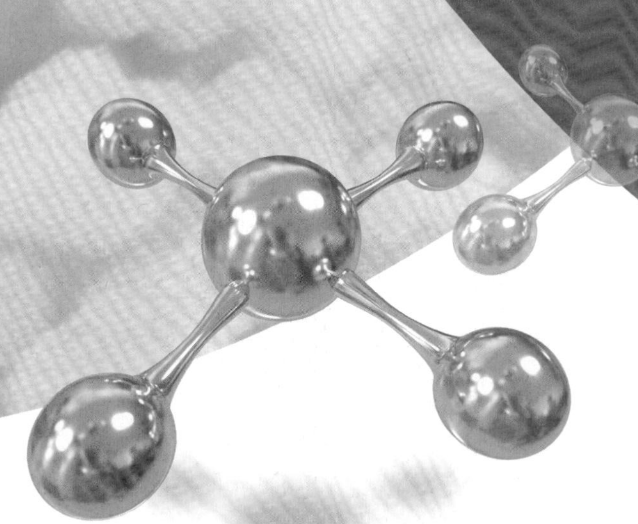

청문각

역자 서문

나노미터(nm)는 10억 분의 1미터라는 아주 작은 크기이지만, 이 영역에서는 기존과는 매우 다른 특이한 현상이 나타나기 때문에 크게 주목받는다. 1981년에 주사 터널링현미경이 발명되고, 이어서 1986년에 원자력간 현미경이 발명되면서 나노세계를 직접 관찰할 수 있게 됨에 따라, 1990년대 초반부터 '나노'세계에 대한 관심이 표면화되기 시작하였다. 특히 1991년에 탄소 나노튜브의 합성이 가능해지고, 2000년 1월에 미국 클린턴 대통령이 "나노기술이 21세기를 끌어갈 3대 산업중 하나"라는 발표를 한 후 나노과학기술이 더욱 활성화되었다.

'나노'라는 용어를 이제는 우리 주변에서도 쉽게 접할 수 있다. 나노기술은 물리, 화학, 생명과학, 공학, 전자공학, 소재공학, 화학공학 등 과학기술계 전 영역에서 큰 파급효과를 가져오고 있어서, 대학에서도 나노학과나 나노대학이 설립되고 있다. 지금까지 많은 서적들이 저술되거나 번역되어서 관련 전공 학생들이 나노현상을 이해하는 데 도움을 주고 있다. 그러나 '나노'의 응용분야가 워낙 광범위하여 한 두 권의 지침서로는 쉽게 이해하기가 어려운 것이 현실이다. 나노물질과학을 취급한 도서가 드물기에 이를 안타깝게 생각하고 있던 차에 역자 중의 한 사람이 해외 연구년 중에 우연히 접한, 젊은 나노과학자인 Malkiat S. Johal 교수가 쓴 'Understanding Nanomaterials'라는 책이 나노분야의 입문과정 학생들에게 나노 물질/재료 및 나노시스템에 대하여 쉽게 설명할 수 있을 것이라는 확신을 얻게 되어 이 책을 우리 글로 옮겨보기로 하였다.

이 책은 총 5개의 장으로 구성되었다. 앞의 세 장은 나노 물질과학의 소개와 기초를 다루고, 뒤의 두 장은 나노 물질의 응용을 다루고 있어서 대학 학부과정 학생들의 한 학기용 교재나 나노 물질과학 분야의 입문과정 학생들에게 좋은 지침이 될 것이라 생각한다.

가능한 원서에 충실하게 옮기려고 노력하였으나 아직도 많이 부족하다는 두려움이 앞섬을 부인할 수가 없다. 보다 좋은 책이 될 수 있도록 독자들의 많은 충고와 지적을 바라는 바이다.

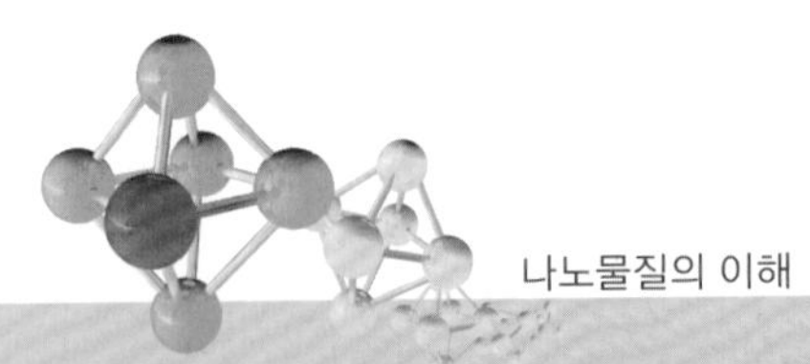

끝으로 이 책을 완성하는데 도움을 준 울산대학교 광전자연구실과 대진대학교 물리학과의 여러 학부생과 대학원생들에게 감사의 말씀을 전하며, 책의 출간을 흔쾌히 허락하신 청문각 관계자 여러분께 진심으로 감사드린다.

2014년 11월
역자 일동

저자 서문

❑ 학생들에게

나노 과학은 급속히 변하는 분야로 새로운 혁명과 발견이 매일 이루어지고 있다. 과학적 조사보고가 지난 수년 동안 만들어온 단편들조차 획득한 책을 쓰는 것은 기념비적인 일이 될 것이다. 이 책에 나오는 주제는 이 분야의 기본적인 이해를 제공하기 위하여 주의 깊게 선택될 것이다. 가령 컴퓨터를 사용하는 화학과 고체물리학 같은 많은 중요한 주제가 제한된 범위를 제공한다. 이 책은 학부 수준의 과학 교육 과정을 거칠 학생들에게 이해하기 쉽도록 구성하였다.

이 책은 나노 물질을 이해하는 것에 중점을 둔 나노 과학의 전학기 또는 반학기 과정으로 구성되었다. 이해시키는 것이 이 책 뒤에 숨겨진 주목적이다. 만들어진 나노 물질을 어떻게 특성화할 것인가를 설명하는 것만큼 자기 조립 과정에 있는 분자의 추진력을 충분히 통찰하는 것, 자기 조립과 특성화에 대한 지식은 재미있는 시스템을 이해하는 데 필수불가결하다.

이 책은 과학 논문에서 억지로 취하지 않았음이 주목되고, 오히려 기초 문헌과 연관되어 사용되어야 한다.

❑ 가르치는 분들에게

물리학, 화학, 생물학에서 기본적인 수행 수준만을 생각해서, 저자는 많은 과학 분야에서 적절한 자료들을 취합하였다. 어려운 수학 문제는 주요 결과와 간단한 증명을 보이는 것에 제한되었다. 강사는 그들의 재량을 자기 분야에서 어느 정도 부적절하거나 제한할 수 있는 분야에서 '강조하거나 결함을 채우는(filling holes)' 데 사용해야 한다. 반학기 모델은 책에서 직접 가르치고 연습문제들을 푸는 것을 제안한다. 전학기 과정에서는 학생들이 기본 문헌을 참고하도록 요구하는 과정에서 사용되어야 한다. 비록 학생들이 논문을 일찍 읽도록 훈련하는 것을 제안할지라도 고급 수준의 학급에서 중간과정에 더 적절할 수 있다.

이 책에서 취한 접근 방법은 학생들이 이 분야의 논문을 읽도록 준비시키는 데 초점을 두고 있다. 이 책은 학생들이 과학 저널의 기사를 이해할 수 있도록 필요한 배경을 제공한다. 학생들이 발표와 토론을 위하여 재미있는 논문을 선택한 학생세미나 시리즈와 연결하여 이 책의 자료들을 가르치는 것도 좋다. 이런 방식은 기초적인 토론과 문제 풀이 방법을 연결시키고, 학문 분야의 연구에 방향을 제공한다.

❑ 감사의 글

이 책은 친구와 가족의 지원 없이는 불가능했다. 저자의 연구실 학생들과 소프트-나노 물질 수업 회원들(2008과 2009)의 도움이 이 분야에 흥미를 가진 학생들의 필요를 충족시키는 교재 개발의 원동력이 되었다. 편집과 원고의 해박한 교정을 포함하여 많은 도움을 주신 Robert Rawle, Theodore Zwang, Michael Haber, Michael Gormally와 Thomas Lane에게 진심어린 감사를 표현하고 싶다. 그리고 자세한 원고 교열과 적극적인 조언을 해준 루터 대학교의 Lisa Klein 교수, 조지아 대학교의 Marcus Lay 교수, 노스캐롤라이나 주립대학의 Joseph Tracy 교수에게도 감사의 마음을 전한다. 마지막으로 나의 편집자 Lunna Han의 헌신에 감사하고 싶다. 이 책은 그녀의 헌신 없이는 쓰여질 수 없었다.

Malkiat S. Johal

Clarement, California

malkiat.johal @pomona.edu

차례

01 간단한 나노 과학 소개

02 분자간 상호작용과 자기 조립

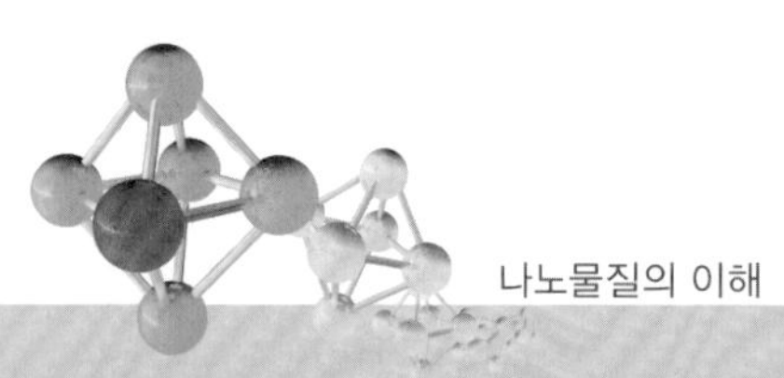

03 표면 나노 과학의 기초

UNDERSTANDING NANOMATERIALS

04 나노 크기에서 특성 조사

UNDERSTANDING NANOMATERIALS

CHAPTER

01

간단한 나노 과학 소개

1.1 나노 과학 교육의 필요성

과학적 연구 분야의 괄목할 성장은 먼저 대학원 교육에 피할 수 없는 충격을 주었으며, 학부 과정에도 마찬가지이다. 지난 10년 동안 많은 출판물들이 나노 과학 분야에서 대학원생과 숙련된 전문가들에게 전달되었다. 가령 유연 물질, 초분자 과학, 생물물리 화학 같은 분야의 빠른 연구 진전으로 많은 나노 기술의 전문 저널이 최근 급성장하였다. 50개 이상의 전문저널들이 나노 기술의 연구를 출판하고 있으며, 30개 이상이 오직 나노 물질만을 출판한다.

헌신적인 출판의 예가 Royal Society of Chemistry's Soft Matter and Nanoscale을 포함하는데, 이 저널은 나노 크기의 유연 물질(soft matter)의 특성과 응용을 지탱하는 둘 이상의 학문(interdisciplinary) 제휴 과학을 포함하며, American Chemical Society prime s ACS Nano and Nano Letters도 마찬가지이다. 이에 더하여 개인적인 재원뿐만 아니라 국립과학기금, 에너지부, 국립표준과학연구원 같은 정부기관에서 나노 과학을 위한 자금이 지속적으로 증가하고 있다. 연구 활동의 성장과 함께 전문 출판물의 빠른 증가에 따라서, 기금 위원회의 이런 증가는 이 분야에서 미래 노동력을 위해 심도 있는 훈련을 시작해야 할 당연한 이유를 제공하고 있다. 이와 같이 이 책은 대학생들에게 요긴하게 개발되었다. 이런 교재는 자기 조립(self-assembly), 패턴화(patterning), 나노리소그래피 같은 나노 물질의 제작과 공정을 지배하는 기본 원리를 포함하는 정도이다. 여기서 포함하고 있는 중요한 내용은 그런 물질의 특성과 응용에 있다. 이 책은 이 분야의 두 개 이상의 학문을 포함하고, 나노 과학을 균형 있게 잘 가르칠 수 있게 제공하려고 시도하였다(비록 많은 물질이 액체와 표면과학을 강조할지라도). 또한 이 책은 화학, 생물학, 물리학, 의료 및 공학 관련자들로부터 시작된 나노 물질 연구를 보여 주었다. 특히 이 책은 가능한 현재 지구 상에서 관심을 끄는 주제(에너지, 환경 및 의약)를 강조하였다. 이 책의 주요 대상 학생들은 적어도 일 년 이상 화학, 물리학 및 생물학을 수강한 대학생들이다.

1.2 나노 크기 차원과 나노 과학의 전망

'나노'라는 단어는 난장이라는 의미를 가진 라틴어 *nanus*에서 유래되었으며, 종종 소형화한다는 의미로 사용된다. 이것은 약자 n으로 주어진다. 국제단위 규격에서 나노는 주어진 길이 같은 단위에 10^{-9}을 곱해서 사용된다. 이와 같이 나노미터 ($1\ \text{nm} = 1 \times 10^{-9}\ \text{m}$), 나노초($1\ \text{ns} = 1 \times 10^{-9}\ \text{s}$), 나노그램($1\ \text{ng} = 1 \times 10^{-9}\ \text{g}$)으로 읽는다. 나노라는 말은 10^{-9} m의 크기에 근접하는 길이 크기를 갖는 물체에 일반적으로 사용된다. 이와 같이 누구나 적어도 10^{-9} m의 크기인 물질인 나노 튜브, 나노 화석, 나노 전선, 나노 박막을 말할 수 있다. 나노 제조라는 말은 나노 크기의 차원을 갖는 물질을 제조하기 위한 공정에 사용한다.

나노 크기를 보는 것은 수소 원자 크기를 생각하는 것이다. 보어 반경(수소의 1s 전자에서 중앙의 양성자까지 거리)이 약 52.0 pm 또는 0.05 nm라는 것을 여러분들은 일반물리나 화학에서 배웠을 수 있다. 아마 이 거리는 원자 크기에 대하여 가장 낮은 한계를 명확히 나타낼 것이다. 실제로 원자와 그들의 이온은 크기가 이 0.05 nm와 약 0.3 nm 사이에서 변한다. 이 범위가 원자 크기를 나타낸다. 수소 분자(H_2)는 약 0.07 nm의 양성자 - 양성자 거리(결합길이)를 갖는다. 더 큰 I_2 분자는 결합길이가 약 0.3 nm이며, 벤젠 고리의 직경은 약 0.5 nm이다. 분자의 크기는 화학 구조의 복잡한 정도에 따라서 크게 증가한다. 다원자 분자 도드캐놀(dodecanol, $CH_3(CH_2)_{10}CH_2OH$)은 2 nm에 근접한 길이를 갖는다. 만일 48개의 그런 분자가 그림 1.1에서 보는 것처럼 쌓인다면 길이 ~10 nm, 높이 ~10 nm의 집합체가 형성될 수 있다고 생각할 수 있다. 나노 구조는 수 백 개의 나노크기의 집합체를 가져오는 수 천 개의 분자들로 이루어질 수 있다. 가령 중합체(polymer)와 단백질 같은 다분자계는 10 nm에 근접한 크기를 갖는다. 그런 분자들의 집합체는 마이크로미터 크기의 구조가 될 수 있다.

집합체 계를 특징짓는 분자 크기와 나노 크기를 생각하는 것 사이의 명확한 경계는 없다. 그것은 단순히 집합체를 만드는 분자의 상대적인 크기와 집합체 자체 크기의 문제일 뿐이다. 나노 기술이나 나노 과학 분야는 길이가 1000 nm나 좀 더 작은 크기의 구조를 다루거나 조절한다고 말하는 것으로 충분하다. 과학은 이들 크기에서 물리학과 화학 현상이 벌크(거시적) 매질에서 관측되는 현상

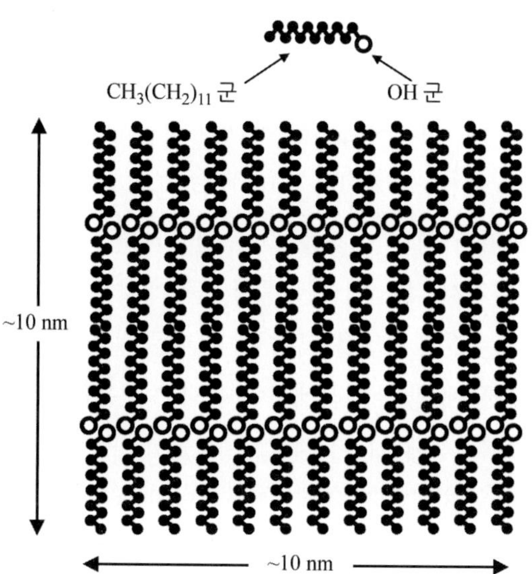

그림 1.1 길이와 폭이 약 10 nm로 가정한 집합체를 구성하는 도드캐놀 분자의 조합. 채워진 원은 탄소 원자를, 열린 원은 분자의 말단 수소군의 산소를 나타낸다. 수소 원자는 편리상 안보이게 하였다. 2차원 조합은 수소 결합과 소수성 상호작용으로 합쳐진다(2장과 3장에서 더 깊이 논의된다).

과 매우 다르기 때문에 흥미를 끈다. 때로는 그 차이가 입자 크기가 줄어드는 만큼 표면적에 대한 부피비가 훨씬 더 커진 결과가 된다. 그러므로 표면 과학은 나노 물질을 이해하는 중심 역할을 한다.

나노 과학은 충분히 가능성이 있으며, 가까운 미래에 우리에게 중요한 기술적 돌파구를 위한 잠재력을 제공해 줄 것이다. 노벨상을 받은 리차드 파인만(Richard P. Feynman)은 60년 전에 이 분야의 중요성을 설명하였다. 그는 그의 전설적인 연설에서 '저 밑바닥에 풍부한 공간이 있다'고 말했다. 이 분야는 '이상한 입자는 무엇인가?'라는 의미에서 많은 기초물리학이 우리에게 말하지 못하는 것과 아주 다르다. 그러나 복잡한 상황에서 일어나는 이상한 현상에 대하여 아주 많은 흥미로운 것들을 말해주는 의미에서 고체물리학과 유사하다. 가장 중요한 점은 아주 많은 기술적 응용을 갖는다는 것이다(http://www.zyvex.com/nanotech/feynman.html 참조).

나노 기술은 분자 크기에서 실용 본위 시스템의 기술이나 조작으로 정의된다. 실용 본위 시스템은 잘 정의된 신뢰성을 갖는 물질을 설명하기 위해 사용되고, '사이드 효과(side-effects)'가 거의 또는 아주 없는 신뢰성을 수행한다. 비록 나노 기술이라는 말이 1980년대에 대중화되었지만, 이미 과학자들은 거의 한 세기 이상을 연구해 왔다. 1800년대 중반 마이클 패러데이(Michael Faraday)는 교질체

금(colloidal gold)을 조사했으며, 그런 용액의 루비 색깔을 설명하려고 시도하였다. 이들 용액은 $NaAuCl_4$ 수용액을 약품으로 환원하여 처리함으로써 만들어진다. 패러데이는 그 결과 만들어지는 루비 색깔의 용액이 수용액에서 아주 순수하게 금으로 분리된다고 결론지었다. 1세기 후 전자 현미경은 이들 입자들이 실제로 6 nm 정도 크기의 평균 직경을 갖는 금 입자들이라는 것을 보여 준다.

지난 수십 년에 걸쳐서 나노 기술은 증착 물질에서 콜로이드 시스템과 간단한 나노 입자를 사용하는 것에 초점을 맞춰 왔다. 예를 들어, 은 나노 입자들은 그들의 반미생물 특성 때문에 많은 제품에서 사용되고 있음을 알 수 있다. 보다 최근에 나노 기술은 새로운 생체감응 장치 같은 생물학적으로 반응하는 물질을 찾기 위해 사용되고, 질병을 치료하기 위해 약을 운반하는 장치를 목표로 한다. 그 분야는 새로운 트랜지스터, 증폭기 그리고 적합한 구조를 개발하는데 마이크로 전자공학 또는 보다 적절히 나노 전자 공학에 영향을 주고 있다. 다음 수십 년은 복잡한 나노 시스템과 분자 장치를 설계함으로써 만들 수 있는 점으로 나노기술이 피할 수 없이 이동할 것이다. 리차드 파인만은 50년 전에 나노 기술의 능력을 기대하였다. 다음과 같이 "나는 동시에 제조하는 그런 모델인 수십억 개의 작은 공장을 세우고 싶다.... 내가 볼 수 있는 한 물리학의 원리는 사물을 한 원자씩 개별적으로 행동하게 할 가능성에 대하여 말하지 않는다. 그것은 어떤 법칙을 위반하려고 시도하는 것이 아니다. 원칙적으로 그것은 수행될 수 있는 것이지만, 실제로 우리가 너무 크기 때문에 수행되지 못했다"라고 말했다.

1.3 자기 조립

일반적으로 분자 시스템 설계에는 두 가지 전략이 있다. 'top-down' 접근(또는 step-wise 설계)은 흥미로운 물질을 구성하거나 또는 구성하는 서브유닛(고분자 구성 단위)을 관찰하기 위하여 어떤 시스템을 부서뜨리거나(breaking-down) 해체하는 것을 설명한다. 나노 크기 물질은 리소그래피 같은 물리적인 방법에 의한 형태로 깎인다. 이와 대조하여 'bottom-up' 접근은 더 큰 분자 시스템을 만들기 위하여 조각들을 풀어 조립하는 것 또는 합성하는 것을 설명한다. 가장 기본적인

의미에서 나노 기술은 유용한 생산품을 만들기 위하여 현재의 방법이나 도구를 쓰는 bottom-up으로부터 분자 조합을 구성하는 능력으로 간주된다. Bottom-up 접근은 특별한 화학 반응을 유리하게 할 수 있거나 분자 조각들 사이의 분자 사이 상호작용을 포함할 수 있다. 나노 과학에서 사용되는 중요한 단어 중의 하나인 자기 조립(self-assembly)은 무질서한 블록재들의 집합(분자 또는 나노 물체)이 유기화된 구조를 형성하기 위하여 모인다. 가장 일반적인 예가 작은 이온들을 일정한 격자 구조로 결정화하는 것이다. 가령 엑스선 회절 같은 기술은 잘 유기화된 구조가 나노 크기의 작은 '단위 세포'(unit cells)의 반복으로 이루어졌다는 것을 보여 준다. 자기 조립된 구조는 몇 개의 분자로 이루어질 수 있지만, 구조 안에서 이들 분자 사이에 공동 상호작용이 특별한 기능이나 특성을 전할 수 있다.

자기 조립이 불연속이거나 확장된 실체를 이끌 수 있음을 주목할 필요가 있다. 불연속한 것은 포함하고 있는 많은 분자들로 잘 정의된다. 간단한 예가 두 개의 아세트산 분자가 수소 결합을 통해서 상호작용할 때 형성되는 이합체(dimer)이다(그림 1.2). 또 다른 좋은 예는 계면활성제 '교질 입자(micelle)'인데. – 안정된 구형 모양의 집합이 수백 개의 분자를 이룬다. 확장된 것은 적어도 일차원으로 정의되지 않는다. 하나의 예가 잘 정의된 두께, 말하자면 하나의 분자 두께를 갖는 박막이지만, 정의되지 않은 길이와 폭을 갖는다. 정확한 단원자 블록재들이 대개 알려지지 않은 중합체 분자가 확장된 또 다른 예이다. 나노 기술은 특별한 기능을 위한 불연속적이고 확장된 것들을 활용한다.

비록 과학자들이 기능성 물질을 제조하기 위하여 인위적인 자기 조립 방법을 사용했지만, 자연에 존재하는 자기 조립의 공정에 대한 예가 많이 있다. 단백질과 다른 생물학적 큰분자 그리고 액상 이중 세포막의 중첩이 생물에서 자연에 존재하는 자기 조립의 보기이다. 인위적인 방법이 화학적으로 강하게 반응하는 물질을 기초로 한 공유 블록재를 포함할 수 있거나 나노 구조를 형성하는 방향으로 이들 블록재의 형태, 크기, 분자 상호작용을 이용할 수 있다.

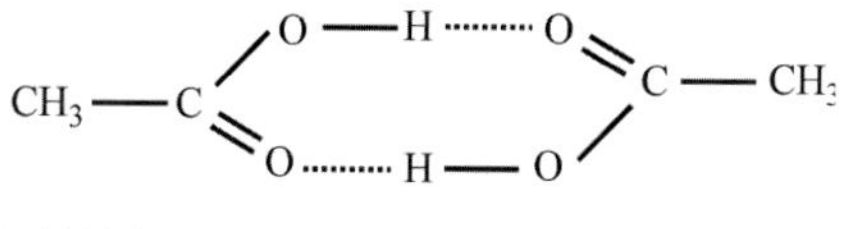

CH_3—C(—O—H⋯O=)C—CH_3 / (=O⋯H—O—)

그림 1.2 아세트산 이합체. 실선은 carbonyl oxygen과 hydroxyl hydrogen 사이 수소 결합(2장에서 설명)을 나타낸다. 이합체는 불연속의 예이다.

자기 조립 공정은 정적이거나 동적일 수 있다. 정적 자기 조립은 비가역적 형태의 안정된 구조를 설명한다. 정적 자기 조립의 예로는 DNA의 이중 나선 형태와 복합 펩타이드 사슬을 단백질 분자로 중첩하는 것들을 들 수 있다. 동적 자기 조립은 분자의 표면 흡착과 진동하는 화학 반응 같은 가역 공정을 설명한다.

1.4 초분자 과학

나노 물질에서 자기 조립은 초분자 과학의 경계 분야가 된다. 초분자 과학은 불연속한 많은 서브유닛(고분자 물질 단위) 분자(일반적으로 나노 크기)들로 이루어진 시스템에 초점을 맞춘 과학의 한 분야로 간주된다. 이 서브유닛들은 때로는 분자로 된 블록재로 간주된다. 일반적으로 블록재의 공간 조직은 수소 결합, 반데르발스 상호작용, 정전기력 같은 가역적으로 약한 상호작용에 의해 영향을 받는다(2장). 비록 공유 결합 같은 비가역적 상호작용이 중요한 역할을 할지라도 초분자 화학은 주로 비공유 상호작용과 관련된다.

초분자 과학은 단백질 중합, 분자 인식, 자기 조립 및 주객(host-guest) 화학 같은 공정 과정에서 중요하다. 앞서 언급한 아세트산 이합체는 불연속한 초분자체이다. 용액에서 한 가닥 DNA를 이중선 형태로 만드는 교배는 근저 쌍 들 사이에 형성되는 수소 결합으로 유도된다. －이 공정이 확장된 초분자체를 만들어낸다.

초분자 과학과 비공유 상호작용에 대한 연구는 생물학(생물 세포 구조, 단백질－단백질 상호작용, 나노 장치를 사용하는 약물 전달체), 화학(콜로이드 안정화, 교질 나노 반응기 합성) 및 물리학(유기 발광계, 홀로그래피, 광증착, 자료전송 및 저장)으로부터 엔지니어링(제3 오일 회수 나노 전선의 거대한 합성) 및 환경 과학(나노 구멍의 개선, 나노막상의 해로운 물질 검사)까지 모든 과학적인 분야를 다룬다. 예를 들어, 표면에 항원을 포함하는 박막같은 확장체는 특별한 항체의 출현을 검사하기 위하여 사용될 수 있다. 비공유 상호작용으로 유도되는 항원과 항체의 합성은 초분자 이중막(bilayer)을 만든다.

이 책에서 초분자 화학과 자기 조립이라는 단어는 항상 나노 물질의 내용에 사용된다.

1.5 나노 과학에 관한 정보의 출처

이 책에서 각 장은 적절하게 더 읽을 만한 간단한 목록으로 끝난다. 이 책들, 저널 기사들 및 신문들은 그들의 명료성, 깊이 및 다루는 수학적 엄정함으로 선택되었다. 그것들은 학생들이 이 책에서 적절한 장을 한 번에 완성하는 이해하기 쉬운 읽을 거리여야만 한다. 하지만 일반적으로 대학원생들이나 기술자들, 학구적이고 산업에 종사하는 사람들에 의해 사용되는 조금 앞선 책들은 야심찬 학생들을 위하여 명단을 적었다.

독자들은 또한 나노 물질에 대한 최신 정보를 위한 과학 저널을 골라보는 데 고무된다. 아래 저널이 주로 참고될 것이다.

Nano Letters, Langmuir, Journal of Physical Chemistry, Biomacromolecules, Advanced Materials, ACS Nano, Applied Materials and Interfaces, and Chemistry of Materials

이 저널들은 모두 미국 화학회에 의해서 출판되었다. 다른 유용한 저널은 다음과 같다.

Thin Solid Films, Nano Today, Nanomedicine(Elsvier), Soft Matter, Nanoscale (Royal Society of Chemistry), Nature Nanotechnology, Nature Materials(Nature Publishing Group).

다음 책들은 나노 과학에서 교육을 시작하는 학생들을 위하여 참고가 될만한 출발점에 더해진 것들이다.

- Deffeyes, k S. and Deffeyes, S.E. Nanoscale : Visualizing and Invisible World, 2009, Massachusetts Institute of Technology, Cambridge, MA. 이것은 많은 나노 물질의 예를 가지고 있는 아름다운 예시를 보여 주는 책이다. 이 책은 나노 크기에서 물질의 한정된 구조를 설명한다. 나노 과학 연구를 시작함에 있어서 충분히 읽을 거리가 될 것이다.

- Ratner, M.A. Nanotechnology: A Gentle Introduction to the Next Big Idea, 2002, Prentice Hall, New Jersey, 이 책은 이 분야의 기술적이고 사업적인 면에 초점을 맞추고 있다. 이 책은 과학과 경제로부터 윤리에 이르기까지 주제에 관한 넓은 전망을 제공한다.

- Jones, R. A. Soft Machines: Nanotechnology and Life, 2008, Oxford University Press, New York, NY. 비록 수학적으로 엄격하지는 않아도 이 책은 나노 과학을 지배하는 기본 물리 법칙들을 보여주는 데 충분한 임무를 하였다.

- Understanding Nanotechnology from the editors of Scientific American, 2002, Warner Books, New York, NY. 이 책은 나노 과학의 내용을 잘 설명한 대중적인 과학책이다. 수학적이고 과학적인 배경이 이 책에서 제한적이다. 그래서 그 분야와 나노 과학 기술에 대한 충분한 견해를 보여 준다.

CHAPTER

02

분자간 상호작용과 자기 조립

개관

나노 구조는 자발적으로 간단한 분자 블록재를 조립한다. 그러므로 그런 분자들 사이의 힘을 설명함으로써 이 장을 시작하는 것이 중요하다. 분자간 상호작용의 형태는(예를 들어, 이온-이온, 이온-쌍극자, 쌍극자-쌍극자, 쌍극자-유도된 쌍극자, 런던 힘, 수소 결합 및 정전기력) 초래되는 집합체의 구조와 마찬가지로 분자간 집합체의 정도나 형태를 최종적으로 결정할 것이다. 그러한 상호작용이 벌크 매질과 표면에서 조사될 것이다. 이 장은 전기적 구조상의 일부분을 포함하는 것과 어떻게 간단한 양자 역학적 모델이 나노 물질의 어떤 광학적 성질을 설명하기 위하여 적용될 수 있는지 결론지을 것이다. 특별히 간단한 유기 분자에서 결합이 전자 구조, 분자 상호작용과 분자 자기 조립 사이를 중요하게 결합시키기 위하여 사용된다.

2.1 분자간 힘과 자기 조립

2.1절은 다음 장을 이해하기 위한 충분한 배경을 제공하기 위하여 나노 물질의 조합과 특성에 관련한 선택된 기본 물리 법칙들을 소개한다. 분자간 상호작용은 표면 화학과 자기 조립의 공정에서 중심 역할을 한다. 두 가지가 나노 물질의 구조와 특성에 영향을 주며, 흡착 현상에도 영향을 주고, 분자와 전자기 복사 사이의 상호작용에도 영향을 준다.

자기 조립은 분자 조각들이 자발적으로 그리고 가역적으로 그들 스스로 나노 물질로 조립되는 공정이다. 이들 분자 블록재의 조합은 열역학적 인자, 동역학적 인자 및 분자 상호작용의 결합에 의해서 유도된다. 상호작용은 분자들 사이의 강한 결합을 이끌며, 비가역적으로 자기 조립된 나노 구조를 초래하는 자연에서 공유될 수 있다. 공유하는 상호작용은 5장에서 주어진 특별한 예로서 이 장을 통해서 언급된다. 자기 조립이 자발적이고 방향성이 있다는 것을 인지하는 것이 중요하다. 이제 자기 조립된 나노 물질의 형성을 지배하는 어느 정도 중요한 비공유 분자간 상호작용을 생각함으로써 이 장을 시작해 보자.

여러 힘이 분자간 상호작용에 기여한다. 대부분의 힘은 원래는 정전기력이다. 비록 분자간 힘을 이해하기 위한 양자 역학적 접근이 보다 정확할지라도, 그것들을 고전적인 관점에서 설명할 것이다.

두 개의 분자 사이의 어떤 상호작용은 여러 다른 힘들의 합으로 생각될 수 있다. 이온-이온 힘, 이온-쌍극자 힘, 쌍극자-쌍극자 힘, 유도된 쌍극자 힘, 분산 힘, 수소 결합을 포함한 이 많은 힘들을 설명할 것이다. 분자 상호간의 형태에 따라서 하나의 힘이나 또 다른 힘이 우세할 수 있다.

과학자들은 종종 분자간 상호작용을 힘으로써가 아니라 분자간 위치 에너지(또는 상호작용의 위치 에너지)로 표현한다. 두 상호작용하는 분자 사이의 위치 에너지(V)와 힘(F)은

$$F(r) = -\frac{dV(r)}{dr} \tag{2.1}$$

여기서 r은 두 분자 사이의 거리이며, 상호작용하는 분자 사이의 다른 형태에 대하여 다르게 정의될 수 있다. 미분에서 음의 부호는 상호작용하는 분자의 위치에너지가 증가하는 r에 따라서 증가하기 때문이고, 힘은 위치 에너지를 감소시키기 위하여 더 작은 r쪽으로 이동시키려 할 것이다.

반데르발스 상호작용은 분자들 사이의 인력과 척력 또는 비공유 상호작용을 설명하기 위하여 사용된 집합적 단어이다. 네덜란드의 과학자 요하네스 반데르발스(Johannes Diderick van der Waals)를 기려 명명되었다. 이런 분자간 상호작용의 형태는 일반적으로 이온-이온, 이온-쌍극자, 쌍극자-쌍극자 힘과 유도된 쌍극자(런던 분산힘을 포함하는)를 포함하는 상호작용하는 분자들로 간주된다. 반데르발스힘은 생물학, 고분자 과학, 표면 과학, 나노 기술 및 물질 과학에서 중요한 역할을 한다. 반데르발스힘은 자기 조립 공정, 단백질-단백질 상호작용 및 결정화 공정을 지배한다. 또한 이들 상호작용은 자연에서 발견된다. 예를 들어, 부드러운 표면(유리)을 오르는 도마뱀 붙이(geckos)의 능력은 반데르발스 상호작용에 기인하며, 유리 표면과 발 사이에 포획되는 물의 나노막을 포함하는 것과 같다. 실제로 현재 이 행동을 모방하려는 연구가 많은 나노 과학 실험실에서 진행되고 있으며, 사람들로 하여금 이 능력을 이용하여 벽을 올라가게 하거나 또는 게코 테이프(geckos tape)를 만들게 한다.

도마뱀 붙이는 표면에 매달리는 능력을 가지고 있으며, 때로는 한 발끝으로도 매달린다. 반데르발스 상호작용이 거시적 크기로 영향을 주는 충분한 표면적을 보이는 발가락 패드에 강모라고 불리는 수백만 개의 세류머리를 갖기 때문이다. 최근 나노 기술의 발전에서 도마뱀 붙이의 발보다 4배나 더 접착성(adhesive)이 강하고 재사용이 가능한 접착제를 만들어냈다. 이들 접착제는 카본 나노튜브에 실리콘을 기저로 하여 연결된 유연한 고분자로 구성되었으며, 이것은 반데르발스 상호작용에 의해서 유지되는 원기둥형 그래핀 기둥이다. 구조, 특성 및 카본 나노 튜브의 사용은 5장에서 언급할 것이다.

2.1.1 이온 – 이온 상호작용

이온 – 이온힘은 아마 가장 잘 알려진 분자간의 힘이고, 가장 강한 분자간 힘들 중 하나이다. 가령 이온 – 이온힘은 소금 결정을 유지하는 Na^+와 Cl^- 사이 힘 같은 것, 두 개의 이온화(하전된) 물체 사이에 발생한다. 두 전하 q_1과 q_2 사이에 상호작용하는 위치 에너지 $V(r)$은 쿨롱 에너지라고 하며

$$V(r) = \frac{q_1 q_2}{4\pi\epsilon_0 r_{12}} \tag{2.2}$$

로 주어지며, 여기서 ϵ_0는 자유공간에서 유전율($8.854 \times 10^{-12}\ \mathrm{m}^{-3}\ \mathrm{kg}^{-1}\ \mathrm{s}^4\ \mathrm{A}^2$)이며, r_{12}는 두 이온 사이의 거리이다. 원자나 분자 이온에 대하여 q는 $q = ze$로 계산되는데, 여기서 z는 이온에 대한 공식적 전하량이고, e는 전자에 대한 전하로 $1.60217 \times 10^{-19}\mathrm{C}$ 이다.

위치 에너지와 힘 사이의 관계를 써서 다음(식 2.1)과 같이 쿨롱 힘을 표현할 수 있다.

$$F(r) = -\frac{dV(r)}{dr} = \frac{q_1 q_2}{4\pi\epsilon_0 r_{12}^2} \tag{2.3}$$

식 2.3은 식 2.2를 미분하여 $d/dr(1/r)$는 $-1/r^2$가 됨을 실현하여 얻어진다. 식 2.3으로부터 두 이온 사이의 쿨롱힘이 $1/r^2$처럼 바뀌는 것을 보게 된다. 또한 힘은 두 개의 이온이 서로에게 끌리면 (q_1과 q_2가 반대 부호를 가지면) 음이 되

고, 서로 밀면 양이 된다는 것을 보게 된다.

예제 2.1 이온 사이의 쿨롱 에너지

Na^+의 이온 반경이 95 pm이고, Cl^-의 이온 반경이 181 pm으로 결정된다. 두 개의 고립된 이온 Na^+와 Cl^- 사이의 쿨롱 에너지를 계산하시오. 그림 2.1에서 보는 것처럼 붙어있다고 한다.

풀이: 만일 두 개의 이온이 붙어있다고 한다면, 그들 중심 사이의 거리는 그들 두 이온 반경의 합이다. 그래서

$$r_{Na-Cl} = 95\ \text{pm} + 181\ \text{pm} = 2.76 \times 10^{-10}\ \text{m}$$

각 이온은 공식 전하 +1과 -1을 갖는다. 그래서

$$q_{Na^+} = ze = (+1)(1.60217 \times 10^{-19}\text{C}) = 1.60217 \times 10^{-19}\text{C}$$

$$q_{Cl^-} = ze = (-1)(1.60217 \times 10^{-19}\text{C}) = -1.60217 \times 10^{-19}\text{C}$$

식 1.2를 써서

$$V(r)_{Na-Cl} = \frac{q_{Na^+} q_{Cl^-}}{4\pi\epsilon_0 r_{Na^+Cl^-}}$$

$$= \frac{(1.602 \times 10^{-19}\text{C})(-1.602 \times 10^{-19}\text{C})}{4\pi(8.854 \times 10^{-12}\ \text{m}^{-3}\text{kg}^{-1}\text{s}^4\text{A}^2)(2.76 \times 10^{-10}\ \text{m})}$$

$$= -8.36 \times 10^{-19}\ \text{J}$$

여기서 $1\ \text{J} = 1\ \text{kg m}^2\text{s}^{-2}$이며, $1\text{C} = 1\ \text{As}$이다.

이온-이온 상호작용의 예로는 하전된 고분자층의 형성에서 발견될 수 있다. 일반적으로 실리콘이 그 표면에 약 1 nm의 산화층(Si-O₂)을 갖는다. 표면의 SiO_2 집단의 망에서 하나의 실리콘 원자에 각각 공유 결합된 산소 층을 가지고 있는 각 실리콘 원자는 4면체 분자 형태를 갖는다. 매우 낮은 pH에서 이 산소 원자들은 양성자를 얻게 된다. 그러나 중성부터 높은 pH 영역에서 산소 원자는 양성자를 잃게 되며, 표면을 따라서 음이온 전하($Si\text{-}O^-$)의 층을 만든다. 폴리에틸렌마인(Polyethylenimine: PEI), 몇 가지 아민 기능 그룹을 갖는 폴리케이션(polycation)은 상대적으로 고른 두께의 양으로 하전된 PEI층을 만들기 위하여 음으로 하전된 표면에 노출될 수 있다. 음으로 하전된 이온 또는 폴리머는 공정

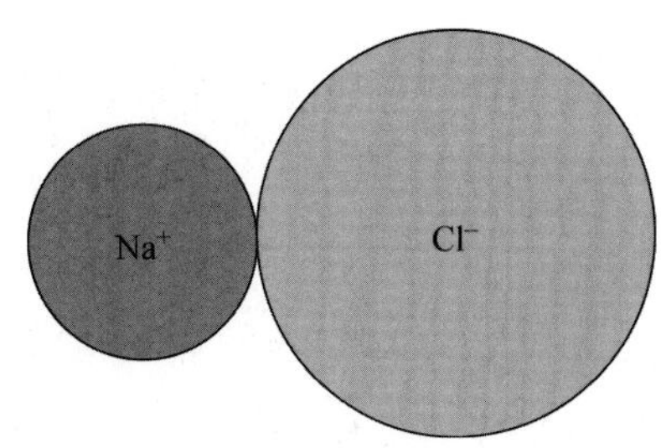

그림 2.1 서로 접하고 있는 Na^+와 Cl^-의 개략도

을 되풀이할 수 있도록 새로이 음으로 하전된 표면을 만들어서, 2차 층을 만들기 위하여 이 표면에 묶인 PEI층에 노출될 수 있다. 이런 공정을 정전 자기 조립이라고 하며, 다음 장에서 몇 가지 기술을 개발하기 위하여 사용될 것이다.

2.1.2 이온－쌍극자 상호작용

많은 분자들이 영구 쌍극자를 가지고 있으며, 극성 분자로 분류된다. 극성 분자는 영구 전하를 가지고 있지는 않지만, 분자에 묶여 있는 원자들의 음전기를 다르게 하기 때문에, 어떤 분자의 영역이 부분적으로 양이거나 부분적으로 음인 전하를 갖는다. 어떤 경우에 이런 부분 전하는 영구 쌍극자로 이끈다. 예를 들어, 물 분자는 구부러진 결합 구조 때문에 영구 쌍극자를 갖는다. 산소 원자는 수소 원자보다 훨씬 더 큰 음전기를 가지며, 보다 많은 전기 전하를 자기에게 끌어들이는 것 같다. 결과적으로 수소는 부분적인 양전하를 갖고, 산소는 부분적인 음전하를 갖는다. 알짜 쌍극자 모멘트가 산소 원자를 통해서 지나가며, 그림 2.2에서 보는 것처럼 수소 원자를 이분한다.

H_2O 같은 극성 분자들은 쌍극자 모멘트 μ로 특징지울 수 있는데

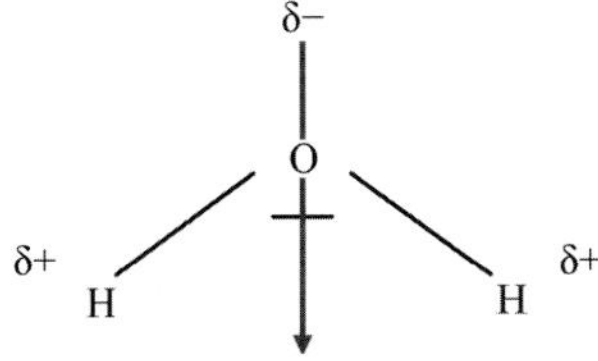

그림 2.2 음전하 산소는 부분 양전하 $\delta+$를 수소 원자에 남겨 두고서 전자 밀도를 수소 원자로부터 떼어 놓는다. 각 수소 원자는 산소의 부분 음전하를 가리키는 쌍극자 모멘트를 갖는다. 결과적으로 산소(O)를 통과해서 수소(Hs)를 이분하는 알짜 쌍극자 모멘트를 만든다.

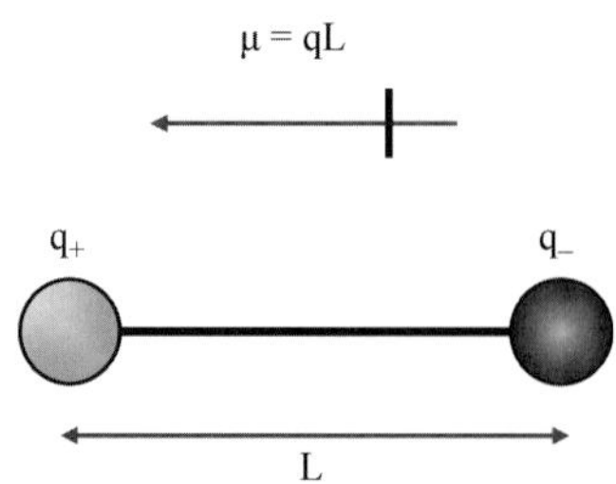

그림 2.3 거리 L만큼 떨어진 두 개의 전하 q_+와 q_- 사이의 쌍극자 모멘트 μ는 $\mu = qL$로 계산한다.

$$\mu = qL \tag{2.4}$$

으로 정의된다. 여기서 L은 그림 2.3에서 보는 것처럼 크기 q인 부분 양전하와 부분 음전하를 분리하는 거리이다. 몇 가지 공통 분자의 쌍극자 모멘트를 표 2.1에 나타내었다. 표에서 보는 것처럼 쌍극자 모멘트는 디바이(Debye: D) 단위로 주어지는데, 여기서 $1\ \mathrm{D} = 3.336 \times 10^{-30}\ \mathrm{Cm}$이다.

이온이 쌍극자와 함께 분자쪽으로 가까이 끌 때, 쌍극자와 이온 사이에 정전기 상호작용이 있다. 이 상호작용의 위치에너지는

$$V(r,\theta) = \frac{q_{이온}\mu\ \cos\theta}{4\pi\epsilon_0 r_{12}^2} \tag{2.5}$$

로 주어지며, μ는 쌍극자 모멘트이고, $q_{이온}$은 이온의 전하, r_{12}는 이온과 쌍극자 모멘트의 중심 사이 거리이고, θ는 L과 r_{12} 사이의 각이다. 일반적인 이온 쌍극

표 2.1 몇 가지 일반적인 분자들의 쌍극자 모멘트

분 자	쌍극자
H_2O	1.85
CH_3OH	1.7
NH_3	1.47
CH_3Cl	1.9
$CHCl_3$	1.04
CH_3COOH	1.7
NaCl	9.00
HCl	1.11
C_6H_5CN(benzonitrile)	4.18

출처: CRC Handbook of Chemistry and Physics, 88th ed. Web Version.(2008) pp. 9.47-9.55. with permission

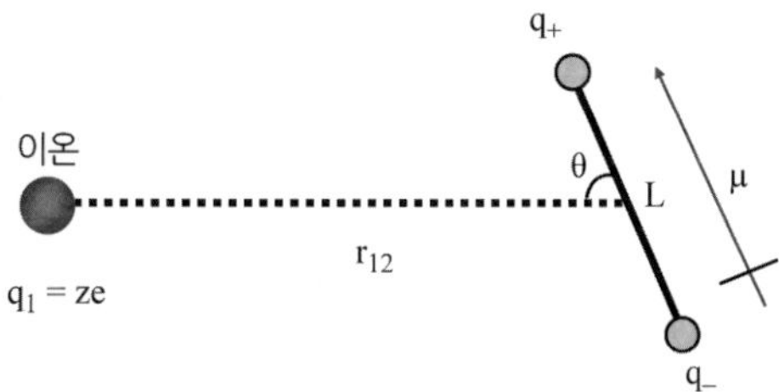

그림 2.4 이온 - 쌍극자 상호작용을 포함된 여러 변수들. L은 쌍극자의 부분 전하 중심 사이의 거리. r_{12}는 이온과 L의 중심점 사이 거리. θ는 L과 r_{12} 사이의 각 . q_1은 이온의 전하이며 ze로 계산된다. μ는 쌍극자 모멘트이다.

자 상호작용에서 보이는 형태를 그림 2.4에 나타내었다.

식 2.5로부터 이온 – 쌍극자 상호작용의 위치 에너지가 직관적으로 이해되는 각 의존적임을 알 수 있다. 예를 들어, 캐타이온(cation: 양으로 하전된 이온, 양이온)과 쌍극자 사이의 상호작용을 생각해 보자. 캐타이온(양이온)은 쌍극자의 음의 영역을 끌어당긴다. 그러나 양의 영역은 밀어낸다. 만일 음의 영역이 캐타이온(양이온) 쪽을 향하고 있고, 음의 영역은 멀어진다면($\theta = \pi$), 위치 에너지의 크기는 최대로 된다. 마찬가지로 양의 영역이 캐타이온에 가까워지고, 음의 영역이 멀어진다면($\theta = 0$) 위치 에너지의 크기가 최대로 된다(그러나 그것은 끄는 힘이 아니고 밀어내는 힘이다). 하지만 쌍극자가 캐타이온(양이온)에 대하여 수직으로 향한다면($\theta = \pi/2$), 위치 에너지는 영이 되는데, 캐타이온(양이온)과 음의 영역 사이의 끄는 상호작용이 양의 영역과 함께 밀어내는 상호작용에 필적하기 때문이다. 그러므로 이온 - 쌍극자 상호작용의 각 의존성이 기대된 것과 같다.

어떤 분자들(가령 벤젠이나 이산화탄소)은 부분 전하 분리를 갖지만, 쌍극자 모멘트를 갖지는 않는 것으로 주목된다. 예를 들어, 이산화탄소의 경우 하나의 산소에 대한 탄소의 쌍극자 모멘트는 다른 산소에 대한 쌍극자 모멘트를 상쇄한다. 하지만 이런 분자 형태에서 **다극자(multipole)**가 존재할 수 있으며, 분자와 이온들 사이에 분자 사이의 힘을 초래할 수 있다. 위의 식과 다른 방정식이 전기 다극자를 가진 분자와 이온들 사이의 상호작용을 계산하기 위해서 사용될 수 있다.

2.1.3 쌍극자 – 쌍극자 상호작용

영구 쌍극자를 갖는 분자들은 정전기를 통하여 서로 상호작용할 수 있다. 또한 상호작용의 크기는 각에 의존한다. 이런 형태의 상호작용은 두 개의 막대 자석 사이의 자기 인력과 유사하다. -두 자석 사이의 인력은 상대적인 각 자석의 회전각에 의존한다. 두 개의 분자 쌍극자 사이의 상호작용을 그림 2.5에 나타내었다. 두 쌍극자 모멘트 μ_1과 μ_2 사이의 상호작용에 대한 위치 에너지는

$$V(r,\theta_1,\theta_2,\phi) = -\frac{\mu_1\mu_2}{4\pi\epsilon_0 r_{12}^3}(2\cos\theta_1\cos\theta_2 - \sin\theta_1\sin\theta_2\cos\phi) \quad (2.6)$$

으로 계산될 수 있으며, θ_1, θ_2 및 ϕ는 그림 2.5에서 나타내었다.

두 쌍극자 사이의 인력은 항상 두 쌍극자가 한 쌍극자의 일부 양전하가 다른 쌍극자의 일부 음전하를 향하는 머리에서 꼬리까지 일직선상에 있다면 항상 최대가 된다. 하지만 상호작용하는 쌍극자의 길이 L에 의존해서 가장 크게 상호작용하는 인력은 두 쌍극자가 서로에게 다른 쌍극자의 음의 영역에 바로 이웃한 한 쌍극자의 양의 영역을 갖는 반평행(anti-parallel)일 때가 될 것이다. 이런 반평행 방향은 분자들이 더 가깝게 모이도록 하여, r_{12}를 줄여서 상호작용하는 인력 에너지를 최대로 한다.

컬럼크로마토그래피(column chromatography)의 정화 기술에서 실리카나 알루미나 같은 고체 극성 분자들은 수직 유리 기둥에 놓이며, 고정상으로 본다. 정화될 용액의 액체 이동상이 기둥을 통해서 흐른다. 이동상인 분자와 고정상인 분자들 사이에 쌍극자-쌍극자 상호작용이 극성 분자의 하강을 느리게 하므로, 용

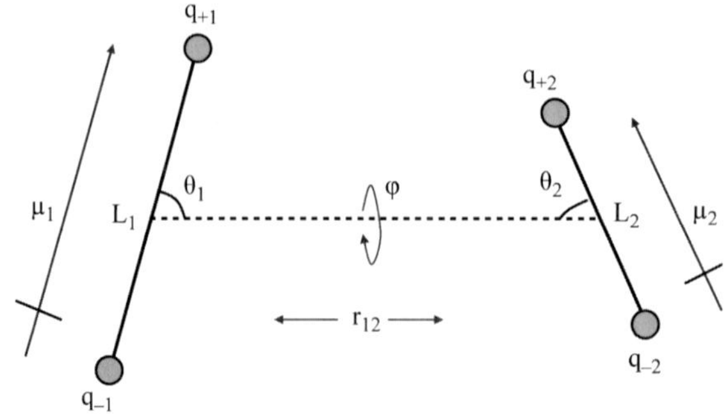

그림 2.5 쌍극자-쌍극자 상호작용에 관련된 여러 가지 변수들. 길이 L은 쌍극자 1이나 2의 구 일부 전하 중심 사이의 거리이다. r_{12}는 L_1과 L_2의 중간점 사이의 길이이다. θ_1과 θ_2는 L_1과 r_{12} 또는 L_2와 r_{12} 사이의 상대적인 각이다. ϕ는 쌍극자 1과 2 사이의 회전각이다. q_+와 q_-는 각 쌍극자의 양전하와 음전하이다. μ는 쌍극자 모멘트이다.

액 속에 있는 화합물은 기둥의 아래쪽으로 흘러나오거나, 극성을 증가시키기 위하여 추출하며, 분리될 수 있다. 이와 같은 기술은 이온-쌍극자 상호작용으로 느려지기 때문에 용액에서와 마찬가지로 이온에서도 적용된다. 용매의 극성이 기둥을 통과하는 화합물의 이동 비율을 조절한다. 만약 용매의 극성이 매우 크면 고정상은 용질보다 용매에 인력을 작용하여 분리가 일어나지 않는다. 하지만 용매의 극성이 충분하지 않으면 더 많은 극성 용질이 기둥을 통과하지 못하게 한다.

2.1.4 유도된 쌍극자를 포함하는 상호작용

이온이 비극성 분자에 접근하면 비극성 분자들의 전자들은 이온에 의해 발생한 전기장의 효과를 느끼게 될 것이다. 결과적으로 비극성 분자를 둘러싸고 있는 전자 구름은 일그러진다. 예를 들어, 캐타이온이 비극성 분자에 접근하면 비극성 분자의 전자 구름이 캐타이온 쪽으로 약간 이끌린다. 이런 전자 구름의 일그러짐 결과는 비극성 분자에서 효과적인 전자 분리가 되며, 유도된 쌍극자라고 한다. 이온-유도된 쌍극자 상호작용을 그림 2.6에 나타내었다. 극성 분자들은 이온과 마찬가지로 비극성 분자에서 유도 쌍극자가 될 수 있다.

분자의 전자 구름이 이온이나 극성 분자의 출현으로 왜곡되는 정도는 그것의 분극률(polarizability)이다. 분극률 α는 수학적으로 크기 E인 전기장으로 인하여 분자에 유도된 쌍극자 크기로 정의된다.

$$\mu_{\text{유도된}} = \alpha E \tag{2.7}$$

높은 분극률을 갖는 분자는 전기장 속에서 낮은 분극률을 갖는 것들보다 더 크

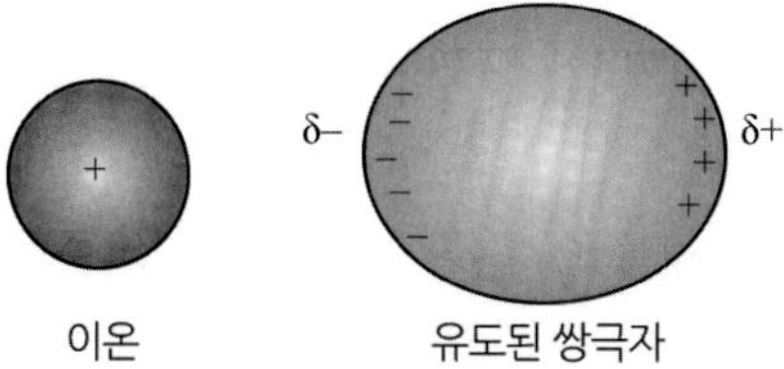

그림 2.6 캐타이온이 극성 원자나 분자에 접근함에 따라서 전기장은 극성 원자나 분자를 둘러싸고 있는 전자 구름의 일그러짐을 만든다. 캐타이온이 분자에 가까우면 효과적인 전하 분리를 초래하고, 분자에 유도된 쌍극자를 만든다.

표 2.2 여러 가지 원자와 분자의 분극률

분 자	분극률(10^{-24} $cm^3/4\pi\epsilon_0$)
H_2O	1.45
D_2O	1.26
NH_3	2.2
He	0.20
H_2	0.8
CH_4	2.59
Au	5.8
Si	5.38
C_6H_6(benzene)	10.2

출처 : CRC Handbook of chemistry and physics, 88^{th}ed., web version(2008) pp. 10-193-10-202. with permission

게 유도된 쌍극자 모멘트를 갖는다. 여러 가지 원자와 분자의 일반적인 분극률을 표 2.2에 나열하였다. 표에 주어진 분극률의 단위는 $4\pi\epsilon_0$로 나뉜 10^{-24} cm^3이다.

비극성 분자에서 유도된 쌍극자 모멘트의 출현은 상호작용하는 위치 에너지가 비극성 분자와 이온 또는 쌍극자를 유도하는 극성 분자들 사이에 존재한다는 것을 의미한다. 쿨롱 법칙과 식 2.3을 써서 이온의 중심에서 거리 r의 함수로 이온에 유도된 전기장을 계산할 수 있다.

$$E(r) = \frac{F}{q} = \frac{q}{4\pi\epsilon_0 r^2} \tag{2.8}$$

이온과 유도된 쌍극자 사이의 상호작용 에너지는 다음과 같다.

$$V(r) = \frac{-q_1}{2(4\pi\epsilon_0)^2 r_{12}^4} \tag{2.9}$$

예제 2.2 이온으로 인한 전자 구름의 섭동

나트륨(Na^+) 이온의 중심은 금 원자의 중심으로부터 0.35 nm 떨어져 있다. 만일 금의 원자 반경이 144 pm이라 하면 나트륨 이온의 출현으로 금 원자의 전자 구름의 몇 퍼센트가 이동하는가?

풀이: 중심으로부터 거리 0.35 nm 떨어진 거리에서 나트륨(Na^{+}) 이온에 의해서 유도된 전기장은 식 2.8을 써서

$$E(r)=\frac{q_{Na^{+}}}{4\pi\epsilon_0 r^2}$$

$$=\frac{(1.602\times10^{-19}\mathrm{C})}{4\pi(8.854\times10^{-12}\mathrm{m^{-3}kg^{-1}s^4A^2})(0.35\times10^{-9}\mathrm{m})^2}$$

$$=1.18\times10^{10}\frac{\mathrm{J}}{\mathrm{Cm}}$$

표 1.1을 사용하여 금 원자에서 유도된 쌍극자 모멘트는

$$\mu=\alpha E=4\pi\epsilon_0(5.8\times10^{-30}\mathrm{m^3})[1.18\times10^{10}\frac{\mathrm{J}}{\mathrm{Cm}}]$$

$$=7.61\times10^{-30}\ \mathrm{Cm}$$

이제 식 2.4로부터 $\mu=qL$임을 알게 되고, 그 결과 단위 전하(e)에 대하여

$$L=\frac{\mu}{q}=\frac{7.61\times10^{-30}\mathrm{Cm}}{1.602\times10^{-19}\mathrm{C}}=4.75\times10^{-11}\mathrm{m}=47.5\,\mathrm{pm}$$

그러면 금의 전자 구름은 $47.5\ \mathrm{pm}/144\ \mathrm{pm}=33\%$ 움직였다.

유사한 방식으로 주어진 공간에서 극성 분자에 의해 만들어진 전기장의 세기는 공간에서 그 점에 대한 쌍극자 모멘트 방향의 함수이고

$$E(t,\theta)=\frac{\mu(3\cos^2\theta+1)^{1/2}}{4\pi\epsilon_0 r^3} \tag{2.10}$$

그러므로 영구 쌍극자 μ_1을 갖는 극성 분자와 유도된 쌍극자 사이의 상호작용 위치 에너지는

$$V(r,\theta)=\frac{-\mu_1^2\alpha(3\cos^2\theta+1)}{2(4\pi\epsilon_0)^2 r_{12}^6} \tag{2.11}$$

이다. 여기서 θ는 극성 분자의 쌍극자 모멘트와 유도된 쌍극자의 중심을 갖는 극성 분자의 중심을 연결하는 선 사이의 각이다.

결국, 이온이나 극성 분자와 유도된 쌍극자 사이의 상호작용이 항상 인력이라는 것에 주목한다. 그것은 본질적으로 이온이나 극성 분자에 의해서 만들어진

전기장이 항상 방향이 있는 편극 분자에서 쌍극자를 항상 유도하기 때문이며, 그 결과 쌍극자를 유도하는 것들을 향해서 끌린다.

2.1.5 분산력

앞에서 설명한 자연에 본질적으로 존재하는 정전기력을 제외하고도, 이웃한 분자들 사이에 있는 전자들 사이에 양자 역학적 상관관계에서 생기는 전하나 극성과 관계없는 모든 분자들 사이에 힘이 존재한다. 이 힘을 분산 또는 런던힘이라고 한다. 비록 분산력이 자연에서 양자 역학적이고, 그들 기원의 엄밀한 표현은 이 책의 범위를 벗어날지라도, 어느 정도 고전적인 방법으로 두 개의 중성, 비극성 분자들 사이의 상호작용에 기여한 것을 생각함으로써 직관적인 이해를 얻을 수 있다.

비록 중성, 비극성 분자들이 영구 쌍극자 모멘트를 가지고 있지 않을지라도, 주어진 순간에 전자들의 분포가 비대칭적일 수 있으며, 그 결과 순간적이거나 잠깐 쌍극자 모멘트를 만든다. 이런 순간적인 쌍극자 모멘트는 이웃한 분자들의 전자들을 교란하는 전기장을 만들며, 그 결과 유도된 쌍극자 모멘트를 만들고 두 분자 사이에 인력을 가져온다.

두 분자 사이의 인력을 계산하기 위하여 양자 역학적 계산이 수행되어야 한다. 일반적으로 사용된 이론의 수준에 걸맞는 정확성이 필요하다. 가장 초기에 계산된 것 중의 하나가 양자 역학적 섭동 이론을 써서 1930년대에 런던에 의하여 수행되었다. 그의 계산은 이치에 맞게 정확한 결과를 얻었으며, 보다 정밀한 계산은 보다 최근 몇 년 사이에 계산되었지만, 런던의 방정식은 보다 덜 복잡하므로 목적에 보다 적합하다.

런던의 결과에 따르면 두 분자 사이의 분산으로 상호작용하는 근사 위치 에너지는 그들의 전기 분극률 α와 이온화 전위차 I로 계산된다. 두 개의 동일한 분자(또는 원자)에 대하여 그 결과는

$$V(r) = \frac{-3}{4(4\pi\epsilon_0)^2}\frac{\alpha^2 I}{r_{12}^6} = \frac{-C_{\text{분산}}}{r_{12}^6} \tag{2.12}$$

이며, 두 개의 다른 분자에 대한 결과는 다음과 같다.

$$V(r) = \frac{-3}{4(4\pi\epsilon_0)^2}\frac{\alpha_1\alpha_2}{r_{12}^6}\frac{I_1 I_2}{(I_1+I_2)} \tag{2.13}$$

2.1.4(식 2.11)절에서 쌍극자－유도된 쌍극자에 대한 상호작용 에너지를 가지고, 런던의 방정식에 따르면 분산 상호작용에 대한 상호작용 위치 에너지가 $1/r^6$로 되고, 항상 두 분자 사이에 인력이 있음을 보았다.

분산 상호작용은 많은 물질의 액체와 고체 위상에서 중요한 역할을 하며, 응집력에 주된 원인이다. 하지만 분산 상호작용의 세기는 다른 형태의 분자들 사이에서 많이 바뀌지 않는다(즉, 두 개의 주어진 분자 사이의 상호작용은 유사한 세기가 된다). 그러므로 앞 절에서 설명한 정전기 상호작용은 분산 상호작용이 아닌, 일반적으로 응축 위상에서 위상 분리와 자기 조립 같은 행위, 나노 물질의 개발과 연구에서 가장 중요한 원인이 된다.

2.1.6 중첩 척력

앞 절에서 설명한 분자 상호간의 위치 에너지에서 원자와 분자가 어떤 유한한 공간을 점유한다는 사실을 무시하였다. 예를 들어, 쿨롱힘(식 2.3) 자체에 대한 식을 조사한다면, 반대로 하전된 두 개의 이온이 같은 점을 점유하기까지 증가하는 힘을 가지고 서로를 향해서 끌린다는 결론이 이르게 될 것이다. 이것은 자연에서 원자와 분자 사이에서 일어나지 않는다. 원자와 분자의 유한한 크기를 설명하기 위하여 중첩 척력이라고 하는 또 다른 기여자를 두 원자와 분자 사이의 상호 위치 에너지로 결론짓는다. 중첩 척력은 두 개의 원자나 분자가 공간에서 같은 점을 점유할 수 없다는 사실을 설명하는 상호작용이다.

그러면 무엇이 원자나 분자의 크기인가? 이것은 하찮은 질문이 아니다. 양자역학의 결론으로부터 원자와 분자의 전자 '구름(cloud)'이 한정된 경계를 갖지 않는다는 것을 깨달았다. 그러므로 원자가 끝나는 곳을 결정하는 것이 어느 정도 다루기 어렵다. 결과적으로 원자의 반경은 실험적으로 정의되며, 만들어진 측정 형태에 의존한다(결론적으로 측정된 특성). 다른 결과가 얻어질 수도 있다. 예를 들어, 원자의 반경을 측정하는 한 가지 방법이 고체에서 서로 조밀하게 뭉쳐있는 원자들이 작고 견고한 구형처럼 행동하는 것을 가정하는 것이다(그림

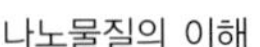

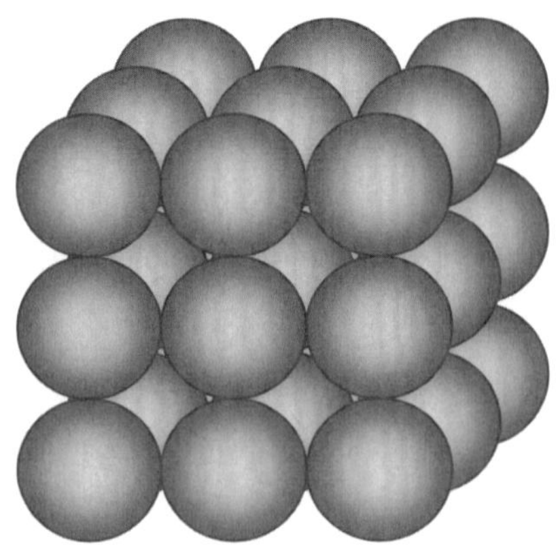

그림 2.7 결정 격자에서 원자가 그들 반경을 계산하기 위하여 작고 견고한 구형처럼 형상화될 수 있다. 엑스선 또는 중성자 회절 방법이 실험적으로 원자 반경을 결정하기 위하여 사용될 수 있다.

2.7을 참조). 엑스선이나 중성자 회절 방법을 써서 누구나 원자가 얼마나 조밀하게 서로 뭉쳐 있으며, 그것에 의해 원자 반경을 얼마나 줄이는지 볼 수 있다. 이 방법의 결과 **견고한 구형 반경(hard sphere radius)** 또는 **반데르발스 팩킹 반경(van der Waals packing radius)**이라고 한다. 다른 방법으로 공유 결합(결정에서 거리보다는 오히려)하고 있는 두 원자 사이의 거리를 측정하는 방법도 있다. 이 방법이 **공유 결합 반경(covalent bond radius)**을 만든다. 계산된 원자 반경은 사용된 방법에 의해 결정된다. 어떤 경우에 이러한 다른 방법으로부터 얻어진 결과가 30%만큼 변할 수 있다. 일반적으로 사용하기 위하여 선택하는 측정 형태가 연구하려는 시스템의 형태를 결정한다.

원자 반경을 결정하기 위한 가장 적당한 방법을 사용한 후에 두 원자 사이의 중첩 척력을 계산할 수 있다. 증가하는 복잡한 여러 모델이 중첩으로 인한 두 원자 사이의 중첩 척력 위치 에너지를 계산하기 위하여 사용된다. 가장 간단한 모델이 유한한 경계를 가진 딱딱한 구형으로 원자를 특징짓는 것이다(즉, 두 원자 사이의 척력은 원자 반경보다 더 작은 거리에서 무한대가 될 것이다). 서로에게 떨어진 거리 r에서 두 원자 사이의 견고한 구형 모델은 수학적으로

$$V(r) = (\frac{\sigma}{r})^{\infty} \tag{2.14}$$

로 나타낼 수 있으며, 여기서 σ는 원자나 분자의 직경이다(즉, 원자 반경의 두

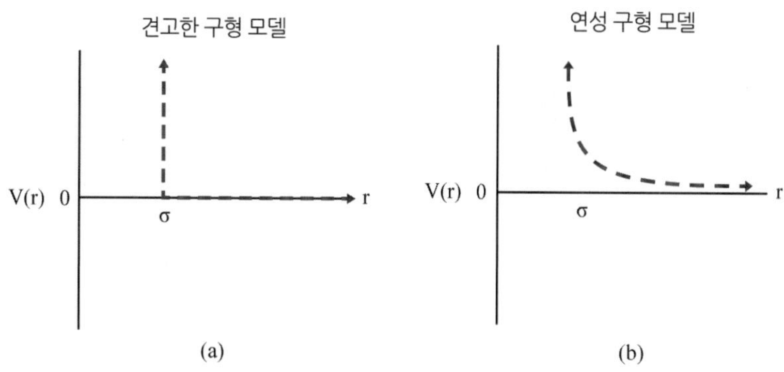

그림 2.8 (a) 중첩 척력의 견고한 구형 모델. r은 분자간 거리이며, σ는 분자 직경이다. (b) 중첩 척력의 연성 구형 모델. 견고한 구형 모델과 같은 경우지만, r은 $V(r)$이 무한대로 크지 않고, σ 보다도 약간 작은 값이라고 가정할 수 있음을 주목하라.

배). $r > \sigma$이면 $V(r)$은 0이 되고 $r < \sigma$면 $V(r)$은 무한대로 커진다. 견고한 구형 모델에 대한 $V(r)$과 r의 그래프를 그림 2.8(a)에 나타내었다.

보다 현실적인 모델이 연성 구형 모델(soft sphere model)이다. 이것은 원자가 어느 정도까지 '압축성'이 있으며, 완전히 고정된 경계를 갖지 않는다고 가정하는 것이다.

연성 구형 모델을 나타내기 위한 수학적 설명이 다음과 같은 급수 법칙으로 주어질 수 있다.

$$V(r) = \left(\frac{\sigma}{r}\right)^n \tag{2.15}$$

여기서 n은 9와 16 사이의 정수이며, σ는 앞에서와 같이 정의된다. 이 모델에서 r이 σ보다 매우 크면 $V(r)$이 빠르게 작아진다. 역으로 두 원자의 중심거리가 σ보다 작으면 중첩 척력이 빠르게 증가한다. 그림 2.8(b)가 연성 구형 급수 법칙 모델에서 r에 대한 $V(r)$의 그래프를 보여 주고 있다.

이제까지 중첩 척력에 대한 설명에서 원자나 분자 형태가 본질적으로 구형이라는 가정하에 수행하였다. 반면에 이 가정은 원자와 몇 가지 분자에 대하여 상대적으로 확실하다(예를 들어, CH_4는 거의 구형처럼 형상화될 수 있다). 대부분의 분자들은 다른 형태를 갖는다. 우리가 발전시킨 중첩 척력의 개념은 아직은 이들 핵종에 적용된다. 그러나 그들 상호 에너지의 다른 계산은 다른 형태를 설명하도록 요구된다. 하지만 그런 계산 방법은 이 책의 범위를 벗어난다.

2.1.7 전체 분자간 퍼텐셜 에너지

앞 절은 반데르발스 분자간 상호작용의 기본 설명을 제공하였다. 최종적으로 두 분자 사이의 전체 상호작용 위치 에너지는 우리가 설명한 모든 다른 상호작용의 합이다(좀 더 복잡한 상호작용과 마찬가지로).

두 개의 원자나 분자 사이의 상호작용을 아주 기본적으로 다루는데 있어서, 전체 분자간 위치 에너지는 종종 레나드-존스 퍼텐셜 에너지(Lennard-Jones potential)로 형상화되는데, 그것은 연성 구형 척력과 $1/r^6$로 가는 인력의 합이다(런분 분산 인력 상호작용과 유사한). 레나드-존스 퍼텐셜 에너지는

$$V(r) = 4\epsilon\left[\left(\frac{\sigma}{r}\right)^{12} - \left(\frac{\sigma}{r}\right)^{6}\right] \tag{2.16}$$

으로 주어진다. $-\epsilon$은 최소 에너지이며, σ는 상수 인자이다(분자 직경이 아닌). 레나드 존스-퍼텐셜 에너지의 그래프는 그림 2.9에 나타내었다.

비록 레나드-존스 퍼텐셜 에너지가 두 분자 사이의 전체 분자간 퍼텐셜 에너지의 상대적으로 근본적인 모델이지만, 그것은 두 분자 사이의 일반적인 상호작용에 대해 질적으로 유용한 모습을 제공한다. 그림 2.9의 먼 오른쪽에서 출발해서 에너지가 $-\epsilon$의 최소값에 도달할 때까지, 퍼텐셜 에너지가 분자 사이의 거리가 점점 작아짐에 따라서 퍼텐셜 에너지가 감소하는 것을 보게 된다. 만일 r이 최소 에너지값 바깥으로 감소한다면, 퍼텐셜 에너지는 중첩 척력으로 인하여 빠르게 증가한다(즉, 두 분자 사이의 힘이 강하게 반발하게 된다).

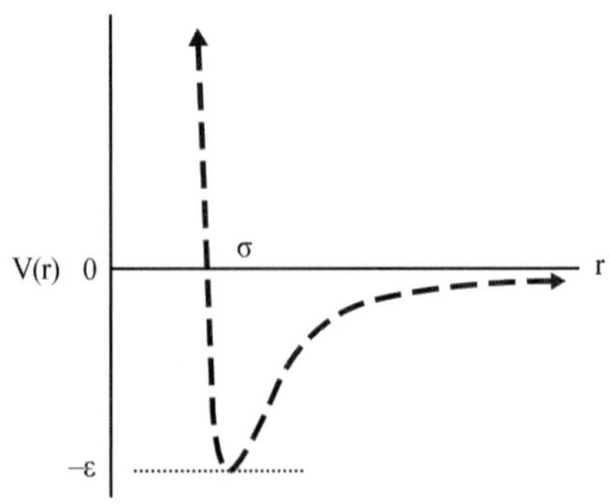

그림 2.9 레나드-존스 전체 분자간 퍼텐셜 에너지 곡선. $-\epsilon$은 최소 에너지이며, r은 분자간 거리이다.

보다 완전한 전체 분자간 퍼텐셜 에너지는 모든 상호작용 위치 에너지의 합이다. 지금까지 설명한 상호작용만을 이용해서 완전한 전체 분자간 퍼텐셜 에너지를 식 2.17에 나타내었다. 하지만 그것은 단순한 시스템이 이 모든 종류의 상호작용을 나타내지 않는다는 것을 실현시켜야 한다. 그 결과 식 2.17에서 몇 개의 항이 0이 될 것이다.

$$V(r)_{\text{전체}} = V(r)_{\text{이온-이온}} + V(r)_{\text{쌍극자-쌍극자}} + V(r)_{\text{이온-쌍극자}} + V(r)_{\text{이온-유도된 쌍극자}} + V(r)_{\text{쌍극자} \leq \text{-유도된 쌍극자}} + V(r)_{\text{분산}} + V(r)_{\text{중첩}} \quad (2.17)$$

만일 인력 상호작용항의 합이 척력 상호작용항보다 크다면, 두 분자는 척력 상호작용이 인력 상호작용을 압도할 때까지 서로에게 이끌린다(중첩 척력이 원자나 분자 반경보다 더 작은 거리에서 피할 수 없을 정도로 빨리 크게 된다는 것을 기억하라).

결론적으로 이 절과 앞 절에서 설명한 많은 분자간 힘에 대한 모델이 대개 근본적이고, 누가 원자나 분자 사이의 퍼텐셜 에너지의 완전한 계산을 원한다면 충분히 유용하지 못하다는 것을 주목하라. 하지만 우리가 설명한 상호작용은 이 책의 목적에 질적으로 아주 유용하고, 나노 물질의 영역에서 분자간 힘을 이해하기 위한 개념적 도구를 제공한다.

2.1.8 수소 결합

수소 결합은 일반적으로 콜로이드 시스템과 나노 물질에서 아주 중요한 분자간 상호작용의 특별한 형태이다. 수소 결합은 본질적으로 정전기이며, 이미 설명한 쌍극자 상호작용의 일부분이다. 하지만 수소 결합은 아주 중요하며, 강하고, 특별한 취급을 요한다.

수소 결합은 N, O 또는 F 같은 강한 음전자 원자로 공유 결합된 수소를 갖는 분자들 사이에 일어난다. 그런 경우에 이웃한 분자들에 음전자 원소와 강한 쌍극자-쌍극자 상호작용을 형성할 수 있는 강한 부분 양전하에 노출된 수소 원자를 남겨 두고서, 수소 원자를 둘러싸고 있는 전자 밀도는 대부분 보다 강한 음전자 쪽으로 끌린다. 어쩌면 더 중요하게 수소 원자를 둘러싸고 있는 줄어든 전자 밀도

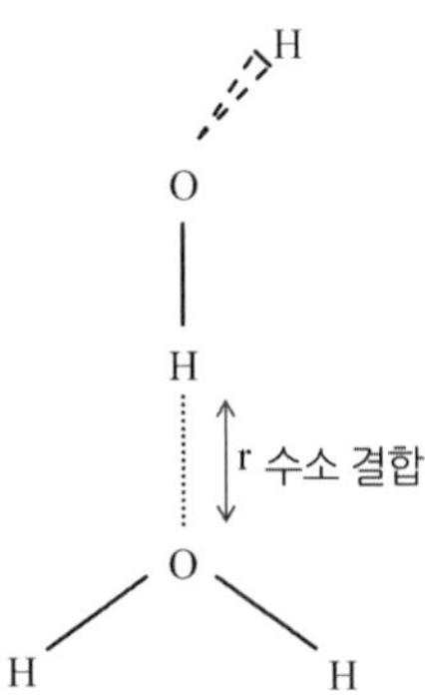

그림 2.10 두 물 분자 사이의 수소 결합. 큰 일부 음전하를 산소에 주고 수소 원자에 일부 양전하와 아주 작은 전하 밀도를 수소 원자에 남기고서 전자 산소 원자가 수소 원자를 둘러싸고 있는 훨씬 많은 전자 구름을 잡아당긴다. 이웃한 물 분자의 산소 원자는 일반적으로 쌍극자-쌍극자 상호작용에서 가능한 것보다 더 가까이 수소 원자에 다가갈 수 있다.

가 수소 결합하고 있는 이웃한 분자가 다른 것들보다 훨씬 더 가깝게 끌 수 있다($\sim 1.5 - 2.0$ Å 까지). 다시 말해 중첩 척력이 수소 원자를 둘러싸고 있는 전자 구름이 크기가 줄어들기 때문에 최소화된다. 이웃한 분자들이 훨씬 더 가깝게 끌리기 때문이다. 인력 상호작용 에너지의 크기가 일반적인 것보다 훨씬 더 크다(정전기 상호작용 에너지에 대한 방정식에서 r_{12}가 분모이고 일반적으로 어떤 급수를 가지고 증가한다. 그래서 r_{12}가 더 작다면 상호작용 위치 에너지가 훨씬 더 커진다). 그림 2.10은 두 개의 물 분자 사이에서의 수소 결합을 보여 준다.

2.1.9 소수성 효과

지금까지 설명된 반데르발스 상호작용은 유기 분자의 많은 물리적 성질(예, 용해성(solubility))과 관련된다. 예를 들어, 메탄올(CH_3OH)에서 탄화수소는 상대적으로 작아서 이온화한 수소 그룹이 약한 분자간 반데르발스 상호작용을 일으킨다. 하지만 탄화수소 일부의 길이가 증가하는 것처럼(예, $CH_3(CH_2)_9OH$), 분자의 이온화되지 않은 탄화수소 일부가 상호작용을 지배하고 용해도를 결정한다. 탄화수소 고리는 본질적으로 오일이고, 물과 전혀 상호작용하지 않는다. 탄화수소 고리가 충분히 길다면 분자들은 용액으로부터 떨어질 수 있으며(침전시키다), 물 분자 대신에 그들 스스로 상호작용한다. 이것은 소수성 효과로 이끄는데, 이것은 물

에서 분자처럼 모으려는 이온화되지 않은 분자들의 경향을 설명한다.

경험에 의해서 거시적으로 오일과 물은 섞이지 않고 오히려 분리층을 형성한다는 것을 알게 된다. 또한 물은 방울이나 제한된 방울, 나뭇잎의 면 위에서 오일면을 형성하는 것을 알고 있다. 종종 이온화되지 않은 큰 탄화수소 일부가 물에 놓여 있으면, 그들 스스로 자발적으로 자기 조립한다. 이런 배열은 분자의 수소부분과 용액에 있는 물 분자 사이에 전체적인 접촉면을 최소화하기 때문이다. 이런 위상 분리의 기원은 물－물 분자간 상호작용을 우선 최대화하는 것인데, 쌍극자－쌍극자 상호작용이 이온화되지 않은 분자들 사이의 상호작용보다 더 강하기 때문이다. 다시 말해 엔탈피 힘(enthalpic force)은 물에 있고, 이온화되지 않은 상(phase)에 있다. 이런 상 분리는 엔탈피하게 유도되는 것을 의미한다.

소수성 효과를 완벽히 이해하기 위하여 엔트로피를 언급할 필요가 있다. 위에서 언급한 엔탈피 기여에 더하여, 엔트로피는 특히 보다 복잡한 시스템에서 중요한 역할을 한다. 일반적인 화학으로부터 엔트로피는 시스템의 에너지가 퍼져있는 많은 에너지 준위에 관련된 열역학적 성질로 설명된다. 근본적으로 이것은 작은 공간 안에 한정되고, 질서정연한(ordered) 물 분자들은 무질서하고 더 큰 체적을 차지하는 같은 분자들에 비하여 더 작은 엔트로피를 가질 것이다. 특히 그런 과정이 질서의 손실에 이르면 엔트로피 변화는 물 분자가 작은 공간으로부터 느슨해져서 큰 체적으로 들어가기에 적당하다는 것을 의미한다.

큰 탄화수소 고리를 갖는 물에 놓인 유기 분자(예, $CH_3(CH_2)_9OH$)를 생각해보자. 그것은 탄화수소와의 접촉을 피하면서 물 분자는 고리 주변에 틀을 형성할 것이다. 이 틀은 유기 분자 주위에 고정되어 정렬된 물 분자를 가지고 있다. 그런 두 개의 수화된 분자들이 서로 접근해서 접촉하게 되면 이 틀은 부서지고 한정된 물 분자는 큰 용액으로 벗어난다. 이 과정은 물 분자의 엔트로피 증가를 수반한다. 어떤 의미에서 두 개의 탄화수소 고리 사이의 반데르발스 인력은 틀의 붕괴로 인한 큰 엔트로피 증가에 의하여 부분적으로 유도된다. 이 과정이 많은 유기 분자 사이에서 일어난다면 그것은 수용액 안에서 분산된 나노 크기를 초래하면서 합쳐질 것이다.

세포막의 형성 같은 생물학적 공정을 포함하여 소수성 효과는 많은 자기 조립에서 탁월하다. 효과에 대한 참고를 책에서 하였으며, 3.3절은 계면 화학 부분에서 소수성 효과의 설명을 포함한다.

2.2 표면 사이의 정전기력: 전기 2층막

표면 화학은 나노 물질의 자기 조립에서 지극히 중요한 역할을 한다. 지금까지 설명된 힘(반데르발스 상호작용, 수소 결합, 소수성 상호작용 등)은 평평한 면과 얼마간 떨어진 분자 사이에 존재할 수 있다. 이들 상호작용의 세기와 성질은 분자가 표면에 흡착하는 정도를 결정하고, 나노 물질의 성장을 시작할 것이다. 더욱이 표면 힘은 촉매에서 중요한 역할을 한다. 표면 결합 분자는 반응이 계속 일어나는 적절한 형태로 표면에 정지될 수 있다. 이 절은 표면의 정전기 상호작용에 중점을 두고 있다. 보다 철저한 주제를 다루는 책은 이스라엘라치빌리(Israelachvili)의 고전 책 '*Intermolecular* and *Surface Forces*'에서 찾을 수 있다.

2.2.1 전기 2층막

정전기력에 대한 설명은 나노 크기의 액체와 표면 사이의 상호작용에서 정전기 2층막과 그 역할에 대한 간단한 설명 없이 완전하지 못하다. 정전기 2층막은 하전된 표면과 결합된 용액에서 반대 이온의 분산층에 주어지는 단어이다. 다음에 설명하는 것처럼 정전기 복층은 액체에서 하전된 표면 사이에 동작하는 힘을 결정하는 중요한 역할을 한다.

표면이 액체와 접촉하면 용액으로부터 흡착된 이온이나 용액 속으로 방출된 이온에 의해 하전될 수 있다. 예를 들면, 많은 표면이 pH가 불안정하고, 높거나 낮은 pH에서 양 또는 음으로 하전될 수 있다. 예를 들어, 1차적인 아민 군을 포함하는 표면은 아민 군이 여분의 양성자를 요구하기 때문에 $pH<10$에서 양으로 하전된다. 또 다른 일반적인 표면 하전 얼개의 예가 양으로 하전된 표면을 초래하는 많은 인-지질 겹층의 쌍극성 이온 선두 군에 의한 Ca^{2+} 이온의 결합이다.

용액에서 표면 자체에서 빠져 나오거나 둘러싸고 있는 용액으로부터 끌려나온 적당한 반대 이온에 의해서 균형이 잡힌 표면 위의 전하를 기대한다. 실제로 이것은 사례이며, 그 결과는 표면 전하를 중성화하려는 반대 전하의 두 가지 영역을 형성하는 것이다. 첫 번째 영역은 하전된 표면에 가깝게 결합된 반대 이온

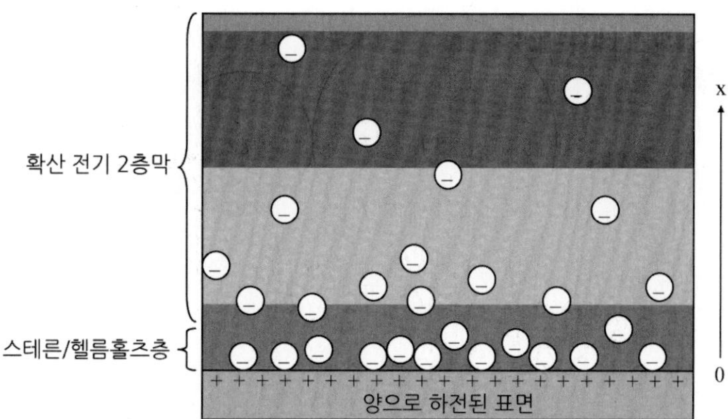

그림 2.11 스테른/헬름홀츠층과 확산 전기 2층막. 일반적으로 단단하지는 않아도 스테른 헬름홀츠 층에 있는 이온은 표면에 결합된다.

의 촘촘한 층이다. 결합된 반대 이온의 촘촘한 영역을 **스테른(Stern)** 또는 **헬름홀츠(Helmholtz)** 층이라고 한다. 스테른층에 있는 반대 이온이 반드시 비가역적으로 표면에 결합되는 것은 아니며, 둘러싸고 있는 용액에서 반대 이온과 교체될 수 있음을 주목해야 한다. 두 번째 영역은 둘러싸고 있는 용액과 함께 빠르게 평형이 되는 보다 흐트러지고 넓은 반대 이온층이다. 이 영역은 **전기적 2층막(electrical double layer)** 또는 **확산 전기 2층막(diffuse electrical double layer)**으로 간주된다. 이 영역을 그림 2.11에 나타내었다.

전기적 2층막의 일반적인 예를 콜로이드 우유에서 발견할 수 있다. 최초로 물에 유지방 방울을 혼합한 것처럼 우유 입자는 소수성 상호작용으로 모여서 응고될 것 같다. 하지만 물-우유 접촉면에서 높은 극성인 인 단백질 카세인의 작은 양이 각각의 우유 입자 주위에 형성한 전기적 2층막을 가져온다. 이 2층막이 소수성 입자들이 모이려는 경향을 이겨낼 만큼 충분한 반발력을 만든다. 잉크, 페인트 및 혈액은 전기적 2층막에 의해서 안정화되는 이종 액체 혼합물의 더 많은 예를 제공한다.

전기적 2층막의 출현은 하전된-표면/벌크 용액 시스템의 에너지와 엔트로피 사이에 tug-of-war의 직접적인 결과이다. 시스템의 정전기 에너지는 전하 분리가 최소에 있으면 최소화된다. 즉, 용액 속에 있는 반대 이온이 중화점까지 하전된 표면과 관련되어 가깝게 된다. 엔트로피는 반대 이온이 용액 전체로 자유롭게 이동할 수 있다면 최대로 된다. 에너지만을 생각하면 존재하는 전기적 복층을 기대하지 않는다. −표면 전하가 표면에 가까이 결합된 반대 이온에 의해서 완전히 중성화될 것이다. 하지만 엔트로피만의 생각은 일종의 주고 받기를 요구한다. 전체 용액의 평형과 같은 값에 도달할 때까지 하전된 표면으로부터 점차 먼 거리에서 감소하는 반대 이온의 평형 농도와 함께 시스템의 에너지 최소와 엔트로피 최대 사이에 생기는 절충은 확산 2층막을 만든다.

평형에서 반대 이온의 실제 분포는 포아슨 볼츠만(Poisson-Boltzmann) 방정식으로

$$\frac{d^2\Psi}{dx^2} = -\left(\frac{e}{\varepsilon\varepsilon_0}\right)\sum_i z_i\rho_{io}\exp(-z_i e\Psi(x)/kT) \tag{2.18}$$

계산될 수 있다. z_i는 i번째 전해질(즉, Na^{1+}에 대한 +1)의 결합가이고, e는 전하의 기본 단위, k는 볼츠만 상수이며, T는 온도이다. $\Psi(x)$는 표면에서 거리 x만큼 떨어진 곳에서 정전기 위치 에너지이다. 0 퍼텐셜은 임의로 정의될 수 있으며, ρ_{io}는 같은 거리 x에서 i번째 전해질의 밀도 수이다(종종 x가 ∞로 접근함에 따라 극한이 되도록 선택되기도 한다).

2.2.2 디바이 길이(Debye Length)

대부분의 상황에 대하여 포아슨−볼츠만 방정식의 풀이는 복잡해서 컴퓨터에 의한 수치해석으로 얻을 수 있다. 하지만 $ze\Psi(x)/kT \ll 1$인 작은 정전기 퍼텐셜에서 포아슨−볼츠만 방정식은

$$\frac{d^2\Psi}{dx^2} = \left(\frac{e}{\varepsilon\varepsilon_0}\right)\sum_i z_i\rho_{io}(z_i e\Psi(x)/kT) \tag{2.19}$$

$$\frac{d^2\Psi}{dx^2} = \kappa^2\Psi(x) \tag{2.20}$$

여기서

$$\kappa = \left(\frac{\sum_i \rho_{io} z_i^2 e^2}{\varepsilon\varepsilon_0 kT}\right)^{1/2} \tag{2.21}$$

이며 m^{-1}의 단위를 갖는다. 이 경우에 ρ_{io}는 부피 용액에서 i번째 전해질의 밀도수로 정의된다.

식 2.20의 2차 미분 방정식은 디바이 휴켈(Debye-Hückel) 방정식이라 하며, 잘 알려진 풀이는

$$\Psi(x) = \Psi_0 e^{-\kappa x} \tag{2.22}$$

를 가진다. 여기서 Ψ_0는 하전된 표면의 퍼텐셜이다.

식 2.22로부터 디바이 휴켈 모델의 정전기 퍼텐셜의 특성 감쇠 길이는 $1/\kappa$임을 보았다. 이 길이는 종종 **디바이 길이** 또는 **디바이 차폐 길이(Debye Length or Debye screening ength)**라 하며, 전기 복층의 두께에 대한 근사값으로 사용될 수 있다. 전하가 디바이 길이 안에 있다면 그것은 하전된 표면의 효과를 느끼고, 그것이 디바이 길이 바깥 쪽에 너무 멀리 있다면, 그것은 끼어든 반대 이온 구름에 의해서 하전된 표면으로부터 차폐될 것이다.

또한 식 2.21로부터 디바이 길이가 표면 그 자체의 성질과 무관하다는 것을 알게 될 것이다. −그것이 표면 전하나 표면 퍼텐셜이 아닌 큰 용액에서 이온의 농도와 원자가에만 의존하는 어떤 온도에서 주어진 용액에 대해서 말하는 것이다. 예를 들어, 25°C의 물 100-mM NaCl 용액에 대하여 디바이 길이는 0.96 nm이고, 전하 밀도나 그 자체의 표면의 퍼텐셜과는 무관하다.

2.2.3 액체에서 하전된 표면 사이의 상호작용

일반적으로 두 개의 하전된 표면 사이의 위치 x에서 이온의 출현으로 인한 압력은

$$P(x) = kT\sum_i \rho_i(x) \tag{2.23}$$

로 풀 수 있다. 여기서 $\rho_i(x)$는 x에서 i번째 전해질의 밀도수이다(단위체적에 측정된 분자수). 주어진 점에서 이온의 분포는 포아슨−볼츠만 방정식을 써서 계산해야 한다. 그러면 그 시스템에 대한 포아슨−볼츠만 방정식을 푸는 것은 두 표면 사이의 압력 계산에 선행되어야 한다. 하지만 앞서 언급된 것처럼 포아

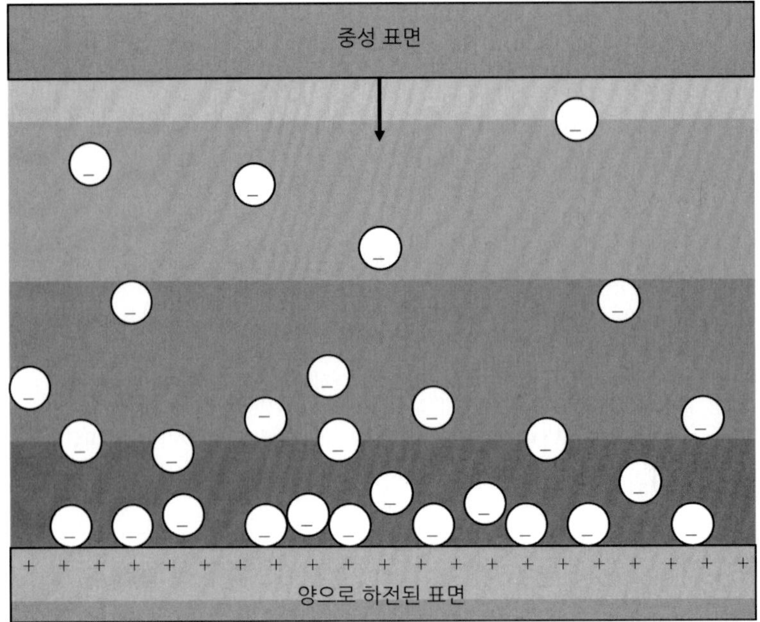

그림 2.12 중성이고 하전된 표면 사이의 상호작용은 척력이다.

슨–볼츠만 방정식은 실제 흥미로운 대부분의 시스템을 풀기에는 복잡하다. 이 방정식의 설명은 이 책의 범주를 넘는 것이지만, 학생들은 두 표면 사이의 압력을 계산하는 일반적인 접근을 알아야 한다. 상호작용하는 두 표면 사이에 작용하는 힘의 양적 설명에 우리의 설명을 제한한다.

가장 기본인 예로 그림 2.12에서 보는 것처럼 나란한 방향으로 편평하고, 하전된 표면에 접근하는 편평하고 중성인 표면을 갖는다. 중성 표면의 접근 전에 하전된 표면이 확산 전기 복층이 용액으로 퍼지는 것과 관련된다. 하지만 중성 표면이 접근함에 따라서 시스템의 엔트로피에서 감소를 가져오면서, 복층에 있는 반대 이온은 점점 더 작은 체적으로 제한되게 된다. 중성 표면의 접근은 약간의 에너지 감소를 가져오면서, 하전된 표면에 몇 개의 반대 이온을 결합하게 할 것 같다. 하지만 이런 적당한 에너지 감소가 시스템의 엔트로피 감소로 뒤집힌다. 이런 이유로 액체에서 중성이며 하전된 표면 사이의 상호작용은 항상 척력이다.

그림 2.13에서 보는 것처럼 이제 전하 같은 두 하전된 표면 사이의 상호작용을 생각해 보자. 표면이 서로 접근하기 때문에 시스템의 엔트로피의 효과적인 감소를 가져오며, 상호작용을 안 좋게 만드는 전기적 복층이 중복되기 시작한다. 따

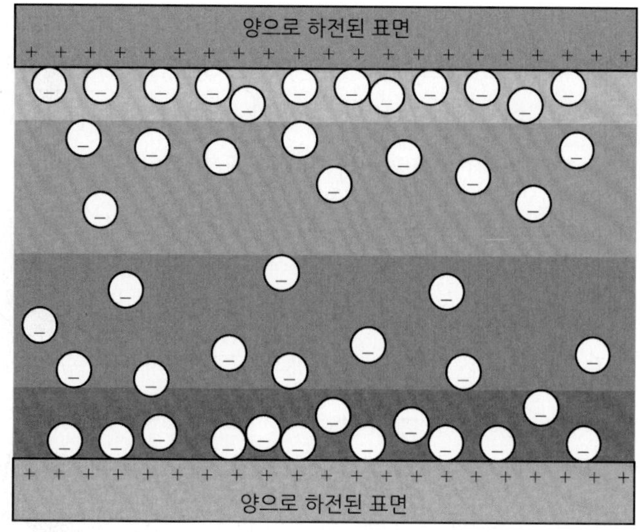

그림 2.13 전하 같은 두 표면 사이의 상호작용은 척력이다.

라서 같은 전하의 두 표면 사이의 상호작용은 항상 척력이다. 비교하면 이렇게 반발하는 상호작용은 표면의 하나가 중성일 때보다 더 멀리 있으면 일어나기 시작한다.

마지막으로, 반대 전하의 두 표면 사이의 상호작용을 생각해 보자. 우리가 예상하는 것처럼 표면 사이의 정전기적 인력이 긴 범위에서 지배한다. 한 표면은 반대 표면에 대하여 효과적으로 '반대 이온'으로 작용한다. 표면이 접근하기 때문에 시스템의 엔트로피 증가를 가져오면서 반대 이온이 용액으로 방출되고, 두 표면 사이의 간격으로부터 방출된다. 각 표면의 전하 밀도가 같다면 정전기 인력은 표면 사이가 접촉할 때까지 계속해서 증가한다. 전하 밀도가 같지 않다면 몇 개의 반대 이온은 간격을 유지해야만 한다. 점진적으로 그것들은 표면이 서로 접근함에 따라서 농도가 더 크게 되며, 어떤 점에서 이들 반대 이온들로부터 척력은 표면 사이 정전기 인력과 일치한다.

2.3 분자간 힘과 집합체

초분자 화학은 분자의 서브유닛에서 나타나는 많은 비공유 결합 상호작용에 의해 좌우된다. 간단한 예가 지금까지 설명한 여러 가지 상호작용 사이에 생기는 상호작용을 이해하고, 이런 상호작용이 특수한 구조를 갖는 나노 물질로 분자의 자기조립으로 어떻게 이끄는지를 도울 수 있다. 그림 2.14에서 나타낸 일반적인 분자들을 생각해 보자. 단지 상호작용을 강조하는 특성이 가령 이온 부분, 소수성 영역, 쌍극자 및 수소 결합군들을 보여 준다. 분자는 분자 구성재료를 나타내고, 이들 개개의 재료들의 모음이 분자간 상호작용에 의해 영향을 받을 것이다.

구성재료를 보다 복잡한 구조로 조직하는 것은 에너지와 열역학적 구속을 최소화함으로써 수행된다. 예를 들어, 열역학적 구속 인자는 소수성 효과로 인한 엔트로피 이득이 될 수 있다. 에너지의 최소화는 두 개의 유사하게 하전된 것들을 같은 근처로 가져가는 것 같은 알맞지 않은 상호작용을 최소화함으로써 이룰

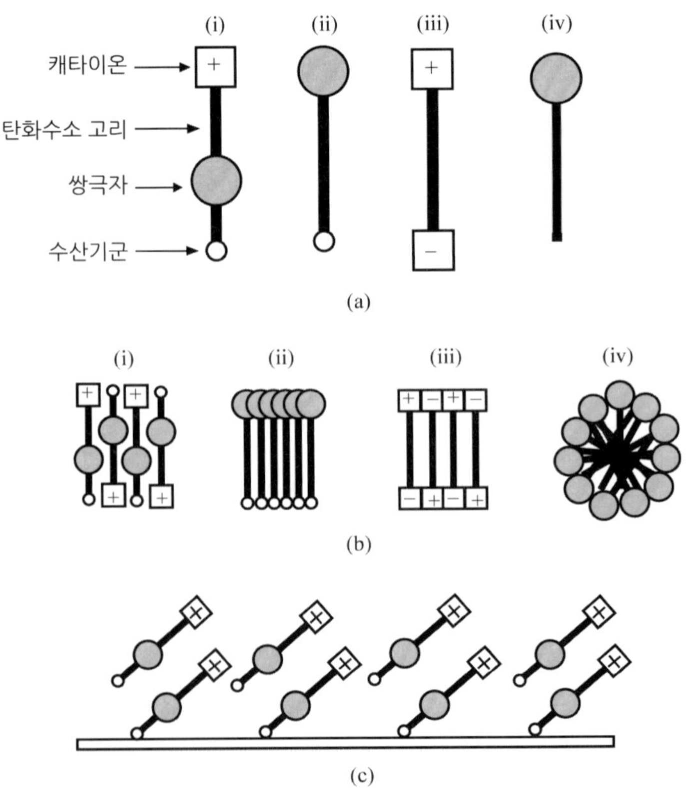

그림 2.14 (a) 다양한 상호작용 기능을 갖는 4개의 조립체 표시, (b) 가능한 조합들 (i) 같은 전하끼리의 반발, (ii) 쌍극자-쌍극자와 H-결합 상호작용, (iii) 다른 전하끼리의 인력, (iv) 강한 소수성 상호작용에 의한 가능한 조합. (c) 강한 기판의 분자 상호작용이 같은 전하 상호작용을 최소하하려고 분자를 기울어지게 하기도 한다.

수 있다. 분자 건자재를 모을 수 있는 방법을 그림 2.14(b)에 써 나타내었다. 자기 조립은 3차원 조합으로 될 것이지만, 만일 조합이 표면에서 일어나고 있다면, 2차원 조합이 형성될 것이다. 평면 지지는 정확한 구조에 얼마간의 제한을 부과할 것이다. 예를 들어, 강한 기질 분자(substrate-molecule)는 상호작용과 분자간 머리 집단(head group)의 반발로 인하여 그림 2.14(c)에서 지지된 1층은 기울어지고/또는 비틀거리는 상태가 된다.

열역학적으로 안정된 구조는 조합 과정(온도, 표면의 출현, pH, 농도 등)의 조건에 기초하여 형성될 것이다. 구조가 물 같은 용매에서 형성된다면 조합을 구성하는 분자가 용액에서 자유로운 단위체를 가지고서 동적 평형이 되는 것을 인지하는 것이 중요하다. 이런 결과가 조합 크기와 형태가 단위체 농도와 다른 조건, 가령 pH, 온도, 및 소금 농도에 따라서 바뀐다.

이제까지 자기 조립된 혼합재에서 이웃한 분자들 사이에 결합한 직속 전자를 무시하였다. 비록 유도된 쌍극자 효과가 원래 전자일지라도 분자들은 상대적으로 멀리 떨어져 있어서 전자들은 아직 각 분자들의 지역의 제한되었다. 서로 접촉하는 분자들로 구성된 조밀한 혼합재를 만난다면, 물질의 전기적 특성이 변한다. 예를 들어, 분자를 이루는 건자재는 전자가 전체 혼합재에 걸쳐서 국한되지 않는 나노 구조를 가져온다. 이것은 물질의 광학과 전기적 성질을 바꾸며, 혼합재의 형태와 크기를 바꿀 것이다. 다음 절은 전자 분리를 포함한 기본 전자 구조의 몇 가지 배경과 크기의 효과에 대한 배경에 대해서 논한다.

2.4 전자 구조를 설명하는 간단한 모델

전자는 복사와 상호작용하며, 이런 복사는 복사의 흡수와 방출의 원인이 된다. 형광, 인광, 및 광전 효과 같은 현상들은 어떻게 빛이 분자와 상호작용하느냐에 달렸다. 이런 상호작용은 분자 구조(분광학의 기초)에 대한 정보를 얻기 위하여 이용될 수 있다. 분광학과 빛-물질 상호작용의 성질은 4장에서 다룬다. 여기서 전자 구조의 타당한 몇 가지 원소가 포함된다. 학생들은 루이스 구조, 간단한 분자의 분자 궤도(Molecular orbit: MO) 이론, 빛(광자)에 대한 양자 역학 해석 및 전자 구조(에너지 준위)에 대한 일반화학 수준을 갖추리라고 생각한다. 상기할만한 중요한 방정식은 플랑크 식으로, 그것은 이들 두 에너지 준위 사이에 전자 천이의; 결과로서 흡수되거나 방출되는 빛의 파장(λ)으로, 두 에너지 준위(ΔE) 사이에 에너지로 관계된다(식 2.24).

$$\Delta E = h\nu = \frac{hc}{\lambda} \tag{2.24}$$

빛의 파장과 주파수(ν)는 $\lambda = c/\nu$이다. 여기서 c는 진공 중의 광속(2.998×10^8 ms^{-1})이며, 식 2.24에서 h는 플랑크 상수(6.626×10^{-34} Js)가 된다.

2.4.1 상자 모델에서 입자

빛의 흡수 같은 화학 반응과 물리학 현상은 분자에 있는 전자 구조에 의하여 결정된다. 전자 에너지 준위가 양자화되기 때문에 식 2.24는 그런 준위 사이의 천이로 인한 흡수나 방출되는 빛의 파장을 제공한다. 예를 들어, 원자와 분자의 전자 형상은 그런 관측에 대한 충분한 설명을 제공한다. 하지만 많은 경우에 전자(또는 전자들)는 어떤 공간 영역 안에서 자유롭게 이동한다. 이런 영역이 실제로 금속 나노 입자 같은 나노 크기 차원을 갖는 집합체가 될 것이다. 금속과 결합 분자들이 전자들이 각 핵에 묶이지 않는 다른 예가 될 것이지만, 오히려 공간의 큰 영역에 걸쳐서 국한되지 않는다.

상자 모델에서 입자는 잘 정의된 공간 영역에 한정된 전자에 가능한 에너지 준위를 설명하는 양자 모델이다. 단순화를 위하여 이 영역을 직선으로 생각할 것이다. 선은 직선상에 전자를 한정되도록 하는 무한대 벽(퍼텐셜 장벽으로 알려진)을 가진 1차원 영역을 나타낸다. 전자는 퍼텐셜 장벽을 뛰어넘을 만큼의 에너지를 갖지 않으며, 영역 0과 a를 넘어서 존재할 확률은 영(0)이다. 그러한 모델의 양자역학적 풀이는 전자가 어떤 에너지 값만을 갖는다는 것을 의미하며, 정확한 에너지는 양자수 n에 의존하며, 그것은 1,2,3,4 등을 갖는다. 이들 에너지 값은 식 2.25로 주어지는데, 여기서 a는 직선의 길이, m은 전자의 질량이다.

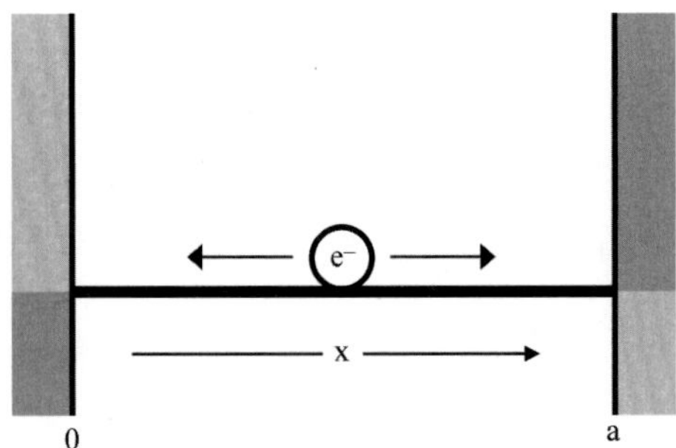

그림 2.15 0과 a 사이로 제한된 전자. 점 0과 a에서 무한대의 퍼텐셜 장벽이 전자가 튀어나가는 것을 방해한다.

$$E = \frac{h^2 n^2}{8ma^2} \tag{2.25}$$

예제 2.3 1차원 나노 영역에서 전자의 에너지를 계산하시오.

길이 200 nm인 직선을 따라서 자유롭게 움직이는 전자를 생각해 보자. 전자의 바닥상태 에너지는 얼마인가? $n = 3$ 상태에 있는 전자의 에너지는 얼마인가? 만일 직선의 길이가 200 nm에서 300 nm로 증가한다면 이웃한 에너지 준위 사이의 간격에 대한 효과는 얼마인가?

풀이 : 바닥상태 에너지는 전자가 가질 수 있는 가장 낮은 에너지를 나타낸다. 이것은 $n = 1$인 경우가 된다. 전자의 질량은 9.109×10^{-31} kg이고, $h = 6.626 \times 10^{-34}$ Js이다. 식 2.25를 이용하여

$$E = \frac{h^2 n^2}{8ma^2} = \frac{(6.626 \times 10^{-34}\ \mathrm{Js})^2 (1)^2}{8(9.109 \times 10^{-31}\ \mathrm{kg})(200 \times 10^{-9}\ \mathrm{m})^2}$$

$$= \frac{4.390 \times 10^{-67}\ \mathrm{J^2 s^2}}{2.915 \times 10^{-43}\ \mathrm{kgm^2}} = 1.506 \times 10^{-24}\ \mathrm{J}$$

$(1J = 1\mathrm{kgm^2 s^{-2}})$

n=3이면 에너지는

$$E = \frac{h^2 n^2}{8ma^2} = \frac{(6.626 \times 10^{-34}\ \mathrm{Js})^2 (3)^2}{8(9.109 \times 10^{-31}\ \mathrm{kg})(200 \times 10^{-9}\mathrm{m})^2}$$

$$= \frac{3.951 \times 10^{-66}\ \mathrm{J^2 s^2}}{2.915 \times 10^{-43}\ \mathrm{kgm^2}} = 1.355 \times 10^{-23}\ \mathrm{J}$$

이웃한 에너지 준위 사이의 차이($\triangle E$)는

$$\triangle E = E_2 - E_1 = \frac{h^2}{8ma^2}(n_2^2 - n_1^2)$$

아래첨자 1과 2는 더 낮고 더 높은 에너지 준위를 상대적으로 표시한다. 만일 200 nm에서 300 nm로 증가하면 $\triangle E$는 $2^2/3^2$ 또는 45%로 감소할 것이다.

상자 모델에 있는 입자에서 전자는 직선을 따라서 움직이는 불연속한 입자처럼 존재하지 않는다. 오히려 정확한 형태가 n의 값에 따라 결정되는 정상파를 닮는다. 정상파는 높고 낮은 전자 확률의 영역을 갖는 전자 밀도의 표본으로 간주될 수 있다. 전자가 0일 확률인 영역은 마디로 알려져 있다. 그림 2.16은 식 2.25에 기초한 최초의 몇몇 에너지 준위를 보여 주고, 각 준위에 대응하는 에너

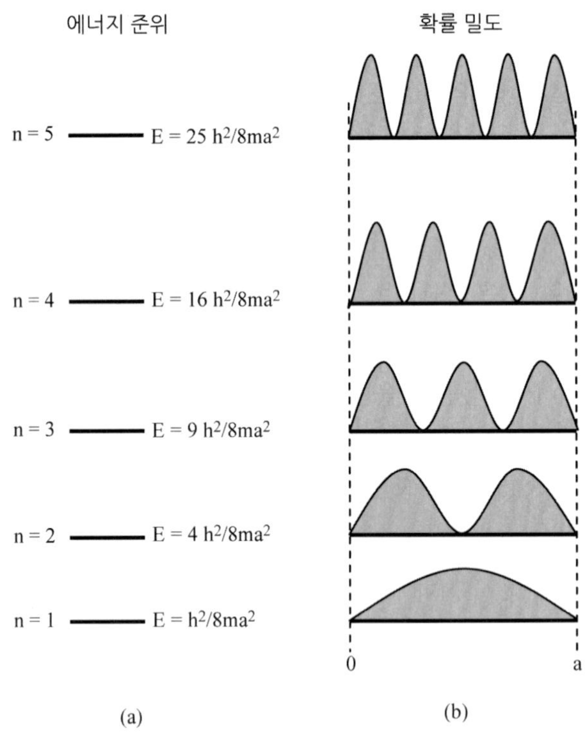

그림 2.16 (a) 0과 a 사이의 직선상에 제한된 전자의 가능한 에너지 준위. 에너지값은 양자수 n의 함수로 주어진다. n이 증가함에 따라 에너지 준위 사이의 간격도 증가한다. (b) 양자수 $-n$의 함수로서 대응하는 확률 밀도. 0확률의 영역은 마디를 나타낸다. 마디수가 n-1과 같다(0과 a에서 0확률을 무시한다).

지 밀도를 나타낸다. 퍼텐셜 장벽이 무한하지 않다면 양자 역학적 풀이는 전자가 실제로 직선 영역을 넘어서 존재할 수 있음을 말해주는데, 양자 역학적 터널링으로 알려져 있다. 하지만 직선을 넘어서는 영역에서 에너지 밀도는 아주 급속하게 감쇠한다.

상자 모델에서 입자는 전자의 에너지와 확률 밀도를 설명하는 가장 간단한 양자 역학 모델이다. 간단함에도 불구하고 전자가 직선을 따라서 자유롭게 움직이는 간단한 분자의 흡수 성질을 설명하는 아주 가치있는 모델이다. 그런 분자는 전자가 전체 고리를 따라서 제한된 영역에 있지 않은 바뀌는 단일과 이중 결합을 포함하는 선형 탄소 고리가 될 수 있다.

선형 복합 분자들이 고리를 따라 움직이는 한 개 이상의 자유 전자를 갖는다는 것이 지적된다.

예를 들면, 헥사트리엔 분자는 그림 2.17에서 보는 것처럼 6개의 자유 전자를

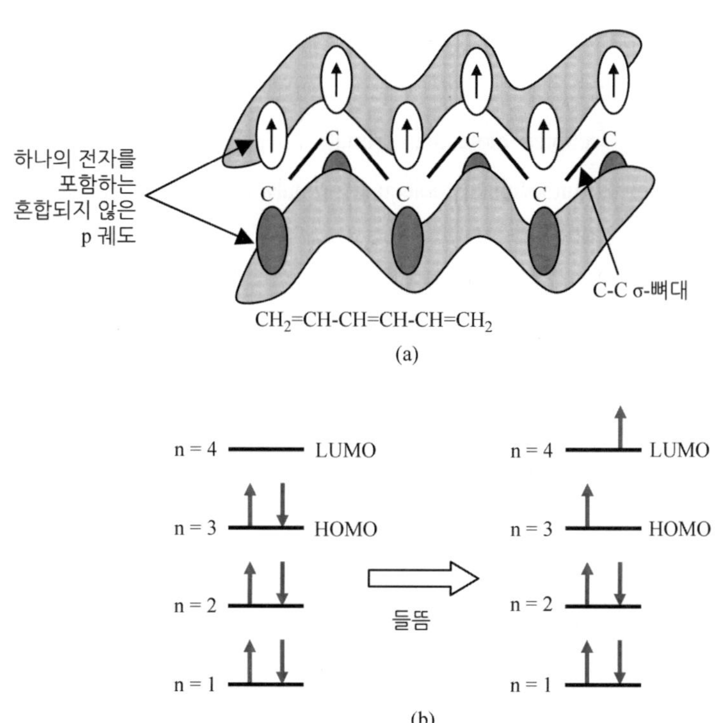

그림 2.17 (a) 각 탄소 원자의 혼합되지 않은 p 궤도의 중첩은 헥사트리엔 고리를 따라서 제한되지 않은 전자 밀도의 영역을 초래한다. (b) 헥사트리엔 분자에 적용된 상자 모델에서 입자는 세 개의 준위에서 전자쌍을 갖는 에너지 준위로 귀착된다. n=4까지 전자의 들뜸은 에너지 흡수로 일어난다.

갖는다. 각 탄소 원자는 혼성의 sp^2이며, 모든 C-H 결합을 포함하는 이들 궤도의 중첩은 탄소 고리의 σ 중추를 형성한다. σ 결합으로 인한 전자들은 결합을 형성하는 두 개의 원자 사이에 위치한다. 상자 모델에서 입자는 이들 전자에 적용하지 않는다. 하지만 각각의 탄소 원자는 하나의 전자를 포함하는 혼합되지 않은 하나의 p 궤도를 갖는다. 모든 탄소 원자의 p 궤도는 π-뼈대를 형성해서 중첩될 수 있다(그림 2.17에서 그림자 진 부분으로 보인다). 6개의 π 전자들은 고리를 따라서 국한되지 않으며, 상자 모델에서 입자들을 이용하는 것으로 설명될 수 있다.

헥사트리엔에 있는 6개의 π 전자들을 다루기 위하여, 에너지 준위를 그림 2.17(b)에서 보는 것처럼 구성되었다. 에너지 준위는 적당한 수의 전자들로 채워진다. 그 결과 각 준위는 최대 두 개의 전자를 갖는다. 일반화학에서 소개한 파울리 배타 원리는 오직 두 개의 전자만이 주어진 에너지 준위에 들어갈 수 있으며, 이런 쌍을 이루는 것은 서로 반대 스핀을 가진 전자들에서 일어난다. 그림 2.17에서 헥사트리엔에 있는 6개의 자유 전자는 초기에 세 개의 에너지 준위로 들어간다. 더 높은 에너지 준위(n>3)는 분자가 바닥상태이면 비어 있다. n=3 준위는 호모(HOMO: highest occupied molecular orbital) 준위로 알려져 있으며 n=4 준위는 루모(LUMO: lowest unoccupied molecular orbital) 준위로 알려져 있다. n=3 상태에 있는 전자는 광자 에너지를 흡수해서 n=4 준위로 들어갈 수 있다. 이것은 호모-루보 전자 천이로 알려져 있다. 물론 들뜸을 유발하는 광자는 호모-루모 에너지 차이와 같은 에너지를 갖는다.

상자 모델에서 입자는 2차원 평면 영역(식 2.26)과 3차원 입체 영역(식 2.27)을 움직이는 전자를 설명하기 위하여 확장될 수 있다.

$$E_{2D} = \frac{h^2}{8m}\left(\frac{n_x^2}{a^2} + \frac{n_y^2}{b^2}\right) \tag{2.26}$$

$$E_{3D} = \frac{h^2}{8m}\left(\frac{n_x^2}{a^2} + \frac{n_y^2}{b^2} + \frac{n_z^2}{c^2}\right) \tag{2.27}$$

이 방정식에서 a, b, c는 체적의 길이, 폭, 높이를 나타내며(또는 a와 b는 면적), x, y, z 아래첨자는 직각 좌표계의 세 개의 다른 방향에서 양자수를 표시한다. 이들 세 양자수는 1,2,3,4 등의 값을 갖는다.

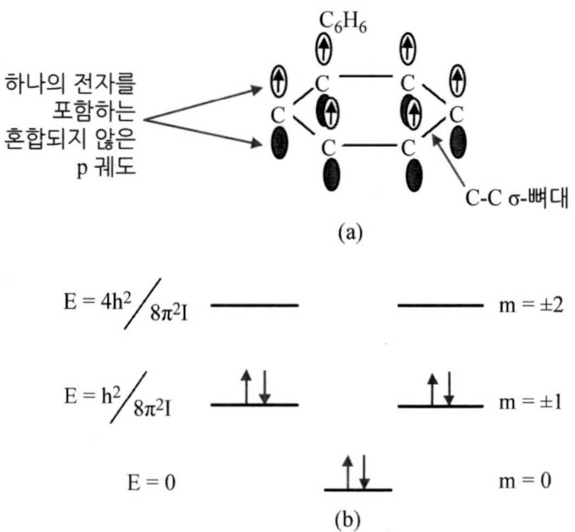

그림 2.18 (a) 각 탄소 원자의 혼합되지 않은 p 궤도의 중첩은 벤젠 고리를 따라서 국한되지 않은 전자 밀도를 가져오는 π 분자 궤도를 만든다. (b) 벤젠 분자에 적용된 상자 모델에 있는 입자는 세 개의 준위에 있는 전자쌍들을 보여 주는 에너지 준위를 만든다. $m=\pm1$에 대응하는 두 개의 에너지 준위는 2중으로 축퇴되었다.

재미있는 풀이가 고리 주위를 움직이는 전자를 다룰 때 생긴다. 에너지 준위는

$$E=\frac{h^2}{8\pi^2 I}m^2 \tag{2.28}$$

$$I=m_e r^2 \tag{2.29}$$

로 식 2.28로 주어지며, I는 고리 주위를 도는 전자의 관성 모멘트(식 2.29)이며, r은 고리의 반경, m_e는 전자의 질량이다. 양자수 m은 ±1, ±2, ±3 등의 값을 갖는다. 이것은 $m=1$이면 같은 에너지를 갖는 두 개의 에너지 준위가 있음을 의미한다. $m=1$ 상태에 있는 전자는 2배 축퇴되었다라고 말한다. 일반적으로 $+m$과 $-m$은 2중으로 축퇴 에너지 상태를 나타낸다.

이 모델은 벤젠의 전자 구조를 설명하기 위하여 사용될 수 있다. 벤젠에는 6 개의 π 전자가 있다. 각 탄소 원자의 혼합되지 않은 p 궤도 각각에 한 개씩이다(그림 2.18(a)). 6개의 전자들은 고리 주위에 국한되지 않으며, 자유 전자로 간주된다. 그림 2.18(b)는 식 2.28을 기본으로 하여 에너지 준위를 보여 준다. 그 전자들 중 $m=0$ 준위로 두 개를 $m=\pm1$ 준위로 4개를 위치할 수 있다. 최초의 전자 천이는 1→2 천이가 될 것이고, 이 천이와 관련된 에너지는 식 2.30으로 주어지는데

$$\triangle E = \frac{h^2}{8\pi^2 I}(2^2 - 1^2) \tag{2.30}$$

예제 2.4 벤젠 고리의 크기 계산

벤젠은 파장이 $\sim 250\ \mathrm{nm}$인 빛을 흡수한다. 벤젠 고리의 반경을 계산하시오.

풀이 : 먼저 식 2.24를 써서 대응되는 에너지로 흡수 파장을 바꾼다.

$$\triangle E = \frac{hc}{\lambda} = \frac{(6.626\times10^{-34}\ \mathrm{Js})(2.998\times10^{8}\ \mathrm{ms^{-1}})}{(250\times10^{-9}\ \mathrm{m})} = 7.946\times10^{-19}\ \mathrm{J}$$

1→2 천이가 250 nm의 흡수 파장과 관련된다고 가정하면 식 2.30을 관성 모멘트를 결정하기 위하여 다시 쓴다.

$$I = \frac{h^2(2^2-1^2)}{\triangle E(8\pi^2)} = \frac{(6.626\times10^{-34}\ \mathrm{Js})^2(3)}{(7.946\times10^{-19}\ \mathrm{J})(8\pi^2)} = 2.102\times10^{-50}\ \mathrm{Js^2}$$

$$= 2.102\times10^{-50}\ \mathrm{kgm^2}$$

(주: $1\ \mathrm{Js^2} = 1\mathrm{kgm^2}$)

결국 반경은 식 2.29를 써서 계산할 수 있다.

$$r = \sqrt{\frac{I}{m}} = \sqrt{\frac{2.102\times10^{-50}\ \mathrm{kgm^2}}{9.109\times10^{-31}\ \mathrm{kg}}} = 1.519\times10^{-10}\ \mathrm{m} = 0.152\ \mathrm{nm}$$

이것은 실험적으로 거의 0.25 nm의 측정된 값에 가깝다.

상자 모델에서 입자는 나노 크기 차원의 3차원 영역 범위에 한정된 전자의 에너지를 설명하기 위하여 사용될 수 있다. 이것을 양자 감금(quantum confinement)이라 하며, 고체 나노 입자에서 양자 감금을 포함하고 있는 예가 5장에 주어진다.

2.4.2 유기 분자에서 결합

자유 전자 모델은 결합된 유기 분자에 적용될 수 있다. 사실 모델은 흡수 파장이 분자의 길이가 증가함에 따라서 감소하는지를 설명해 준다. 전자들이 국한되지 않는 번갈아 바뀌는 이중- 및 단일 결합된 탄화수소 고리의 길이를 설명하기 위하여 **혼합 길이(conjugation length)**라는 단어를 이용한다. 먼저 결합 유기 분자의 구조에 대한 배경을 알아보자.

마지막 절에서 간단히 언급된 것처럼 결합된 시스템은 모든 탄소 원자에 세 개의 sp^2 혼합 궤도를 갖는데, 이것은 가까운 원자와 공유 결합을 형성한다. 이것은 분자에서 σ 결합을 설명한다. 나머지 혼합되지 않은 p_z 궤도는 분자의 길이를 메우는 국한되지 않은 π MO를 형성하기 위하여 다른 p_z 궤도와 결합한다. 예를 들어, 에틸렌은 두 개의 원자 p_z 궤도, ϕ_1, ϕ_2를 갖고, 이들 두 원자 궤도로부터 두 개의 MO Ψ_1과 Ψ_2^*가 일차 결합을 함으로써 형성된다. 결합 MO, Ψ_1은 두 개의 p 궤도의 파동함수 동위상 결합을 가져온다. 반면에 반결합 궤도 Ψ_2^*는 어긋난 위상 결합을 가져온다. 중첩은 두 개의 새로운 MO를 가져온다 - 하나는 원래의 p 궤도보다 더 낮은 에너지를 갖는 결합 궤도이고, 다른 하나는 증가된 에너지를 갖는 반결합 궤도이다. 이들 MO의 상대적인 에너지를 그림 2.19에 나

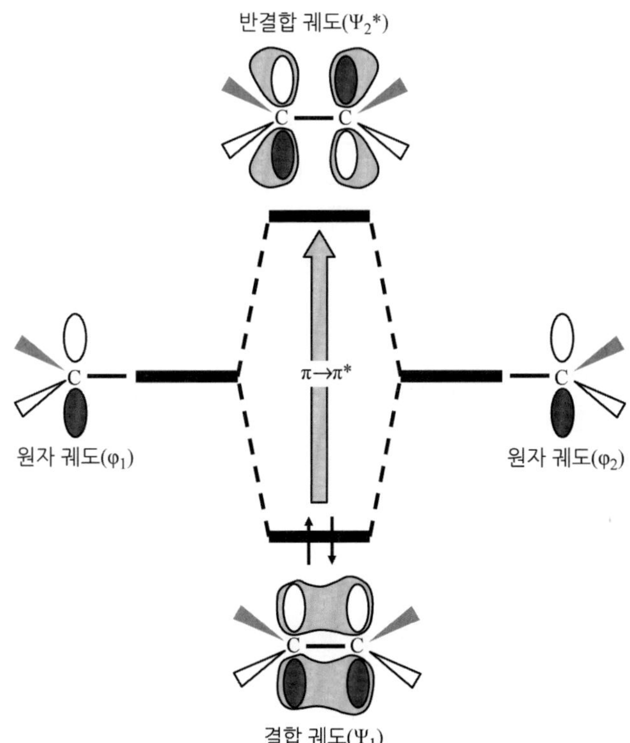

그림 2.19 π 결합(Ψ_1)과 반결합(Ψ_2) MO를 강조한 에틸렌에 대한 부분 MO 에너지 준위. MO는 에틸렌 AO의 일차 결합으로 구성된다. 여기서 각 탄소 원자의 혼합되지 않은 p 궤도 (ϕ_1과 ϕ_2)를 보여 준다. 각 p궤도로부터 두 개의 전자가 결합하는 MO(Ψ_1)에 놓인다. σ결합으로 인한 MO는 보이지 않는다.

타내었다. 그것은 단지 π MO가 그림에서 보여지는 것만을 지적한다. 이들 MO는 탄소에서 결합되지 않은 p 궤도 사이의 중첩에서 온다. σ 결합으로 인한 MO는 보이지 않는다. 이것은 결합에 대한 설명에는 적절치 않기 때문이다.

형태에 의해 결합하는 MO는 두 개의 탄소 원자를 연결하는 선 위 아래로 전자 밀도를 갖는다. 이들 원자 사이에 마디는 없다. 대조적으로 반결합 MO는 두 개의 탄소 사이에 마디가 있다. 반결합 MO는 두 개의 탄소 원자 가까이에 농축된 전자 밀도를 갖는다. 그러나 이들 원자 사이는 영의 전자 밀도이다. 마디의 출현은 비결합, 즉 반결합 MO를 의미한다.

간단한 두 개의 p 궤도 중첩 그림이 결합 시스템으로 확장될 수 있다. 가장 간단한 결합 시스템인 1,3-부타딘을 생각하면서 시작해 보자. 1,3－부타딘이 4개의 원자 궤도를 갖고 있기 때문에 4개의 분자 궤도가 만들어져야 한다. 그림 2.20은 1,3-부타딘의 원자와 분자 궤도와 이에 대응하는 에너지 준위를 보여 준

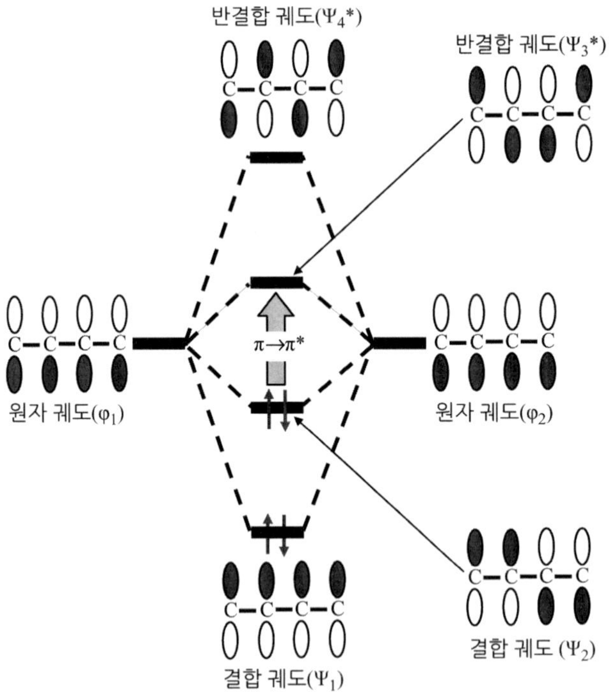

그림 2.20 π 결합($\Psi_1+\Psi_2$)과 반결합($\Psi_3^*+\Psi_4^*$) MO를 강조한 부타딘에 대한 부분 MO 에너지 준위 그림. MO는 부타딘 AO의 일차 결합으로 구성된다. 여기서 각 탄소 원자의 혼합되지 않은 p 궤도가 함께 묶여 있으며 ϕ_1과 ϕ_2처럼 설명한다. 각 p 궤도로부터 네 개의 전자가 결합하는 MO(Ψ_1과 Ψ_2)에 놓인다. σ결합으로 인한 MO는 보이지 않는다.

다. 에틸렌처럼 π MO가 보인다. 이것은 탄소의 결합되지 않은 p 궤도 사이의 중첩을 가져온다. σ 결합에서 나온 MO는 보이지 않는다.

그림 2.20의 중요한 면은 $\pi \rightarrow \pi^*$ 천이이다. 1,3-부틸렌에서 $\Psi_2 \rightarrow \Psi_3^*$ 천이는 에틸렌에서 $\Psi_1 \rightarrow \Psi_2^*$ 천이보다 더 작다. 많은 p 궤도가 혼합 계에서 증가하는 것처럼 HOMO와 LUMO 사이의 에너지 차이, ΔE는 점진적으로 더 작아진다. 그림 2.21은 에틸렌의 MO 에너지 준위와 최초 세 개의 결합계: 1,3-부타딘, 1,3,5 헥사트리엔 및 1,3,5,7-옥타테트라엔을 보여 준다. 수직 화살은 HOMO-LUMO 천이를 강조한다. HOMO와 LUMO 사이의 에너지 차이는 최대 흡수(λ_{max})의 위치를 결정한다. 파장이 ΔE에 역으로 비례하기 때문이며, λ_{max}은 결합된 탄소 원자의 고리 길이에 따라서 증가한다.

결합된 폴리머의 극한 경우에서 π 결합 궤도와 π^* 반결합 궤도는 작은 ΔE로 나누어진 광역띠를 형성한다. 길게 결합된 폴리머는 원자가 띠(π)에 있는 전자가 전도띠(π^*)로 들뜨기 때문에 전기를 전도할 수 있다. 그것들이 전자를 자유롭게 이동시키고 운반할 수 있다. 결합된 폴리머에 있는 전자들이 전기를 전도하기 위하여 들떠야 되기 때문에 결합된 폴리머는 충분히 반도체를 이룬다.

알란 히거(Alan Heeger), 알란 맥 디아르미드(Alan MacDiarmid), 히데끼 시라카와(Hideki Shirakawa)는 1960년대 후반과 1970년대 초에 전도성 결합 폴리머의 발견과 개발에 대하여 2000년에 노벨 화학상을 받았다. 그들은 선형 탄소 고리에서 변환하는 단일 및 이중 결합하는 폴리아세틸렌, 가장 간단한 결합 폴리머에 대한 작업을 많이 하였다. 하지만 폴리아세틸렌은 아주 쉽게 광-산화하며, 보다 최근의 연구는 보다 안정된 결합 폴리머에 집중되고 있다. 폴리치오펜, 폴리야니린, 폴리플루오렌 및 폴리(페닐린 비닐린) 또는 PPV 같은 파생물들이 폴리아세틸렌과 유사한 전도성을 갖지만, 산화 분해에 대하여 훨씬 더 안정적이다. 폴리머와 다른 고분자들은 5장에서 설명할 것이다.

2.4.3 집합체와 전기 구조

분자 집합체는 모노머(monomer)와 상당히 다른 전기적이고 분광학적인 성질을 갖는다. 쌍극자를 가진 결합된 분자를 생각해 보자. 그림 2.22와 같이 막대기 같은 분자 건축재를 나타낼 수 있다. 여기서 화살은 쌍극자의 방향을 가리킨다. 개개의 모노머가 규칙적인 형태로 배열되어 있는 분자 결합을 형성하도록 한다. *H* 형태와 *J* 형태 결합이라고 하는 결합 모형의 두 가지 형태 사이를 구분할 수 있다. *J* 형태 결합은 각 모노머의 쌍극자 모멘트가 그들 중심을 결합하는 직선에 나란하게 정렬된 1차원 분자 조합이다. 이것은 '끝까지 배열(end-to-end arrangement)'로 간주된다. 이와 대조적으로 아직은 1차원 조합이지만 *H*형 배열은 쌍극자 모멘트가 나란하거나 그것들의 중심을 연결하는 직선에 수직이다. 때로는 '면에서 면까지 배열(face-to-face arrangement)'로 간주한다. 그림 2.22는 *H* 결합과 *J* 결합 사이의 차이를 보여 준다.

J 형태 결합의 가장 특징적인 성질 중의 하나가 그런 물질이 모노머 흡수에 비하여 더 큰 파장의 빛을 흡수하는 것이다. 모노머 흡수에 대하여 흡수 분광의 적색 편이라고 한다(4장 참조). *H* 결합의 흡수 파장은 모노머 흡수 파장보다 조금 더 낮다(청색 편이). 결합물의 흡수 파장의 에너지 편이는 엑시톤(exciton) 이론으로 설명되었다. 이 이론은 이 책에서 다루지 않지만 이 관측을 이해시키는

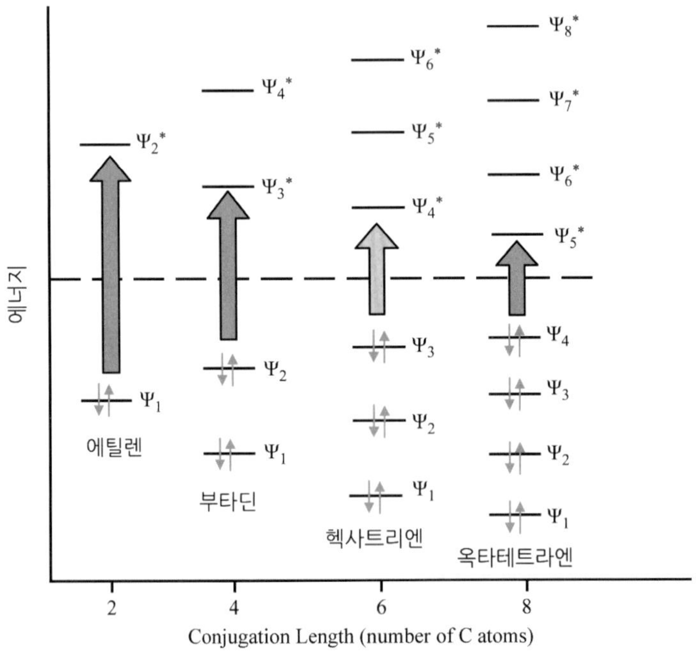

그림 2.21 선형으로 결합된 일련의 탄화수소에 대한 MO 에너지. $\pi \rightarrow \pi^*$ 천이에 대한 ΔE가 결합 길이가 증가함에 따라서 어떻게 변하는지를 보여 준다.

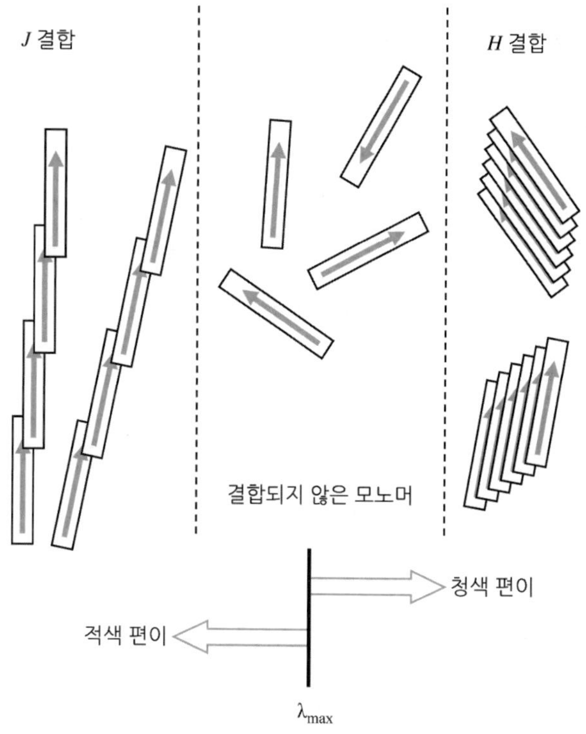

그림 2.22 극정 건자재의 비원자가 전자 조합한 모형. 이웃한 분자 사이에 J 결합은 머리에서 꼬리까지 배열이고 H 결합은 머리에서 머리까지 배열이다.

데 도움이 되도록 상자 모델의 결합 길이와 입자들을 이해시키는 데 적용할 수 있다.

먼저 전자 운동이 쌍극자를 따라서 있다고 생각해 보자. J 결합은 자유 전자가 움직이는 직선으로 생각될 수 있다. 쌍극자가 끝에서 끝까지 배열되었으므로, 전자 움직임은 결합물의 전체 길이를 따라서 국한되지 않는 것으로 생각될 수 있다. 식 2.25에 따르면 길이 a는 각 모노머의 길이보다 훨씬 더 크다. 그러므로 ΔE는 작고, 파장에 역으로 비례한다(식 2.24). 또한 결합물은 모노머에 비교해서 더 큰 파장에서 빛에너지를 흡수한다. 역으로 H-은 짧은 결합 길이와 더 작은 파장의 빛 흡수에 대응하는 더 큰 ΔE 값을 갖는다. 결합 되지 않은 모노머는 이들 두 최대값 사이의 중간이라고 생각될 수 있다. 그래서 들뜸에 대응하는 ΔE 값은 H 결합과 J 결합값 사이에 놓인다.

2.4.4 $\pi-\pi$ 쌓기 상호작용

$\pi-\pi$ 쌓기 상호작용으로 알려진 결합을 이끄는 매우 약한 전자 결합 상호작용에 대하여 간단히 설명함으로써 이 장을 끝낸다. 이들 상호작용은 벤젠 같은 결합 고리계에서 p 궤도의 출현으로 발생된다. 그런 상호작용의 순수한 효과는 나프탈렌에 대하여 그림 2.23(a)에서 보는 것처럼 평면 고리의 면 쌓기이다. 비록 효과가 벤젠 같은 작은 계에서 실제로 중요하지 않다. 상호작용이 많은 π 전자가 증가함에 따라서 더 강하게 된다. 하지만 이런 계에서조차 정전기력은 보통 $\pi-\pi$ 쌓기 상호작용을 넘어선다는 것이 지적되어야 한다. 그럼에도 불구하고 상호작용은 많은 국소화되지 않은 고리를 포함하는 평면 다환식 방향족 분자(polycylic aromatic molecules)에서 특히 강하다. 예는 안트라센과 트리페닐린((그림 2.23(b))을 포함한다. 큰 고리계에 대하여 이들 상호작용은 너무 중요해서 그것들이 초분자 화학을 지배하고, 결합물의 전체적인 구조를 결정할 수 있다. 상호작용은 그런 다환 분자를 이루는 유기 결정 성장을 결정한다.

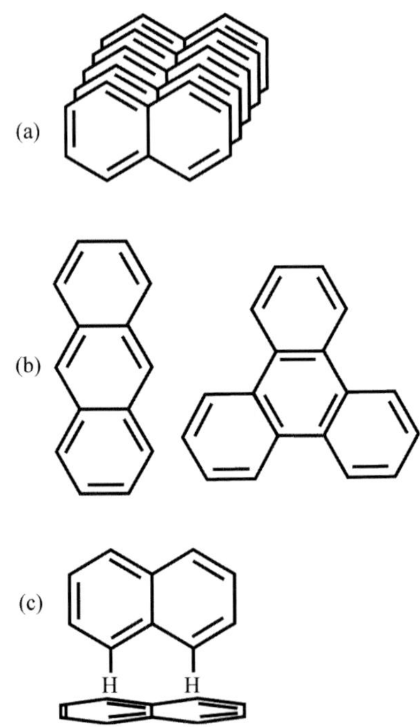

그림 2.23 (a) 평면 방향성 고리 사이 $\pi-\pi$ 쌓기. (b) 안트라센과 트리페닐린의 구조. (c) 두 개의 평면 방향 고리계 사이의 끝면 상호작용.

π-쌓기 상호작용이 폴리머, 펩타이드, 액정 및 단백질의 성질에 영향을 준다. 생물학에서 π-쌓기는 이웃한 뉴클레오타이드 사이에 일어난다. 그리고 이것은 이중 나선 DNA의 안정화를 더한다. 끝면(edge-face) 상호작용이라고 하는 관련된 현상이 어떤 방향계의 수소 원자가 다른 방향계의 방향면 중심에 수직으로 가리키는 단백질에서 발견된다(그림 2.23(c)). 이런 형태의 상호작용이 방향제 고리에 연결된 수소 원자의 부분 양전하에 관련된 것으로 생각된다.

참고문헌과 권장도서

- Israelachvili, J. *Intermolecular and Surface Forces*, 3rd ed., 2011, Academic press, San Diego, CA, pp.31－139. 이 책은 고전적 교과서이다. 상급반 학생들을 위한 교재. 3장에서 8장이 책에서 적절하다.
- Lowe, J. P. *Quantum Chemistry*, 2nd ed., 1993, Academic Press, San Diego, CA. 이 책은 상급반 학생들을 위한 교재. 2장은 상자 모델 입자의 충분한 응용을 포함한다.
- Pavia, D., Lampman, G., and Kriz, G. *Introduction to Spectroscopy*, 2nd ed., 1996, Saunders College Publishing, Orlando. 전자 분광학에 관한 장은 유기 분자의 MO 그림에 관한 유용한 배경을 제공한다. 이 책은 2.4.2절에서 설명한 일종의 전자 들뜸에 흥미있는 사람들에게 충분히 읽힌다.
- *H*와 *J* 결합에 흥미있는 사람들을 위하여 필요하다. Kuhn, H. and Kuhn, C. *Chromophore Coupling Effects*. In *J-Aggregation*, Kobayashi, T., Ed., 1996, World Scientific: Singapore, 1－140.

연습문제

1. k_bT는 주어진 상호작용의 세기를 측정하기 위하여 종종 사용된다. 여기서 k_b는 볼츠만 상수(1.38065×10^{-23} JK^{-1}). 쿨롱 상호작용이 우리가 설명한 상호작용 중에 일반적으로 가장 강하고 멀리 도달하는 것이다. 예제 2.1에 주어진 정보를 이용하여 나트륨(Na^+)과 염소(Cl^-)이 실온(298 K)에서 k_bT 크기와 같은 $V(r)_{Na-Cl}$에 대하여 거리가 얼마인지 결정하시오.

2. (a) 칼슘(Ca^{2+}) 이온이 다른 분자가 없는 0.4 nm의 거리에서 물(H_2O) 분자와 상호작용한다. θ의 함수로 상호작용 퍼텐셜 에너지를 그리시오. 두 종류 사이의 상호작용만이 이온-쌍극자 상호작용이고, 거리는 고정된 것을 유지한다고 가정하라.

   (b) 어떤 각에서 퍼텐셜 에너지의 크기가 최대에 도달하는가? 왜 이것이 합리적인가? V의 양과 음의 값은 무엇을 나타내는가?

3. 이온-유도된 쌍극자 상호작용에서 이온과 유도된 쌍극자 사이의 힘에 대한 표현을 구하시오. 그 힘은 인력인가 척력인가?

   (a) 두 개의 쌍극성 분자(쌍극자 모멘트 μ)가 같은 평면에 놓여 있다고 가정하자. 모든 거리 r에 대하여 쌍극자 사이의 상호작용 퍼텐셜 에너지가 두 개의 쌍극자가 서로에게 반평행이기보다 오히려 일직선상에 놓여있다면 더 작다(더 음인)는 것을 보이시오.

   (b) 4(a)의 답이 쌍극자는 항상 반평행하기보다 그들 스스로 직선상을 향하려고 한다는 것을 믿도록 하기 때문에 조금 호도하고 있다. 극성 분자가 비대칭 형태(쌍극자 방향으로 타원형)라면 왜 분자가 직선상에 있기보다 반평행 방향으로 스스로 향하는지를 설명하시오.

5. 다른 상호작용의 부재 중에서 쌍극자-유도된 쌍극자 상호작용이 항상 왜 인력인지를 설명하시오. 만일 적당하다면 그림을 이용하시오.

6. 어떤 $r(\sigma$로) 값에서 레나드 존스 퍼텐셜(Lennard-Jones potential)이 최소값에 도달하는가? 수학적으로 σ는 무엇을 나타내는가?

7. ΔE의 값과 그림 2.21에 나타낸 결합된 선형 탄화수소에 대한 $\lambda_{최대}$의 대응값을 설명하기 위하여 상자 모델에 있는 입자를 이용하라. C－C 결합 길이가 154 pm이고, C＝C 결합 길이는 134 pm이다.

8. β-카로틴은 식물과 과일에 있는 적－오렌지 색깔인 유기 분자이다. 분자 구조는 아래와 같다. 분자의 길이가 2.94 nm라 가정하고, λ_{max}의 값을 구하시오. 그 결과가 이 분자에 대하여 관측된 적－오렌지 색깔과 일치하는가?

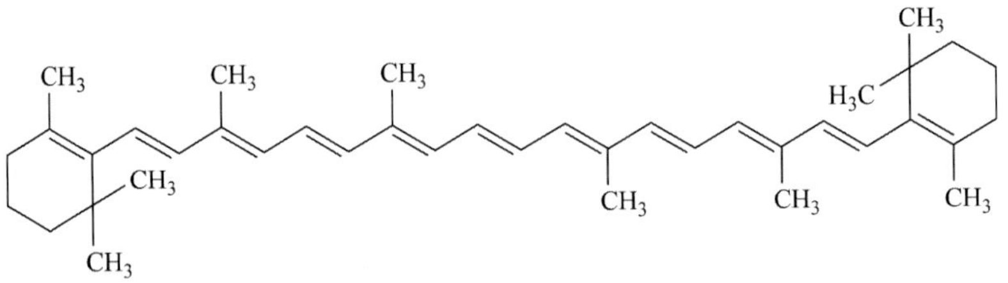

9. 이 방정식은 나노 입체 안의 전자인 '양자' 한정에 관련된다. 나트륨은 액체 암모니아에 녹고, 약간의 해리가 다음 방정식으로 일어난다.

$$Na \rightarrow Na^{+}(\text{solvated}) + e^{-}(\text{solvated})$$

용매된 전자는 3차원 상자에서 입자처럼 다루어진다. 상자가 길이 1.55×10^{-7}cm를 갖는 육면체이며, 들뜸은 가장 낮은 상태(n＝1)로부터 최초로 들뜨는 상태(n＝2)로 동시에 모든 방향으로 일어난다고 가정하자. 전자는 어떤 복사 파장(nm)을 흡수하는가? 풀이는 어떤 색깔이 될 것이라 기대하는가?

10. 물－용해성 분자가 수성의 상(phase)에서 자기 조립을 할 때 가능한 결합 무늬의 형태를 설명하시오. 설명이 반데르발스 상호작용, 전자 결합 효과와 초래되는 결합의 흡수 성질에 대한 예견으로부터 분자간 기여를 포함해야 한다. 그것들이 소수성 면과 물 상(water phase)의 접촉면에서 힘을 받으면 분자들이 어떻게 결합할까?

(a) $CH_3(CH_2)_{12}SO_4Na$

(b) $HO-CH=CH-CH=CH-CH_2-CO_2H$

(d) $BraH_3N-CH=CH-CH=CH-CH_2-CO_2Na$

(d)

$O(CH_2)_{10}SO_3Na$

N=N

X

여기서 $X=OH$ 또는 NO_2

(e)

N

$CONHC_{18}H_{37}$

N=N

SO_3H

11. 다음 분자는 쌍극성 머리 부분을 제외하고는 동일하다. 증가하는 머리 부분의 쌍극자 모멘트의 순서대로 분자를 배열하고, 어떤 차이가 존재한다면 이런 분자들이 공기-물 접촉면에서 단일층으로 결합하는 방법에서 그 차이를 설명하시오.

$H_3C-C(=O)-C_6H_4-N=N-C_6H_4-O-(CH_2)_{10}-SO_3^-$

$O_2N-C_6H_4-N=N-C_6H_4-O-(CH_2)_{10}-SO_3^-$

$NC-C_6H_4-N=N-C_6H_4-O-(CH_2)_{10}-SO_3^-$

CHAPTER

03

표면 나노 과학의 기초

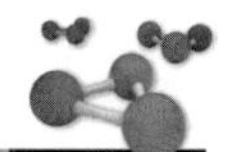

개관

표면과 경계면은 자연에서 생물 세포로부터 광범위한 대양에 이르기까지 어디서도 일어난다. 그것들은 종종 나노 물질의 성장 발판으로 사용되기 때문에 나노 과학에서 중요한 열쇠 역할을 한다. 나노 물질을 이해하는 것은 표면 과학의 중요한 요소를 포함하지 않는 완전하지 못할 것이다. 경계면은 두 개의 다른 물질, 가령 기름과 물의 상 사이에 2차원 평면을 나타낸다. 우리는 한 물체 상의 하나가 가스, 일반적으로 공기인 경계면으로서 표면을 설명할 것이다. 그런 영역에서 물리적 · 화학적으로 일어나는 과정들은 1차원 나노 크기인 영역에 제한되기 때문에 체적 상에 대응하는 과정과는 다르다. 예를 들어, 소수성 효과로 알려진 특별한 상호작용이 나노 크기 두께의 박막 형성을 일으키는 표면에 있는 화학에 영향을 준다. 이 장에서 소수성과 고체와 액체의 표면 에너지가 접촉각과 젖는 현상에 대한 설명으로 이끌 것이다. 이것은 자연스럽게 자기 조립된 단층과 흡착 현상에 대한 설명으로 이어진다. 분자간 상호작용이 분자를 나노 구조(가령 교질 입자)로 어떻게 흡착하고 결합하는지를 이해하는 것이 활성 분자의 친 양쪽성을 고려함으로써 제공된다.

3.1 표면 과학의 기초

3.1.1 고체와 액체의 표면 에너지

같은 형태의 분자는 알짜 인력 상호작용(net attractive interaction)을 겪는 경향이 있다. 이런 응집력은 액체에서 분자들을 서로에게 가깝게 유지시켜 준다. 그리고 각 분자는 대칭적으로 서로에 의해서 둘러싸인다. 그 결과 0인 알짜 상호작용을 가져온다. 그림 3.1에서 분자는 다른 분자들에 의해 대칭적으로 둘러싸여 있지 않기 때문에 표면에서는 상당히 다르다. 표면에서 분자들은 그 밑에 있는 다른 분자들로부터 응집력을 받지만, 그 위쪽에선 어떤 상호작용도 없다. 이런 힘의 비대칭은 표면에 수직인 표면 결합된 분자를 안쪽으로 잡아당기는 결과를

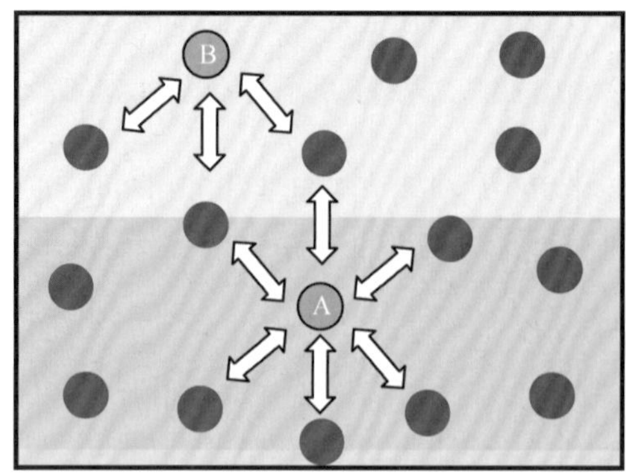

그림 3.1 알짜 상태(예: H_2O)에서 분자 사이의 벌크와 표면 상호작용. 벌크 분자 A는 대칭적으로 이웃들에 둘러싸여 있다. 표면에 묶인 분자 B는 그 이웃들에 의해 비대칭적으로 둘러싸여 있다.

초래한다. 이것이 분자의 표면 장력의 원리이다. 이것은 표면에 나란하고 표면 단위 길이의 직선에 수직으로 작용하는 힘으로 정의된다. 표면 장력의 실험적 측정은 4장에서 설명할 것이다.

표면 장력의 존재는 물 같은 많은 액체가 표면적에 대한 체적비를 자발적으로 수축해서 최소화하려는 이유이다. 이 끝에서 그런 액체가 중력 같은 모든 외부 힘이 없으면 구형태를 갖는다. 누구나 표면 장력에 대한 액체의 표면을 확장해서 작업을 결정할 수 있다. 이 작업은 실제로 경계면 확장에 대한 표면 자유 에너지를 나타낸다.

3.1.2 흡착된 단층의 표면 자유 에너지

표면 장력의 측정은 물 표면 위에 띄운 나노막을 특성화하기 위하여 사용된 가장 오래된 방법이다. 뒤에 친양쪽성으로 알려진 일련의 분자들을 만나게 될 것이며, 그것은 현저하게 복잡한 나노 구조로 자기 조립을 할 수 있다. 가령 액체와 활성제 같은 친양쪽성 분자들은 물 표면에 쌓이는 경향이 있다. 이런 자기 조립 과정 뒤의 추진력은 물에 있는 탄화수소의 분자 부분의 용해도 부족을 포함한 인자와 하전되거나 극성인 머리 그룹의 수 상(aqueous phase)을 향하는 경향의 결합이다. 순수한 결과는 크게 한 방향으로 향하게 하는 분자 단층을 이루는 막의 형성이다. 빽빽이 묶인 단층이 벌크 수 상인 개개의 분자와 동적 평형 상태에 있으며, 그래서 벌크 상에 있는 분자의 농도가 증가하는 것처럼 막의 묶

는 밀도가 증가한다. 하지만 구조적이고 열역학적인 구속이 묶는 밀도를 종종 제한하며, 포화된 단층은 벌크 농도가 충분히 높으면 형성된다. 그런 막의 두께는 거의 친양쪽성 분자(나노 크기)의 길이이다. 이 짧은 크기로 인하여 단분자막이 2차원 나노 조합으로 자주 설명된다.

그림 3.2는 공기 – 물 경계면에 한정된 계면활성제 SDS(sodium dodecyl sulfate)의 단층을 보여 준다. 이 책 뒤편에서 공기 – 물 경계면에 있는 나노막이 생물 작용에 매우 중요하며, 그들의 성질이 중요한 응용에 이용될 수 있다는 것을 알 수 있게 된다. 이와 같이 막이 단층과 액체 표면에서 각 분자에 의해 점유되는 단면적 안에서 어떻게 묶이는지를 아는 것이 중요하다. 이들 인자들은 종종 막의 물리화학적 성질을 결정한다.

표면 장력 측정이 간단하지만 단층의 밀도를 포함하여 흡착된 단층의 여러 가지 특성을 결정하는 강력한 방법을 제공한다. 표면 장력은 표면의 안정성도 측정한다. 표면이 상대적으로 불안정하다면 큰 표면 장력값을 가지며 '높은 에너

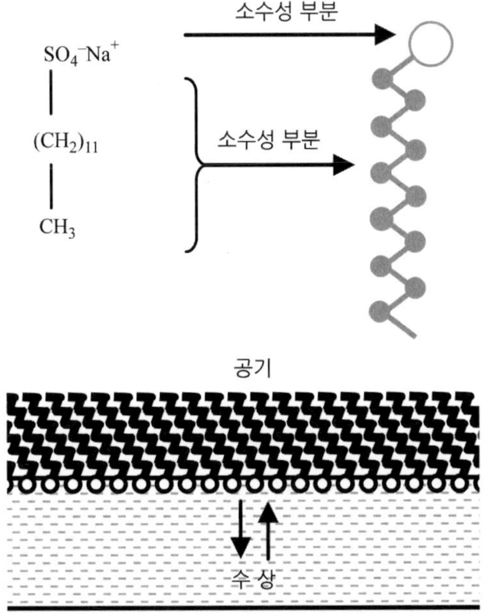

그림 3.2 물 – 공기 경계면에서 음이온 계면활성제 SDS 단층은 벌크 수 상(bulk aqueous phase)에 있는 SDS 분자와 평형 상태에 있다. SDS 의 소수성 부분이 수 상에서 멀리 가리키고 있으며, 극성 헤드 그룹은 수 상에 묻힌다. 표면 위의 이런 SDS 분자의 방향은 공기 – 물 경계면에서 안정화된다.

지 표면'으로 생각된다. 예를 들어, 액체 상태의 물은 높은 표면 에너지를 갖는데 분자들이 표면상에 있기보다는 완전히 다른 물 분자에 둘러싸여 있기를 선택해서 강력하게 분자간 수소 결합을 통해서 그들과 상호작용한다.

표면 장력을 정의하는 보다 자세한 방법은 그것이 벌크 상에서 표면으로 분자를 이동시키도록 하고, 표면적(dA)을 확장하기 위하여 요구되는 자유 에너지라고 말하는 것이다. 이런 표면 자유 에너지($dG_{표면}$)는

$$dG_{표면} = \gamma dA \tag{3.1}$$

으로 주어지며, 여기서 비례상수 γ는 표면 장력이다. 표면 장력의 단위는 단위 면적에 대한 에너지, $\mathrm{J\ m^{-2}}$(또는 에너지가 움직인 거리를 주어진 힘으로 곱한 것으로 생각될 수 있기 때문에, 단위는 $\mathrm{N\ m^{-1}}$가 된다). 이들 크기는 탄성 계수(후크의 법칙에서)와 같다. 그것은 가해진 힘으로 인하여 늘어난 용수철의 저항을 측정한다. 이와 같이 표면 장력의 면적을 증가시키려는 표면의 저항 측정으로 표면 장력을 해석할 수 있다.

예제 3.1 액상막을 확장하기 위해 한 일의 결정

그림 3.3에서 보는 것처럼 막이 비누 용액으로부터 잡아 당겨지는 간단한 실험을 생각해 보자. 한 일은 힘에 거리를 곱한 것이며, 이 일이 식 3.1에 주어진 표면 자유 에너지라는 사실을 알고 표면 장력이 $F/2L$임을 보이시오. 표면 장력의 단위가 $\mathrm{Nm^{-1}}$임을 증명하시오.

풀이 : 일은 프레임을 끌어올려서 막을 만들어야 한다(그림 3.3(b)).

한 일($dW=F\ dh$)은 표면 자유 에너지(γdA)와 같다. 여기서 A는 표면적이다. 비누막은 2면 또는 표면적을 갖는다. 이 예제에서 면적 A는 실제로 $2A$이고, A는 길이(L) × 움직인 거리 dh이다.

그러므로 $F\ dh = \gamma 2dA = \gamma 2L\ dh$

정리하면

$$\gamma = \frac{F}{2L}$$

힘이 뉴턴(N)으로 측정되기 때문에 γ의 단위는 $\mathrm{Nm^{-1}}$가 된다.

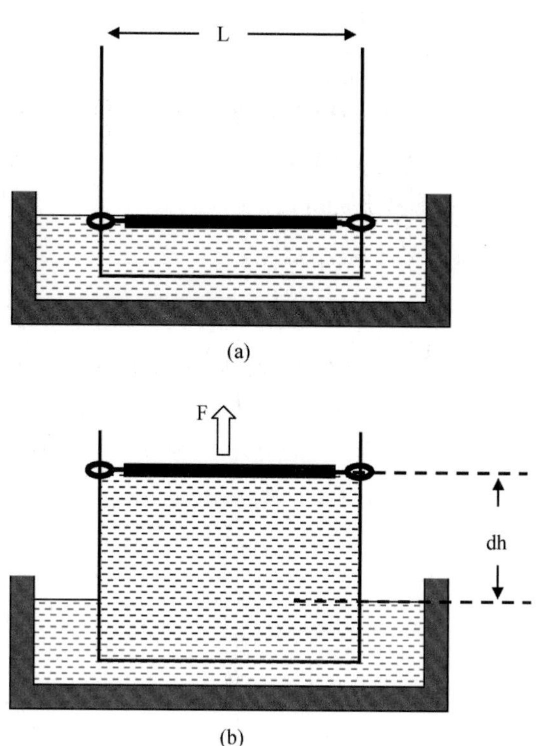

그림 3.3 막이 길이 L인 철사를 써서 힘 F로 높이 dh만큼 비누 용액으로부터 끌어 올려진다.

표 3.1 순수 액체의 표면 장력 값

액 체	$\gamma/\mathrm{mN\ m^{-1}}$		
	25°C	50°C	75°C
물	71.99	67.94	63.57
1-디카놀	28.51	26.68	24.85
수은	485.48	480.36	475.23
에탄올	21.97	19.89	–
브로마인	40.95	36.40	–
피리딘	36.56	33.29	30.03
톨루엔	27.93	24.96	21.98
벤젠	28.22	25.00	21.77

출처 : *CRC Handbook of Chemistry and Physics, Internet version 2007*, 87th ed., Taylor and Francis, Boca Raton, 2007. With permission.

표면 장력이 커지면 커질수록 표면적을 증가시키려는 저항력은 더 커진다. 다시 말해 표면 장력은 근본적으로 표면에서 일어나는 여러 분자간 상호작용 사이의 상호작용에 영향을 미친다. 표 3.1은 세 개의 다른 온도에서 몇 가지 일반적인 액체의 표면 장력값들이다.

물은 앞에서 언급한 이유로 가장 잘 알려진 표면 장력값(실온에서 약 72 mN m^{-1}) 중의 하나를 갖는다. 하지만 친수성 분자들이 물에 나타나면 그것들은 표면으로 결합하려고 해서 더 낮은 표면 장력을 갖는다. 예를 들어, 약 200 mL의 물에 밀리그램의 SDS를 첨가하면 표면 장력은 30 mN m^{-1} 더 낮춰진다. 이런 표면 장력의 감소가 친수성 분자가 그들 스스로 경계면 쪽으로 방향을 갖기 때문이며, 그 결과 그들의 녹지 않는 소수성 꼬리를 극성 헤드 그룹을 수 상에 묻힌 상태로 유지하는 동안 공기 중에 노출된다. 그것으로 인하여 공기－물 경계면에서 나쁘게 유지하도록 강요받는 물 분자를 자유롭게 한다(그림 3.2). 이들 조건은 표면을 안정화시켜서 결과적으로 표면 장력을 더 낮춘다. 표면 장력이 감소하는 정도는 만들어지는 단층의 친수성 물질의 구조와 묶음 밀도에 달려있다. 친수성 화합물의 농도가 낮으면 표면의 많은 분자들이 상대적으로 작다는 것을 기대할 수 있다. 보기에 따라서 이렇게 희석된 표면은 개개의 분자가 멀리 떨어져서 제멋대로 표면을 자유롭게 이동하는 가스 상으로 근접한다. 하지만 농도가 증가하기 때문에 표면에 있는 친수성 분자의 묶음은 농도를 더 크게 해서 결과적으로 표면 장력을 감소시킨다. 이런 행위는 포화된 단층이 형성될 때까지 계속해서 농도를 증가시킨다. 이 농도를 넘어서면 표면 장력값은 바뀌지 않는다. 공기－물 경계면에서 친수성 화합물의 상 거동(phase behavior)은 5장에서 설명한다.

3.1.3 접촉각과 젖는 현상

물방울이 평평한 고체 표면에 위치하면 극한에서 전 표면을 덮을 만큼 완전히 퍼질 수 있거나, 다른 극한에서 표면에 구형 물방울을 형성할 수 있다. 이런 상황들이 완전하게 젖거나 또는 완전하게 젖지 않는 상황을 나타낸다. 대개 젖는 정도는 이들 극한 사이의 중간이고, 액체와 고체 표면 사이의 경계면 에너지(또는 표면 장력)에 크게 좌우된다. 접촉각은 액체－증기 경계면이 고체 표면을 만나는 각이다(그림 3.4). 평평한 표면이 수평이고 물방울이 움직이지 않는다면 이 각을 정적 접촉각이라고 한다(그림 3.4(a)). 표면이 기울어져 있기 때문에 액체가

움직인다면 두 개의 '동적(dynamic)' 접촉각을 확인할 수 있는데, 전진하는 접촉각과 후진하는 접촉각이다(그림 3.4(b)). 이 그림에서 유리창 표면에 떨어지는 빗방울과 유사하다. 대개 전진하는 접촉각은 후진하는 접촉각보다 훨씬 더 크고, 이들 두 값 사이의 차이는 접촉각 이력(hysteresis)이라고 한다.

그림 3.4(a)는 접촉각 θ를 이루는 평평한 고체 표면 위의 젖지 않는 물방울(전통적으로 '고착성 물방울(sessile drop)'이라 한다)을 보여 준다. 각은 0보다 더 크다. 여러 가지 경계면이 그들의 표면 장력에 의하여 설명된다. 액체－증기 장력(γ_{LV}), 고체－증기 장력(γ_{SV}), 및 고체－액체 장력(γ_{SL})이다. 영의 방정식(Young equation)은 이들 여러 가지 표면 장력과 정적 접촉각 사이의 관계를 제공한다.

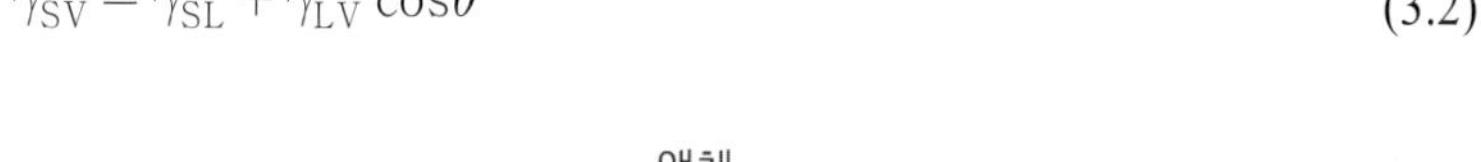

$$\gamma_{SV} = \gamma_{SL} + \gamma_{LV}\cos\theta \tag{3.2}$$

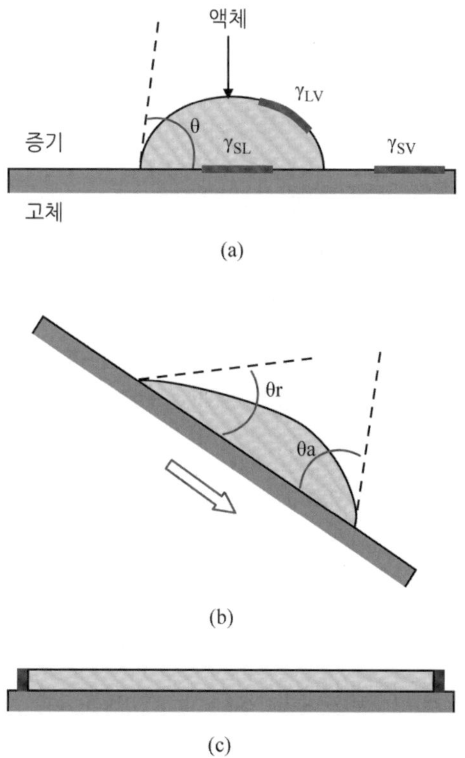

그림 3.4 고체 표면의 액체 방울. (a) 방울이 접촉각 θ에서 젖지 않는다. (b) 방울이 전진 접촉각(θ_a) 과 후퇴 접촉각(θ_r)을 갖고 고체로 굴러내린다. (c) 완전한 퍼짐. (a)에서 굵은 선은 다른 표면 장력을 갖는 여러 경계면에서 중요한 부분이다 : 액체－기체 장력(γ_{LV}), 고체－증기 장력(γ_{CV}), 및 고체－액체 장력(γ_{SL}).

γ_{LV}와 θ는 쉽게 측정되기 때문에(4장 참조), $\gamma_{SV} - \gamma_{SL}$의 값은 결정될 수 있다. 만일 액체가 고체($\theta = 0^0$)를 완전히 적신다면 $\gamma_{SL} = 0$이다. 이것은 두 개의 상 사이에 장력이 없다는 가설 상황이다. 실제로 $\cos\theta$와 γ_{LV}은 음의 기울기를 갖는 선형이다. 직선은 $\cos\theta = 1$과 이에 대응하는 측정된 표면 장력(x축 상에서) 사이에 추정될 수 있다. 대응하는 표면 장력을 임계 표면 장력(γ_c)이라 한다. 이렇게 완전하게 젖는 조건($\gamma_{SL} = 0$)에서 영의 방정식이 $\gamma_c = \gamma_{SV}$이기 때문이다.

표면이 소수성(물을 싫어함)이거나 친수성(물을 좋아함)이 될 수 있음을 주목할 필요가 있다. 예를 들어, 유리의 표면은 친수성으로 생각되고, 테프론은 소수성으로 생각된다. 물은 소수성 표면에서 퍼지지 않을 것이지만, 상대적으로 큰 접촉각을 갖는 물방울을 형성할 것이다. 역으로 물은 표면에 대하여 강한 친근성을 갖기 때문에 친수성 표면에 퍼질 것이며, 아주 작은 접촉각을 갖는 박막을 형성한다.

3.1.4 나노 물질과 초소수성 표면

고착성 방울의 접촉각이 180°에 근접한다면 물방울은 표면에서 물방울의 구형 형태를 받아들일 것이며, 표면에 마찰이 없는 베어링처럼 주위로 움직일 것이다. 그림 3.5는 소수성 표면 위의 구형 방울을 보여 준다. 물방울이 이런 식으로 움직이게 하기 위하여 표면이 고체-물 경계 면적을 최소화하는 것이 필요하거나, 초소수성 표면이어야 한다. 그런 표면을 만드는 것이 나노 과학에서 매력적인 도전이다.

초소수성 표면이 어느 의미에서 새로운 기술은 아니다. -과학자들이 거의 1세기 동안 초소수성에 대하여 실험해 왔으며, 그들은 훨씬 더 큰 연잎같은 자연에 존재하는 물질의 초소수성에 의해 매료되었다. 하지만 그것들을 사용하는데 대한 새로운 응용만큼이나 새로운 개발이 초소수성 표면의 대중성에 박차를 가하였다. 그러므로 초소수성 표면의 기본 형태, 그들의 특징적 특성 및 사용에 대한 잠재성, 이 표면을 구성하는 각 방법의 개발을 이해하는 것이 중요하다. 이들 모든 개념들이 대중적인 저널 기사 '초소수성 표면 개발의 과정(Progress in Superhydrophobic Surface Development: by Paul Roach, Neil Shirtcliffe, and Michael Newton, 2008)'

그림 3.5 초소수성 표면의 고착성 방울(Ma, Hill, Lowery, Fridrikh, Rutledge. 'Electrospun Poly(Styrene-block-dimethylsiloxane) Block Copolymer Fibers Exhibiting Superhydrophobicity" *ACS Langmuir* 2005, 21: 5549-5554.).

에서 간략하게 설명되었다.

먼저 초소수성 뒤의 기본적인 얼개 이해는 그 응용을 이해하는 것에서 중요하다. 초소수성 표면의 두 가지 기본 상태가 있다. 각각은 분리 방정식으로 지배되고 분리 특성을 갖는다. 이들 상태는 그림 3.6에 나타내었다. 첫 번째 형태는 1936년 웬젤(Wenzel)에 의하여 간략하게 설명되었으며, 조직이 바뀌어서 그 결과 물이 조직이 바뀐 표면에 정지한 젖은 상태를 설명한다, 그 결과 주어진 면적에서 표면이 완전히 편평하다기보다는 물이 더 많은 면적과 접촉한다. 웬젤 상태는 식

$$\cos\theta^{W} = r \ \cos\theta \tag{3.3}$$

이다. 여기서 θ는 변형되지 않은 표면 위의 접촉각이며, θ^{W}는 웬젤 접촉각(거친 표면의), r은 수평 표면으로 표면을 투사한 기판의 실제 표면적 비이다. 다시 말해 r은 기판이 완전히 매끄럽다면 표면적이 되는 실제 면적의 비이다. 이 식은 본질적으로 웬젤 젖음이 물이 상호작용할 수 있는 더 많은 소수성 표면을 증가시킴으로써 물방울의 접촉각을 증가시키는 것을 상술한다. 하지만 표면이 친수성($\theta < 90°$)이라면, 웬젤 젖음은 표면의 친수성 성질을 실제로 증가시킨다. 또한 물이 섭동 사이에 나타나기 때문이다. 웬젤 상태에서 물은 같은 물질의 편평한

표면 위보다는 기판에서 덜 복사하는 것 같다. 이와 같이 웬젤 적심은 두 인자－소수성 기판과 기판 표면적의 증가에 의해 결정된다.

다른 적심의 중요한 형태가 1944년 카시(Cassie)와 박스터(Baxter)에 의해 발견되었으며, 물 사이에 공기층을 갖는 나노핀 또는 마이크로핀에 놓여 있는 젖는 상태(wetting state)를 설명한다. 웬젤 적심과 달리 카시－박스터 상태는 기판의 중요한 부분을 접촉이 아닌 초소수성 표면을 형성하기 위해서 기판 사이에 공기 간격에 의존하는 물을 갖는다. 실제로 카시－박스터 표면은 친수성 기판으로 조직될 수 있으며, 아직은 초소수성을 나타낸다. 웬젤 표면과 달리 카시－박스터 상태에서 물은 같은 물질의 편평한 표면보다는 훨씬 더 쉽게 표면을 복사한다. 이 성질들이 카시－박스터 적심을 지배하는 식에 반영되어

$$\cos\theta^{C} = \varphi_{s}(\cos\theta) + (1-\varphi_{s})\cos\theta_{x} \tag{3.4}$$

이며, 여기서 φ는 돌기(물은 기판과 접촉한다) 끝에 나타나는 표면을 나타낸다, $(1-\varphi)$는 공기 간격을 나타내며, θ_x는 공기 간격에 대한 접촉각으로, 180°에 근사하며, θ^C는 카시－박스터 접촉각(거친 표면의)이다. 이와 같이 카시－박스터 표면의 초소수성을 증가시키는 두 가지 방법이 있다. －기판의 원래 초소수성을 증가시킴으로써 θ값의 증가 또는 공기 간격을 더 크게 함으로써 φ_s를 감소시킨다.

이들 두 상태 사이의 상호 교환이 가능하다, 그러나 두 에너지 최소값 사이에 어느 천이 상태를 극복하기 위한 에너지 장벽이 있다. 이 현상은 카시－박스터 표면이 웬젤 적심을 나타내면 움직이기 시작하며, 그것은 먼 거리에서 떨어지는 물이(즉, 비) 거친 지형 사이의 틈으로 강제로 밀어 넣어지면 가능하다. 한 상태

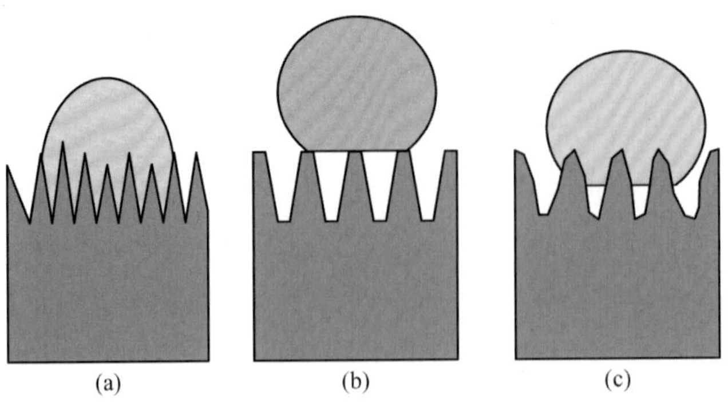

그림 3.6 거친 표면상의 여러 가지 적심 상태. (a) 웬젤 상태, (b) 카시－박스터 상태, (c) 중간 적심

에서 다른 상태로의 천이는 초소수성 표면을 증가시키는 몇 가지 방법을 설명하는 데 중요하다.

보다 철저하게 설명하기에 앞서 언급되어야 하는 초소수성 표면의 마지막 중요한 특징은 다양한 크기의 거친 것에 대한 장점이며, 섭동은 나노 크기에서 마이크로 크기까지의 범위이다. 최근의 연구는 이런 종류의 표면이 물방울이 표면을 구르기가 쉽게 증가시키는 것을 보여 준다(다시 말해, 접촉각 이력을 감소시킨다). 카시 – 박스터에서 웬젤 상태로 바꾸는 것을 방해하고, 웬젤에서 카시 – 박스터 상태로 바꾸려는 경향이다. 이런 성질이 여러 가지 이유로 이익이며 나중에 다시 되돌아오게 될 것이다.

평론 기사 'Progress in Superhydrophobic Surface Development'가 초소수성을 증가시키는 주요 방법을 간략하게 설명하기 때문에, 특별한 방법 목록을 되풀이하지 않을 것이고, 각각의 주요한 방법의 특징과 마찬가지로 주제와 제작 방법을 단일화하는데 초점을 둘 것이다. 그런 특징 가운데 하나가 기사 – 섬유성 소수 표면에 의해 설명된 첫 번째 방법에 속한다. 이 방법은 탄소 나노튜브가 증착된 목면사에서 나노 크기의 고분자 전기 방적까지 영향을 미친다. 그것은 쓰임새가 많다. 섬유 재질이 본래 거칠기 때문에 소수성 재질이나 나노 막대로 증착하는 것은 이런 거침을 증가시킨다. 또한 몇몇 연구자들은 큰 접촉각과 낮은 이력을 만드는 동안 진흙과 기름 방염제인 자기 청결성을 갖는 표면을 가진다. 이런 기술은 본래 스스로 세척하는 물과 오염 – 방염 의복의 개발을 약속하고 있다.

특별한 제작 방법인 또 다른 재미있는 것은 어두우면 초소수성을 밝으면 초친수성을 나타내는 초소수성 표면으로 결정화되는 소수성 반도체이다. 이런 현상에 대한 비슷한 설명이 초친수성이 표면의 전자를 들뜸으로써 발생된다는 것이다. 그것은 전압을 가함으로써 바뀔 수 있는 표면의 성질이 있는 것을 제안한다. 자외선 복사(UV radiation)로 인한 들뜸 대신에 전압이 사용될 수 있으며, 이와 같이 스위치로 순간적으로 건조시키거나 다른 스위치로 완전히 젖게할 수 있는 물질을 가능하게 하는 것이다.

무엇보다 몇 가지 중요한 주제가 이 기사에서 마찬가지로 보인다. 가장 주목할만한 것 중 하나가 초소수성 표면 같은 프랙탈 고체의 발생으로, 그것은 여러 가지 방법으로 이루어질 수 있다. 일반적인 접근 하나는 결정 성장인데, 물질(유기와 비유기 결정 성장이 보고되었다)이 프랙탈 고체로 냉각되거나 응축된다.

또 다른 일반적인 방법은 유한의 확산 성장 공정으로, 물질이 너무 빨리 침전해서 막의 성장이 기판에 걸친 물질의 흐름으로 제한된다. 무질서도에 의하여 이 방법은 편평한 기판의 표면 위에 작은 교란을 만들어서, 보다 많은 입자들이 이들 동요(섭동)로 접착되도록 한다. 공정은 큰 벌크가 형성될 때까지 계속되고, 부속 벌크를 만드는 표면 위에 작은 교란을 갖는다. 이런 종류의 조합의 가장 큰 이득은 프랙탈이 되는 이들 표면이 다양한 크기의 거친 표면을 갖는다는 것이다. 주요 벌크는 웬젤 형태의 표면처럼 행동할 수 있다. 반면에 더 작은 벌크는 카시-박스터 표면처럼 행동한다. 기대되는 것처럼 매우 낮은 이력과 매우 큰 접촉각이 프랙탈 고체에서 보고되었다. 프랙탈 고체의 또 다른 중요한 이득은 그들의 쉬운 제조이다.-이 표면들이 보통 물질의 혼돈 움직임으로 생기며, 그것들은 덜 특수화된 기계를 요구하고 다양한 물질들로 만들어질 수 있다. 실제로 프랙탈 초소수성 표면이 반도체 고분자를 써서 보고되었으며 이들 특별한 표면이 앞서 언급된 것처럼 스위치 성질의 능력을 준다.

하지만 프랙탈 고체의 아래쪽은 불투명한 경향이다. 그것들의 다양한 크기의 거침이 초소수성 성질에는 이익이지만, 이들 특징이 나노 크기에서 마이크로 크기까지의 범위이기 때문에 가시광선과 상호작용한다. 많은 초소수성 표면이 투명할 필요는 없다. 하지만 이런 종류의 표면이 자동차 앞유리 증착에 이용될 수 있거나, LED나 광전지 같은 광활성 장치의 보호층에도 이용된다. 어떠한 빛도 표면으로 또는 표면으로부터 뚫을 수 없다면 이런 응용의 모든 것들이 만들어질 수 있을 것이다.

이 문제는 초소수성 표면 제작-고른 나노 구조의 다른 형태에서 나타나지 않는다. 이 구조들은 많은 방법, 탄소 나노 튜브 성장에서 리소그래피 에칭까지 생산된다. 비록 그것들이 때로는 배열이 제멋대로이지만, 일반적으로 크기는 일정한 프랙탈 모형과 반대이다. 이 물질들은 특별히 미리 결정된 형태와 모형의 표면 조직을 만들기 위한 화학 에칭과 레이저 리소그래피를 써서 쉽게 만들어진다. 또한 이 표면들은 증가된 소수성을 만들기 위하여 더해진 증착과 기능으로 쉽게 장식될 수 있다. 이런 형태의 구조는 증착된 도드카노산, 코발트 수산화 나노핀을 써서 증착 접촉각이 178°에 이르는 것으로 보고되었다. 마찬가지로 조금은 덜하지만 실제 웬젤 접촉각이 장식된 탄소 나노 튜브를 써서 상당한(168°) 각으로 보고되었다. 아주 중요하게 이런 종류의 구조가 하나의 크기이며, 가시영

역에서 흡수하지 않는다. 이런 기능은 이런 종류의 구조들이 앞서 설명한 이런 종류의 표면들보다 더 실용적으로 만든다. 이런 종류 물질의 결점은 그것들이 프랙탈 구조보다 반발하는 물에서 훨씬 덜 효과적이라는 것이다. 그것들은 다양한 크기의 거칠기가 부족하며, 훨씬 더 제멋대로인 배열을 만드는 것조차도 프랙탈 표면보다 덜 소수성이다.

최근에 나온 것은 초소수성 표면을 구성하는 양질의 형태를 개발하였다. 오히려 많은 다른 방법들이 자신의 이익과 결점을 가진 것들을 개발하였다. 옷, 광활성 장치, 창문 등 이러한 응용들이 초소수성 표면활용에 나타나기 때문이고, 이들 다양한 수요를 맞추기 위하여 주문 생산될 수 있는 다양한 친수성 물질이다.

3.2 흡착 현상 : 자기 조립된 단층

표면에 접근하는 분자는 알짜 인력을 겪고 결과적으로 표면에 포획되거나 제한된다. 그런 종류를 흡착된 물질이라 한다. 흡착(adsorption)은 흡착 분자가 고체 표면에 쌓이는 물리적 과정이다. 탈착(desorption)은 분자가 표면을 떠나서 벌크상으로 들어가는 반대 과정이다. 질문에서 고체 표면은 기판이나 흡착제로 간주된다. 전자는 보통 편평한 표면이고, 후자는 큰 표면적의 다공성 고체가 될 수 있다. 반응 분자의 표면에 쌓는 것은 표면을 촉진시킨 반응처럼 1834년 마이클 패러데이(Michael Faraday)에 의하여 제안되었다. 이 절에서 단층을 초래하고 나노미터 크기의 두께를 갖는 흡착에 흥미가 있다. 표면 자체는 편평할 필요는 없지만 거칠거나 다공성일 수 있다. 흡착의 정도는 분자간 힘의 형태뿐만 아니라(반데르발스, 정전기, 수소 결합) 표면적에도 좌우된다. 기판의 표면적이 클수록 흡착의 정도가 더 커진다.

가장 좋은 흡착제는 실리카 겔(SiO_2, 표면적 $> 1000\ m^2/g$)과 활성화된 탄소 같은 것들이다. 실리카 겔은 일반적으로 여러 가지 성분의 다른 흡착 정도를 이용함으로써 용질 혼합의 분리를 향상시키기 위한 색층분석 기둥에서 사용된다. 흡착 현상의 흥미로운 예가 상층 대기인 극지방 성층구름에서 일어나는데, 그것은 아주 다공성이며, HCl 같은 가스의 흡착을 위한 기판으로 작용한다.

이 절과 다음 절에서 용액이나 가스상으로부터 고체 기판 위로 분자의 흡착에 초점을 둔다. 하지만 흡착이 표면 현상이며, 어떤 경계면에서 일어날 수 있다는 것을 인지하는 것이 중요하다. 예를 들어, 분자들은 수용액으로부터 물－공기 경계면까지 흡착될 수 있다. 액체－액체 경계면, 가령 물과 기름 사이의 경계면, 흡착이 일어날 수 있는 영역을 나타낸다. 표면 흡착은 나노 물질 형성에 중심적 역할을 한다. 흡착제는 분자를 나노 구조로 자기 조립하는 플랫폼으로 그들 스스로를 제공한다. 나노 물질이 이 방법으로 합성되는 예가 5장에서 제공된다. 이 점에서 고체 기판이 화학적으로 변형되어서 그 결과 흡착이 선택적이 될 수 있는 것을 언급할 가치가 있다. 이런 변형은 표면 기능화로 알려져 있으며, 표면 에너지를 바꾸기 위하여(또는 그것을 친수성으로 만들기 위하여) 금속 표면을 산화하는 것만큼 간단히 할 수 있다. 그 결과 극성 분자들은 표면에서 동시에 흡착된다.

많은 고체들이 액체 용액으로부터 가스와 용질의 많은 양을 흡착하는 성질을 갖는다. 이런 과정이 일반적으로 흡착제와 열역학 사고에 의하여 크게 흡착되고 유도된 물질에 대하여 아주 특별하다. 일반적으로 흡착은 발열 과정이며, 두 종류로 나뉠 수 있다. 케미솝션(chemisorption: chemical adsorption, 화학적 흡착)과 피지솝션(Physiorption: Physical adsorption, 물리적 흡착)이다. 일반적으로 흡착이 특별하고 거대한 양의 열(약 50 $kJmol^{-1}$)이 유리된다면, 흡착 과정이 화학적 흡착으로 간주된다(1916년 어빙 랭뮤어(Irving Langmuir)에 의해 처음 제안된). 이 공정에서 결합은 흡착 분자로 부서지며, 새로운 공유 결합이 완전한 단층이 만들어질 때까지 흡착제와 흡착된 물질 사이에 형성된다. 이 결과로 만들어진 기판－흡착된 물질은 200－500 $kJmol^{-1}$까지 범위의 힘으로 결합한다. 화학적 흡착 단층은 고체 표면에 비가역적으로 고체 표면에 결합되며, 보통 고체 기판의 표면 성질을 바꾼다. 이와 같이 화학적 흡착은 고체 표면을 화학적으로 기능화하는 충분한 방법이다. 화학적 흡착의 예로 그림 3.7에 나타낸 옥타디카네치올 또는 ODT(octadecanethiol) 분자를 생각해 보자. 분자는 치올 그룹(SH)으로 끝나는 18개의 탄소 원자를 갖고 있다(17개의 메틸렌 그룹과 1개의 메틸 그룹). 치올 그룹은 강한 Au－S 공유 결합을 가져오는 금에 대하여 아주 잘 반응한다. 이와 같이 클로로포름 같은 용매에서 ODT 용액으로 금 증착된 기판을 놓음으로써, ODT 분자가 금 표면에 순간적으로 화학적 흡착되고 수 시간 안에 단단하게 묶인 단층을 형성한다. 이 과정에 관련된 몇 가지 특징은 언급할 가치가 있다. 첫

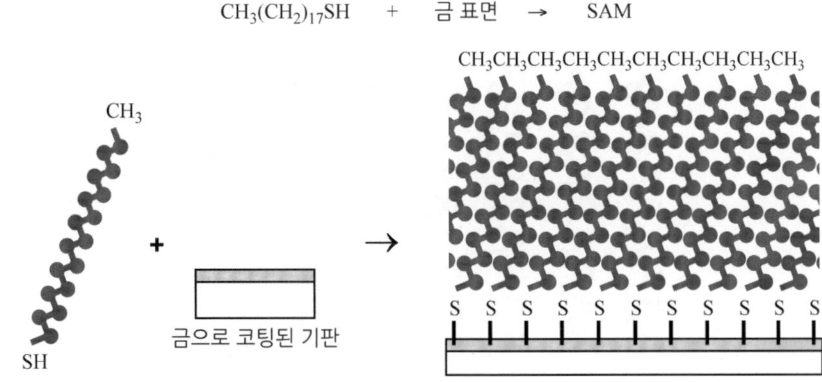

그림 3.7 금 표면 위의 옥타디카인 치올의 화학적 흡착에 의해 자기 조립된 단층의 형성.

번째로 흡착은 빠르고, 비가역적이며, 완전한 단층이 형성된 후 정지한다. 두 번째로, 형성된 강한 Au－S 결합에 더하여 ODT 단층에 있는 이웃한 알칼리성 고리 사이의 강한 반데르발스 상호작용은 분자를 아주 단단하게 묶고 탄화수소 중추를 all-trans confirmation으로 강요한다(그림 3.7). 만들어진 막은 자연에서 고체이고, 충분히 확장된 ODT 분자의 길이인 두께를 가지며, 자기 조립된 단층 또는 SAM으로 간주된다. 표면이 가깝게 묶인 메칠 그룹의 아주 큰 밀도 때문에 결국 SAM은 고체 표면 소수성으로 만든다. 결과적으로 이 표면 위의 물방울은 큰 접촉각을 갖는다(> 110°).

만일 흡착이 비특수하다면 그리고 소량의 열이 방출되고 물질의 증기화 열에 비교된다면 그 과정은 물리적 흡착이다. 흡착제와 흡착된 물질 사이의 상호작용은 화학적 흡착막과 비교하여 물리학적 흡착막에서 더 약하다(~ 20 $kJmol^{-1}$).

비록 물리학적 흡착이 특이하지 않게 생각될지라도 열역학적 과정을 생각하면 중요하다. 다음 예와 같이 수용액에서 고체 소수성 표면까지 도드카놀 같은 긴－고리 알코올의 물리학적 흡착을 생각해 보자. 소수성 표면이 금 표면에 화학적으로 흡착된 ODT 단층으로 구성하도록 하자. 흡착 과정이 물을(도드카놀은 물에서 단지 대체 용액이다) 피하고 접근 가능한 소수성면과 결합하기 위하여 강한 알코올성으로 유도된다. 이와 같이 도드카놀은 ODT SAM에 흡착된다(그림 3.8). 만들어진 도드카놀 단층은 물 위상쪽으로 향한 OH 헤드 그룹으로 가깝게 묶인다. ODT SAM처럼 도드카놀의 알칼리 고리는 알맞은 반데르발스 상호작용으로 가깝게 결합되며, 소수성 막의 표면에 고체 같은 SAM을 형성한다.

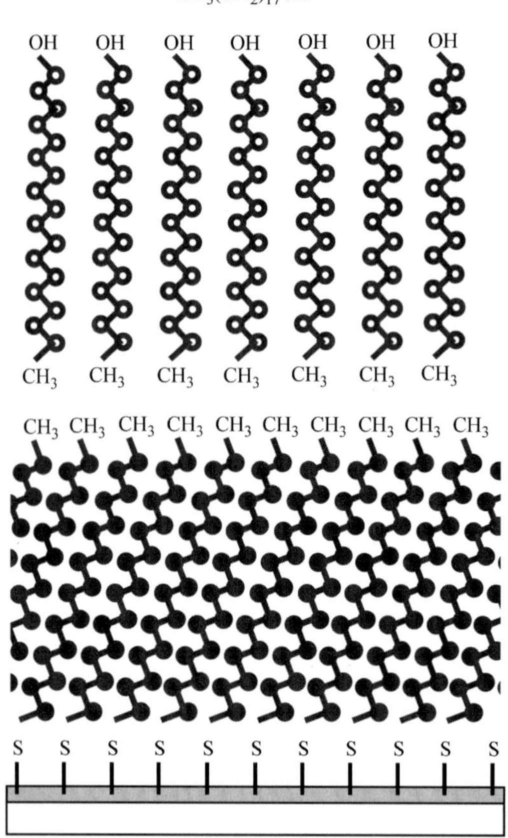

그림 3.8 금 표면 위에 옥타디케인 치올로 만들어진 SAM 꼭대기 위에 있는 물리적으로 흡착된 단층의 도드카놀의 형성.

ODT와 달리 도드카놀의 흡착은 가역적이다. 막에 있는 분자는 물의 벌크 상에서 도드카놀 분자와 함께 동적 평형에 있다. 벌크 상태의 많은 도드카놀 분자를 고갈시키는 것은 고체-물 경계면에서 단층에 있는 묶음 밀도를 줄인다.

가령 온도, 벌크 응집 의존성, 가역성 같은 흡착 특성은 화학적 흡착과 물리적 흡착을 구분하기 위하여 사용될 수 있다. 두 흡착 과정의 에너지 차이는 편평한 표면 위의 2원자 분자의 흡착에 대한 1차원 레나드-존스 퍼텐셜 에너지 곡선에 자세히 나와 있다. 큰 거리에서 $V(x)=0$은 무한 거리에서 제로(0) 상호작용에 대응한다. 분자가 표면(그림 3.9에서 점 A에서 점 B까지)에 접근함에 따라서 표면과 흡착된 물질 분자 사이에 음의 인력 퍼텐셜이 있다. 퍼텐셜은 물리학적 흡착의 경우에 거리 B에서 최소에 도달하며, 화학적 흡착의 경우 거리 C에서 최소

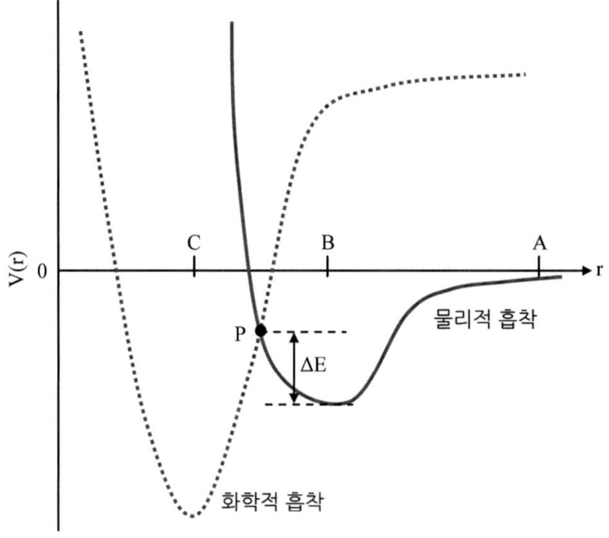

그림 3.9 극성 분자 위의 분자의 화학적 흡착과 물리적 흡착에 대한 1차원 레나드-존스 퍼텐셜 에너지 곡선.

가 된다. 이들 거리는 두 과정에 대한 대응하는 평형 기판 – 흡착된 물질 결합 길이를 나타낸다. 물리적 흡착에 대한 B보다 더 작은 거리에서(또는 화학적 흡착의 경우에 C보다 작은) 인력 상호작용은 $V(x)=0$이 될 때까지 줄어드는데, 여기서 반발하는 상호작용은 더 중요하게 된다. 화학적 흡착에 대한 최소 퍼텐셜(거리 B와 C에서)은 앞서의 과정이 기판과 흡착으로 만들어진 물질 사이에 더 짧은 결합 거리를 만들기 때문에 물리학적 흡착과 비교해서 더 작은 기판 – 흡착으로 만들어진 거리에 있다. 더욱이 화학적 흡착에 대한 퍼텐셜 우물은 공유 결합을 부수고 만드는 앞서의 과정을 갖는 강한 물리적 흡착으로 형성된 것보다 더 강한 긴판 – 흡착 결합력으로 인해 물리적 흡착보다 더 깊다. 때로는 하나의 분자가 화학적 흡착으로 되기 전에 물리학적 흡착 상태로 포획될 수 있다. 이런 경우에 물리학적으로 흡착된 분자는 화학적 흡착 분자에 선구물질이다. 그림 3.9에 나타낸 두 개의 퍼텐셜 에너지 곡선은 점 P로 나타나는 거리에서 교차한다. 이것이 물리학적 흡착 선구 물질이 화학적 흡착 상태에 교차할 수 있다. ΔE는 물리학적 흡착된 상태에서 화학적 흡착된 상태까지의 활성 에너지를 나타낸다.

고체 표면의 흡착 능력은 흡착된 물질의 질량(또는 몰)과 흡착제의 단위 질량에 대한 흡착 가능한 면적 측정으로부터 결정된다. 보통 흡착제의 단위 질량에

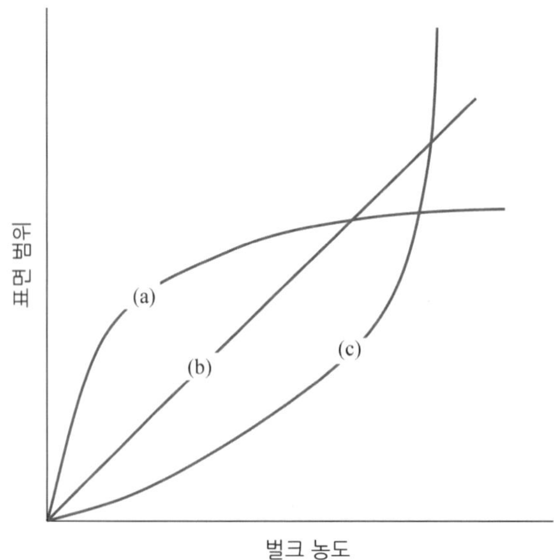

그림 3.10 (a) 랭뮤어 흡착, (b) 다층 흡착, (c) 합동 흡착을 설명하는 흡착 등온 곡선

대한 용액에서 흡착된 용질의 양은 그것의 포화점까지의 용질 농도에 따라 결정된다. 또한 주어진 용질의 농도에 대한 흡착제의 단위 질량에 대한 흡착된 양은 온도를 증가시킴에 따라 감소한다. 흡착이 물리적이라면 그것은 가역적이고, 용질은 흡착제가 평형 상태에 있는 용액으로부터 제거되어 더 낮은 농도의 용액에 위치시키면 평형을 다시 만들기 위하여 흡착제의 표면을 떠난다. 그런 가역성은 과정이 화학적 흡착이라면 보일 수 없다. 다음 절은 어떻게 흡착 능력이 측정되고, 단층 적용 범위와 기판 표면적 같은 정보들이 흡착 능력을 측정함으로써 어떻게 도출될 수있는지를 설명한다.

3.2.1 간단한 흡착 등온 곡선

흡착 등온 곡선은 표면 범위(즉, 흡착된 물질에 포함된 흡착 표면의 소량)와 농도 사이의 곡선이다. 등온 곡선(isotherm)이란 이것들의 측정이 일정한 온도에서 수행된다. 그림 3.10은 몇 가지 간단한 흡착 등온 곡선을 보여 준다. 표면이 흡착된 물질에 의해 포화되기 때문에 일정한 표면 범위(그림 3.10(a))를 추적하는 선은 흡착이 멈추는 상황을 나타낸다. 이것은 전형적으로 단층 범위에 대응한다. 그림 3.10(b)에서 흡착은 농도 함수로 무한대로 계속되는 것 같다. 이 경우

에 흡착은 포화된 단층이 형성된 후 멈추지 않는다. 대신에 흡착은 계속되고 여러 층이 표면에 형성된다. 그림 3.10(c)에서 흡착은 농도에 따라서 지수적으로 증가하는 것 같다. 이 상황은 표면에서 흡착된 물질의 출현이 유리한 분자간 상호작용으로 인하여 그 이상의 흡착을 진전시킨다면 일어난다. 이런 종류의 흡착이 합동 흡착으로 알려져 있다. 실제로 아주 높은 농도로 편평하게 되거나 안 될 수 있다.

만일 위상이 가스라면 흡착 등온 곡선은 일정한 온도에서 가스 압력의 함수로서 표면 범위의 곡선이 될 것이다. 흡착 등온 곡선은 평형 상수, 기판 위의 흡착 가능한 많은 흡착 위치, 흡착의 엔탈피 같은 흡착 과정의 몇 가지 중요한 특성을 결정하게 한다.

1918년 랭뮤어가 보여 준 랭뮤어 흡착 등온 곡선은 가장 간단한 흡착 등온 곡선이다. 랭뮤어 흡착 등온 곡선은 고체 기판 위에 유한한 흡착 위치가 있으며, 각 위치는 단일 흡착 분자에 의해서 취해진다는 것을 가정한다. 흡착 과정 중에 이 위치들은 모든 위치가 흡착된 물질 분자에 의해서 취해지는 포화점에 이를 때까지 선택된다. 이 점이 완전한 단층 범위를 나타내고, 흡착은 멈춘다. 더욱이 랭뮤어 흡착 등온 곡선은 흡착 과정 중에 흡착된 물질 분자 사이의 상호작용은 없다는 것과 흡착의 엔탈피는 표면 범위와 무관하다는 것을 가정한다. 그림 3.10(a)는 랭뮤어 흡착의 윤곽을 나타낸다.

고체 표면을 $S(s)$로 가스 상태의 흡착된 물질의 분자를 $A(g)$로 나타낸다면, 흡착된 물질과 기판 사이의 평형을

$$A(g) + S(s) \underset{k_d}{\overset{k_a}{\rightleftharpoons}} AS(s) \tag{3.5}$$

상수 k_a와 k_d는 흡착과 탈착에 대한 상대적인 비례 상수이다. 평형에서 앞뒤로의 비율은 같고, 기본 동역학으로부터

$$k_a[A][S] = k_d[AS] \tag{3.6}$$

또는

$$\frac{k_a}{k_d} = \frac{[AS]}{[A][S]} = K \tag{3.7}$$

여기서 K는 흡착 과정의 평형 상수이다. 흡착된 물질의 표면은 흡착 가능한 위치의 농도를 포함한다. β를 단위 제곱 미터에서 위치의 농도이고, θ는 흡착된 물질 분자에 의해 점유된 표면 일부로 한다. 점유된 부분의 농도는 $\beta\theta$로 주어지고, 자유로운 흡착 부분의 농도는 $\beta - \theta\beta = (1-\theta)\beta$로 주어진다. 탈착률($v_{\mathrm{d}}$)은 $[AS]$에 비례하는데, 점유된 표면에 비례한다. 더욱이 흡착률(v_{a})은 $[A][S]$에 비례하며, 가능한 부분에 비례하고, 분자의 밀도는 벌크 상태이다. 이와 같이

$$v_{\mathrm{d}} = k_{\mathrm{d}}\theta\beta \tag{3.8}$$

$$v_{\mathrm{a}} = k_{\mathrm{a}}(1-\theta)[A] \tag{3.9}$$

평형 상태에서 이들 두 비율은 같다, 그래서

$$k_{\mathrm{d}}\theta\beta = k_{\mathrm{a}}(1-\theta)[A] \tag{3.10}$$

다시 정리하면

$$\frac{1}{\theta} = 1 + \frac{k_{\mathrm{d}}}{k_{\mathrm{a}[\mathrm{A}]}} = 1 + \frac{1}{K[A]} \tag{3.11}$$

가스 상태의 흡착 과정에 대하여 $[A]$는 흡착된 물질 기체의 농도(단위 체적에 대한 분자수)를 나타낸다. 이상적인 흡착된 물질 기체를 가정하면 농도는 이상 기체 방정식을 이용해 압력처럼 표현된다. $PV = nRT$

$$\begin{aligned}[A] &= \frac{\text{분자의 수}}{V} \\ &= \frac{nN_{\mathrm{A}}}{V} = \frac{nN_{\mathrm{A}}P}{nRT} = \frac{N_{\mathrm{A}}P}{RT} = \frac{P}{kT}\end{aligned} \tag{3.12}$$

여기서 P는 흡착된 물질 기체의 압력이고, $k(=R/N_{\mathrm{A}})$는 볼츠만 상수이다. 식 3.11은 식 3.13으로

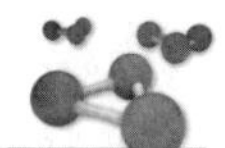

$$\frac{1}{\theta} = 1 + \frac{kT}{KP} = 1 + \frac{1}{aP} \tag{3.13}$$

으로 다시 쓸 수 있으며, 여기서 $a = K/kT$이다. 식 3.13은 랭뮤어 흡착 방정식이다. $1/\theta$에 대한 $1/[A]$ 또는 $1/P$의 관계를 그리면 평형 상수(또는 kT/K)를 역으로 취한 값과 같은 직선을 만든다.

θ는 다음 비율에 관련될 수 있는데

$$\theta = \frac{V}{V_{\mathrm{m}}} \tag{3.14}$$

이 식에서 V는 표면에 흡착된 기체의 체적이고, V_{m}은 단층에 대응하는 기체의 체적을 나타낸다. 완전한 단층은 $\theta = 1$과 $V = V_{\mathrm{m}}$에 대응한다. 식 3.14를 식 3.13으로 바꾸면 식 3.15는

$$\frac{1}{V} = \frac{1}{aPV_{\mathrm{m}}} + \frac{1}{V_{\mathrm{m}}} \tag{3.15}$$

이다.

예제 3.2 운모 표면의 질소 흡착은 랭뮤어 흡착 모델을 따른다.

다음 자료는 273.15 K에서 수집되었다. a, V_{m}과 전체 표면의 위치수를 결정하시오. 운모 기판이 길이 2 cm의 제곱이라면 표면 위치의 농도는 얼마인가?

$P/10^{-12}$ torr	2.50	1.32	0.48	0.30	0.20
$V/10^{-8}$ m^3	3.40	2.92	2.00	1.54	1.25

풀이 : 식 3.15에 따르면 $1/V$와 $1/P$의 구성은 $1/aV_{\mathrm{m}}$의 기울기와 $1/V_{\mathrm{m}}$의 절편을 갖는다. 식 3.11은 이 그림을 보여 준다. 자료에 대한 선형 맞춤은 식 $y = 1 \times 10^{-5}x + 3 \times 10^{7}$를 만든다.

y축에 대한 절편은 $3 \times 10^{7} = 1/V_{\mathrm{m}}$와 같으며, $V_m = 3.3 \times 10^{-8}$ m^{3}이다. 기울기 $1 \times 10^{-5} = 1/aV_{\mathrm{m}}$, $a = 3.0 \times 10^{12}$ torr^{-1}으로부터 운모 표면

위의 전체 위치수를 결정하기 위하여, 먼저 V_m에 대응하는 분자수를 결정할 필요가 있다.

먼저 이 조건에서 1몰의 기체가 $2.24\times10^{-2}\ m^3$을 차지한다는 것을 알고 있다.

V_m에 대응하는 몰수는

$$\frac{3.3\times10^{-8}\ m^3}{2.24\times10^{-2}\ m^3mol^{-1}}=1.47\times10^{-6}\ mol$$

분자수는 N_A를 몰수에 곱한다.

$$(6.022\times10^{23}\ mol^{-1})(1.47\times10^{-6}\ mol)=8.85\times10^{17}\ molecules$$

이제 각 N_2 분자는 운모 표면에 단일 위치를 점유한다. 이와 같이 8.85×10^{17}개의 위치가 되어야만 한다.

길이 2 cm의 제곱에 대하여 표면 위치의 농도는 전체 표면적에 대한 전

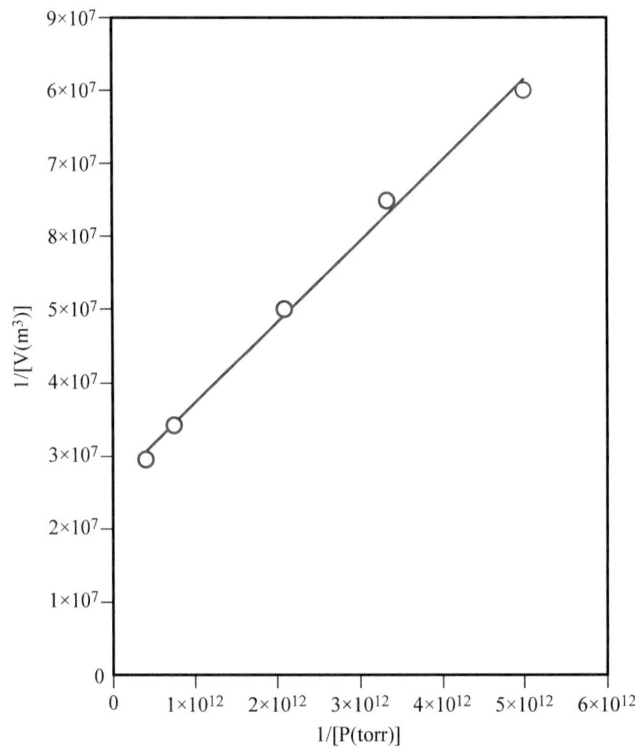

그림 3.11 273.15 K에서 운모판 위에 N_2의 흡착에 대한 $1/V$와 $1/P$의 구성

체 위치의 수의 비율이다.

$$\frac{8.85\times10^{17}\ \text{molecules}}{(0.02\ m)^2}=2.21\times10^{21}\ \text{m}^{-2}$$

3.2.2 다른 유용한 흡착 등온 곡선

랭뮤어 등온 곡선은 모든 흡착된 물질과 흡착제에 적용할 수 없다는 많은 가정을 하게 만든다. 예를 들어, 강한 분자간 상호작용이 랭뮤어 흡착 행위로부터 편향을 유발만든다. 많은 시스템이 다층 흡착을 나타낸다. 브루나 엠메트 텔러(Brunaur Emmett Teller)나 베트(BET) 등온 곡선은 그런 행위에 대한 유용한 모델이다. BET 등온 곡선으로 만들어진 열쇠가 되는 가정은 고체 위의 물리학적 흡착이 무한하고, 다층막에서 층간 상호작용이 없다는 것이며, 각 층은 랭뮤어 모델로 설명될 수 있다는 것이다. BET 등온 곡선은 식 3.16에 나타낸 형태를 갖는다.

$$\theta=\frac{V}{V_{\text{m}}}=\frac{cz}{(1-z)[1-(1-c)z]} \tag{3.16}$$

$z=P/P^*$에서 P^*는 어떤 흡착이 일어나기 전 흡착된 물질 위의 압력이다. 상수 c는 최초의 층(ΔH_1)의 흡착 엔탈피와 다음 층($\Delta H_{\text{증기}}$)의 증기 엔탈피와 관련된다(식 3.17).

$$c=\exp\left(\frac{\Delta H_1-\Delta H_{\text{증기}}}{RT}\right) \tag{3.17}$$

그림 3.12는 등온 곡선의 형태가 c의 다른 값에 대하여 어떻게 변하는지 보여준다. $c\gg1$면 등온 곡선은 식 3.16을 단순화하고, 계면활성제의 흡착을 설명하는 데 유용하다(3.3절).

$$\frac{V}{V_{\text{m}}}=\frac{1}{1-z} \tag{3.18}$$

많은 유용한 등온 곡선 각각이 특별한 종류의 흡착을 모델로 하는경우가 있다. 예를 들면, 템킨(Temkin) 등온 곡선, $\theta=c_1\ln(c_2P)$는 여기서 c_1, c_2는 상수,

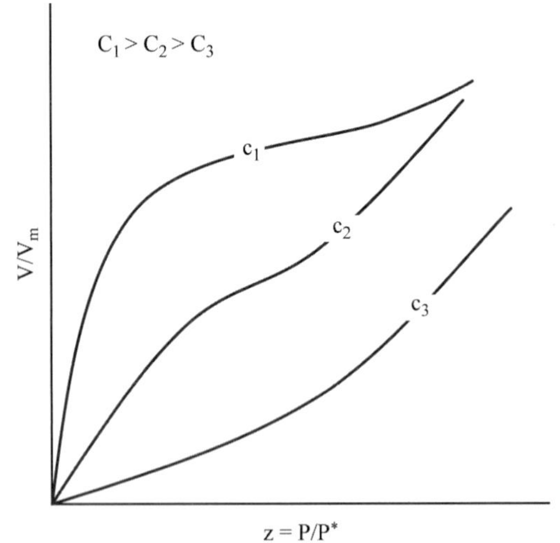

그림 3.12 BET 등온 곡선 상의 매개변수 c를 바꾸는 효과

$\triangle H_1$이 흡착된 물질의 압력이나 농도에 따라 변하는 시스템에 대한 흡착을 설명한다. 프룬트리히 등온 곡선 $\theta = c_1 P^{1/c_2}$는 강한 분자간 상호작용을 포함하는 흡착을 설명한다. 3.3.2.절에 깁(Gibb)의 흡착 방정식이 소개되었는데, 그것은 고체-물 경계면에서 흡착이 이치에 맞게 잘 모델로 되도록 하였다.

3.3 계면활성제 화학

계면활성제(surfactant)라는 단어는 surface active agent의 약자이다. 계면활성제는 표면과 경계면에 흡착하려는 경향과 더 낮은 경계면 장력을 갖는 일단의 분자를 설명한다. 예를 들어, 공기-물 경계면은 72.8 mN/m의 표면 장력을 갖는다. 물에 10%의 NaOH를 추가하면 이 값을 78 mN/m으로 증가시킨다. 하지만 상대적으로 낮은 농도(~ mM)에서 물에 전형적인 계면활성제를 첨가하면 표면 장력을 20 mN/m으로 더 낮출 수 있다. 물의 계면활성액과 헵탄 같은 기름 사이의 표면 장력은 1 mN/m만큼 낮아질 수 있다.

계면활성제가 표면 장력을 갖는 효과를 이론적으로 설명하기 위하여, 이 분자들의 구조를 생각할 필요가 있다. 그것들은 친양쪽성이며, 분자의 한 부분이 상

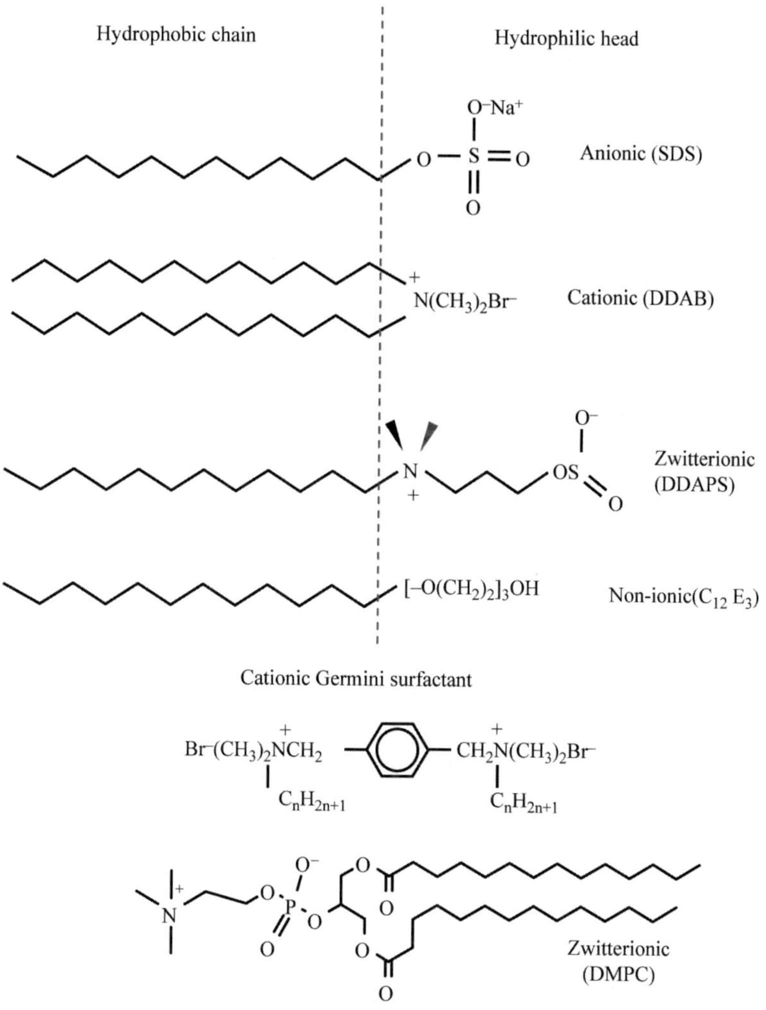

Hydrophobic chain | Hydrophilic head

O^-Na^+

$O-S=O$ Anionic (SDS)

O

$\overset{+}{N}(CH_3)_2Br^-$ Cationic (DDAB)

O^-

N OS Zwitterionic (DDAPS)

+ O

$[-O(CH_2)_2]_3OH$ Non-ionic(C_{12} E_3)

Cationic Germini surfactant

$Br^-(CH_3)_2\overset{+}{N}CH_2$ $CH_2\overset{+}{N}(CH_3)_2Br^-$

C_nH_{2n+1} C_nH_{2n+1}

O^- O

N O P O O

O O Zwitterionic (DMPC)

O

그림 3.13 소수성과 친수성을 갖는 일반적인 계면활성제들의 분자 구조. 탄화수소 고리가 all-tans confirmation임을 주목하라. 이런 confirmation은 경계면에서 미셀라(micellar) 구조나 흡착된 계면활성제막에서 거의 적용되지 않는다. 보이는 계면활성제는 SDS(sulfate Dodecylsulfate), DDAB (didodecyl dimethylammonium bromide), DDAPS(zwitterionic dodecyl-N,N-dimethyl-3-ammonio-1-proponate-sulfonate, DMPC)(non-ionic $C_{12}E_3$, cationic *Germini* surfactant, zwitterionic lipid molecule 1,2-dimyristoyl-sn-glycero-3-phosphocholine)이다.

술된 유체(친액성 부분)에 쉽게 녹고 분자의 다른 부분이 녹지 않는(친화력이 약한 부분) 것을 의미한다. 유체가 물이라면 녹기 쉬운 부분은 소수성 부분이라 하고, 녹기 어려운 부분은 친수성 부분이다. 이와 같이 계면활성제의 구조는 충분히 비극성이며, 전형적으로 자연에서 탄화수소나 탄화플루오르인 영역을 가지

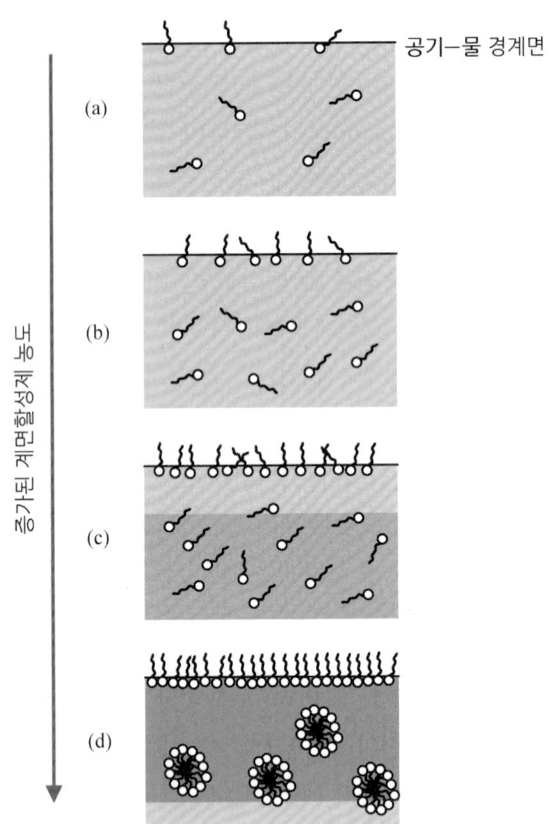

그림 3.14 벌크 물의 상태인 계면활성제 분자가 공기-물 경계면에서 단층으로 평형 상태에 있다. 분자의 밀도는 벌크 농도를 증가시킴에 따라서 증가한다. (a)-(c). CMC(d)에서 포화된 분자는 형성되고 교질 입자는 벌크 상태로 나타난다.

며, 극성, 하전된 물과 강하게 상호작용하는 다른 영역이다. 이들 두 가지 영역은 일반적으로 소수성 꼬리(또는 고리)와 친수성 헤드 그룹으로 상대적으로 간주된다. 그림 3.13은 몇 가지 일반적인 계면활성제, 인지질(phosphilipids) 같은 자연적으로 발생하는 구조를 보여 준다(DMPC).

계면활성제 분자의 친수성은 물에서 재미있는 성질을 준다. 소수성 영역은 녹기 쉽지 않고 계면활성제 분자는 표면에 강제로 쌓이며, 물이나 공기쪽으로 이들 비극성 고리를 노출시킨다. 그림 3.14에서처럼 표면에서 분자 밀도수는 벌크 농도에 따라 증가시킨다. 더 이상의 계면활성제가 경계면에서 묶이지 않는 농도가 되며포화된 단층이 형성된다. 단층 안에서 계면활성제 분자의 묶음 밀도는 이웃한 머리 그룹 사이의 분자간 상호작용과 꼬리 그룹 사이의 소수성 상호작용에 의

존한다. 단층의 형성은 열역학적으로 좋은 상황을 나타낸다. 극성 머리 그룹이 물의 상태로 묻히며, 소수성 꼬리는 물과의 접촉을 피하고 있다. 이런 시나리오는 왜 계면활성제가 공기–물 경계면의 표면 장력을 더 낮게 하는지를 설명한다. 표면 장력은 계면활성제 농도가 증가함에 따라서 감소하지만, 포화된 단층이 형성되는 일정한 값으로 되는 것을 쉽게 본다. 4장에서 계면활성제 용액의 표면 장력이 어떻게 측정되는지를 보게 된다.

3.3.1 교질 입자와 마이크로 유화제 형성

만일 단층을 형성하기 위해 요구되는 것 이상으로 수용액에서 계면활성제의 농도를 계속 증가시킨다면 어떤 일이 일어날까? 분자들은 공기–물 경계면에서 흡착될 수 없다. 대신에 그것들은 벌크 상태에서 나노 입자나 교질 입자(micelle)로 알려진 집합체로 자기 조립한다. 이 교질 입자들의 형태와 크기는 계면활성제의 구조에 의하여 결정된다. 예를 들면, SDS는 구형 교질 입자를 형성한다. 각 교질 입자가 직경이 4 nm이며, 약 60개의 분자로 구성되었다. 교질 입자를 만드는 분자수는 집합체수로 알려져 있다.

완전한 단층이 경계면에서 나타나고 교질 입자가 벌크 용액을 형성하기 시작하는 농도는 입계 교질 입자 농도 또는 CMC로 알려져 있다. 교질 입자화의 과정은 어떤 면에서 침전과 유사하지만, 침전 그 자체는 매우 작은 크기 분포이며 물에서 안정되고 녹기 쉽다. 이 성질은 교질 입자 구조가 소수성 고리가 핵으로 모이고, 극성 머리 그룹은 구조의 외부를 형성하기 때문이다(그림 3.14(d)). 머리 그룹간 상호작용과 계면활성제 분자 형태 사이의 이상한 균형은 특별한 형태, 크기 및 집합체 수를 갖는 교질 입자를 가져온다.

특별한 계면활성제 용액의 CMC는 불순물과 다른 물리적 조건에 민감하다. 예를 들어, 수용성 계면활성제 용액의 온도를 증가시키면 CMC를 증가시킨다. 열적 동요는 분자가 교질 입자로 자기 조립하는 것을 어렵게 한다. 그래서 더 높은 농도가 CMC에 도달하기 위하여 요구된다. 소금의 첨가는 이온 계면활성 용액의 CMC를 감소시키는데, 첨가된 이온이 계면활성제의 하전된 머리 그룹을 가리기 때문이며, 이와 같이 교질 입자 형성을 더 쉽게 하는 것이다. 계면활성제의 길이가 증가함에 따라서 CMC는 계면활성제의 용해도 감소로 인하여 감소된

표 3.2 여러 계면활성제의 CMC값들

계면활성제	CMC(mol dm^{-3})
Dodecylammonium chloride	1.47×10^{-2}
Dodecyltrimethylamminium bromide	1.56×10^{-2}
Decyltrimethylammonium bromide	6.5×10^{-2}
Sodium dodecyl sulfate	8.3×10^{-3}
Sodium tetradecyl sulfate	2.1×10^{-3}
Sodium decyl sulfate	3.3×10^{-2}
Sodium octyl sulfate	1.33×10^{-1}
$CH_3(CH_2)_9(OCH_2CH)_6OH$	3×10^{-4}
$CH_3(CH_2)_9(OCH_2CH)_9OH$	1.3×10^{-3}
$CH_3(CH_2)_{11}(OCH_2CH)_6OH$	8.7×10^{-5}
$CH_3(CH_2)_7C_6H_4(OCH_2CH)_6OH$	2.05×10^{-4}

출처 : Holmberg, K., Jönsson, B. ;Kronberg, B., Lindman, B. 2003.
수용액에서 계면활성제와 폴리머, 2nd ed., John Wiley & Sons, Chichester, West Sussex, England. With permission.

다. 표 3.2는 일반적인 계면활성제의 CMC 목록들이다.

비극성 용제에 계면활성제 분자는 '역전하는 교질 입자(reverse micelles)' 를 형성하기 위하여 자기 조립할 수 있다. 이 상황에서 분자들은 소수성 절반이 교질 입자의 외부를 형성하고 분자의 극성 영역이 교질 입자의 핵을 형성하는 식으로 조합된다. 이런 교질 입자들은 열역학적으로 헥산 같은 비극성 용제에서 안정하다.

수용액에서 교질 입자들은 CMC에 대하여 수용성 계면활성제 용액에 더해진 적은 양의 기름을 녹일 수 있다. 결과적으로 교질 입자는 기름과 함께 부풀고, 크기가 증가한다(그림 3.15). 이 부풀려진 교질은 열역학적으로 안정하며, 마이크로 유화제로 알려져 있다. 본질적으로 작은 기름방울은 물에서 녹기 쉽게 된다. 마이크로 유화제는 수용액을 기름과 접촉하게 하여 만들어진다. 두 개의 위상이 완전히 섞이지 않지만, 작은 기름의 평형 양이 수용액에 들어가서 마이크로 유화제로 바꾼다. 실제로 복잡한 평형은 기름, 기름-물 경계면 단층, 수용성 교질 입자의 용액 사이에 만들어진다. 또한 거꾸로 마이크로 유화제가 기름에 나타나는 것이 가능하다.

계면활성제의 친수성 성질은 이 분자들이 교질 입자와 마이크로 유화제 같은 단층 및 나노 구조로 자기 조립하는 이유이다. 경계면에서 흡착하는 능력과 더

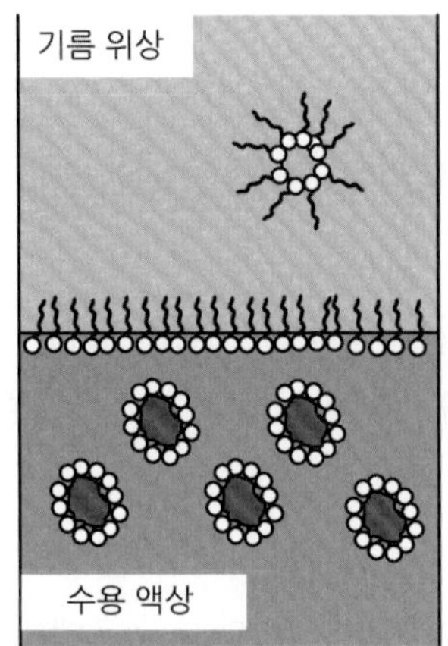

그림 3.15 CMC에 대한 수용성 계면활성제가 순수한 기름 위상과 접촉한다. 교질 입자가 작은 기름 방울들을 녹일 수 있다. 물이 마이크로 유화제이다. 계면활성제의 단층이 기름-물 경계면 밀도가 높아지는 것 같다. 또한 물방울을 포함하고 있는 기름에서 '역전하는' 교질 입자를 보여 준다.

낮은 표면 장력은 계면활성제가 거의 모든 세제와 청결 제품에서 사용되는 이유이다. 기름을 녹이는 능력을 가진 마이크로 유화제는 제3의 기름 회수에서 기대를 갖게 한다. 더욱이 친수성 성질을 보존하는 동안 분자 구조를 조작하는 것은 원하는 기능을 계면활성제 분자로 끼워넣어서 자기 조립의 능력을 새로운 물질로 이용할 수 있게 한다.

3.3.2 표면 초과의 결정: 분자당 CMC와 단면적

수용성 친수성 용액의 표면 장력 측정은 포화된 단층이 도달하는 벌크 농도를 결정한다. 또한 이 농도는 계면활성제가 사용되면 CMC와 일치한다. 더욱이 누구나 표면 위 각 분자에 의해 점유된 단면적을 결정하기 위하여 표면 장력 측정을 이용할 수 있다. 먼저 $(C_{16}H_{33})N(CH_3)_3Br$ (cationic surfactant cetyl trimethylammonium bromide) 또는 CTAB인 일련의 수용액을 생각해 보자. CTAB는 박테리아와 균류에 대한 효과적인 방부제이고, 머리 조절 제품으로 이용된다. 각 용액의 농도를 측정한 후에 그림 3.16에서 보는 것처럼 표면 장력과 농도 구성을 만들 수 있다. 표면 장력값은 순수한 물(~72 mN m^{-1})로부터 CTAB의 벌크 수용액이 1 mM이 되는 ~40 mN m^{-1}까지 떨어진다. 이 범위에서 표면 장력의 감소는 벌크 농도가 증가함에 따라서 묶음 농도로 변한다. 1 mM을 넘어서 표면 장력은 40 mN m^{-1}에서

일정하게 유지하고, 그것은 공기－물 경계면에서 CTAB 분자의 묶음 밀도는 벌크 농도가 증가함에 따라서 증가하지 않는다. 1 mM과 그 이상에서 표면은 CTAB 분자와 함께 포화되고, 조밀하게 묶이고, 높이 지향하는 단층이 표면에 나타난다.

표면(CTAB의 경우에 1 mM) 위의 완전한 단층을 형성하기 위하여 요구되는 농도를 초과하면 벌크 상태의 초과 계면활성제 분자에 무엇이 일어나는가? 그것들은 용액에 있는 각 분자와 자기 조립 대신에 교질 입자 나노 구조로 남아 있을 수 없다. 이것을 그림 3.16에 나타내었다. 여기서 표면 장력과 계면활성제 농도와의 구성에서 파괴점이 CMC를 표시한다. CTAB 수용액의 CMC는 1 mM이다.

표면 장력 측정은 표면 초과로 알려진 양의 측정을 가능하게 한다. 계면활성제를 분자 포함하는 수용액을 생각해 보자. 공기－물 경계면 아래의 벌크 상태 어딘가 2차원 평면에서 분자의 농도를 결정할 수 있다고 가정해 보자. 실제 용액 표면에서 이 벌크 상태의 농도를 분자의 농도에 비교할 수 있다. 계면활성제를 생각하고 있기 때문에, 계면활성제 분자의 표면 농도가 벌크 상태의 농도보다 훨씬 더 크기를 기대한다. 이들 두 농도 사이의 차이는 표면 초과로 알려져 있다. 그 값은 벌크 상태의 2차원 평면과 비교되는 표면에 얼마나 많은 초과 계면활성

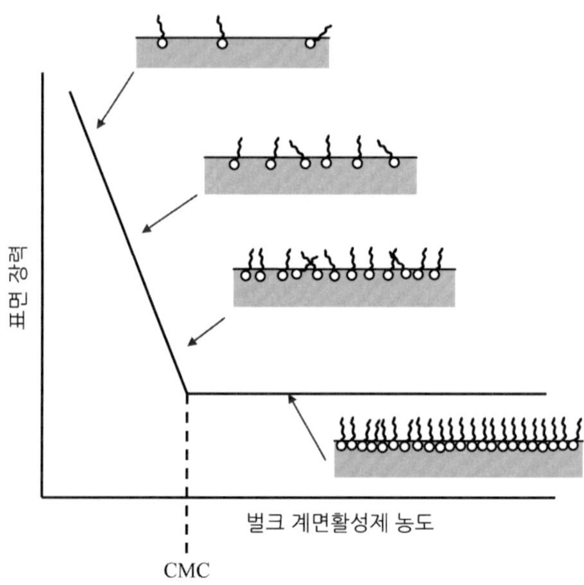

그림 3.16 계면활성제 농도를 증가시키는 공기－물 경계면의 표면 장력에서 물방울. 수평(일정한 표면 장력)과 기울기선의 교차점은 계면활성제의 CMC에 일치한다.

제를 가지고 있는지 말해준다. 표면 초과는 표면 위의 분자 농도 측정이다.

비이온 친양쪽성 화합물에 대하여 깁(Gibb)의 흡착 방정식은 주어진 온도(T)에서 표면 장력(γ)을 표면 초과(Γ)에 관계시키고,

$$\Gamma = -\frac{1}{RT}\frac{d\gamma}{d\ \ln C} \tag{3.19}$$

로 주어지며, C는 CMC 아래에서 용액에 있는 계면활성제 농도이고, R은 $JK^{-1}mol^{-1}$에서 몰 기체 상수이다. 표면 초과는 표면 장력과 농도의 로그값의 기울기로부터 얻어진다. 이온성 친양쪽성 화합물에 대하여 약간 다른 방정식이 반이온의 출현이 설명되기 때문에 사용되며, 대체로 표면이 전기적으로 중성이라 생각되어야 한다.

$$\Gamma = -\frac{1}{2RT}\frac{d\gamma}{d\ \ln C} \tag{3.20}$$

그림 3.17(b)는 표면 장력값과 수용성 CTAB 용액에 대한 농도의 로그값에 대한 구성을 보여 준다. CMC 아래로 기울기 변화는 여러 가지 농도에서 다른 표면 초과값을 반영한다. (i)에서 기울기(또는 $d\gamma/d\ \ln C$의 값)는 상대적으로 작고, 작은 표면 초과를 가리킨다. (ii)에 의해 더 큰 농도에서 미분값 $d\gamma/d\ \ln C$는 더 크게 되고, 식 3.19에 따르면 표면 초과는 더 크게 된다. 점 (iii) 같은 더 큰 농도에서 표면 초과는 더 크게 증가할 것이다. 가장 큰 기울기는 CMC에서 일어나고 표면 초과가 가능한 최대치는 이루어지고, 물-공기 경계면에서 포화된 단층의 출현을 가리킨다. 식 3.19와 3.20은 CMC 이상에 적용될 수 없다.

예제 3.3 표면 초과를 계산.

n-Decanol의 농축된 수용액을 생각해 보자. 표면 장력과 농도의 로그값 관계는 기울기 −3.23 mN/m이다. 표면 초과 단위를 결정해서 표면 초과를 계산하기 위하여 차원 분석을 이용하라. 이 값을 이용하여 공기-물 경계면에서 *n*-decanol의 몰당 단면적을 결정하시오.

풀이 : 식 3.19에서 로그항이 단위가 없기 때문에 미분 $d\gamma/\ln C$는 표면 장력과 같은 단위를 갖는다. R의 값은 $JK^{-1}mol^{-1}$이고, $1N = 1\ Jm^{-1}$임을 알고

있다. 이와 같이 식 3.19에 따르면 Γ의 단위는

$$\frac{1}{(\mathrm{JK^{-1}\,mol^{-1}})\cdot \mathrm{K}}\mathrm{Nm^{-1}} = \frac{1}{(\mathrm{JK^{-1}\,mol^{-1}})\cdot \mathrm{K}}\mathrm{Jm^{-1}\,m^{-1}}$$

$$= \mathrm{molm^{-2}}$$

n-Decanol의 표면 초과는

$$\Gamma = \frac{1}{RT}\frac{d\gamma}{d\ \ln C}$$

$$= -\frac{1}{(8.314\ \mathrm{JK^{-1}\,mol^{-1}})(298\ \mathrm{K})}(-3.23\times 10^{-3}\ \mathrm{Nm^{-1}})$$

$$= 1.30\times 10^{-6}\ \mathrm{mol\ m^{-2}}$$

n-Decanol의 용액이 포화에 가깝다고 가정하면 물-공기 경계면에서 알코올은 거의 완전한 단층을 갖는다. 흡착 분자당 단면적은 흡착된 양에 역으로 비례한다. 표면 초과가 mol / m^2으로 표현된다면 몰당 면적 σ은

$$\sigma(\mathrm{m^2/molecule}) = \frac{1}{N_A \Gamma}$$

σ는 보통 $\mathrm{nm^2/molecule}$이다. $N_A = 6.023\times 10^{23}\ \mathrm{mol^{-1}}$이므로,

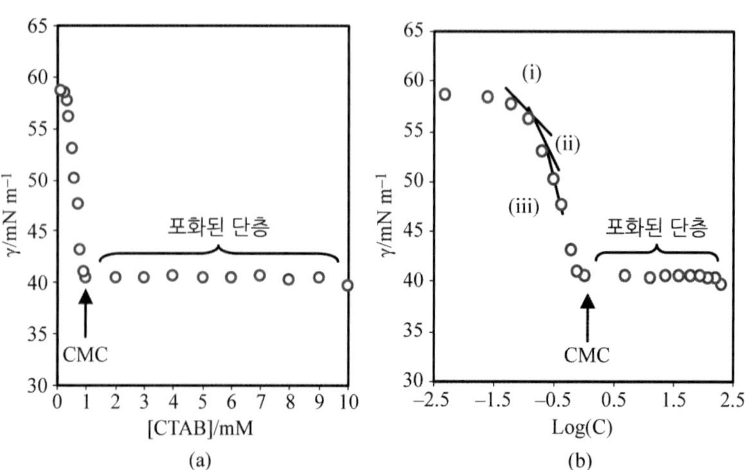

그림 3.17 수용성 CTAB 용액과 (a)농도와 (b)농도의 로그값의 표면 장력. 표면 장력값은 빌헬미(Wilhelmy) 판 방법을 이용하여 20°C에서 얻어진다. 표면 장력값은 일정하게 되고, 물-공기 경계면에서 포화된 단층을 가리킨다.

$$\sigma(\text{nm}^2/\text{molecule}) = \frac{\left(10^9 \frac{\text{nm}}{\text{m}}\right)^2}{6.023 \times 10^{23} \frac{\text{molecules}}{\text{mol}} . \Gamma}$$

$$= \frac{1.6603 \times 10^{-6} \frac{\text{nm}^2.\text{mol}}{\text{m}^2.\text{molecules}}}{\Gamma}$$

$$= 1.6603 \times 10^{-6} \frac{\frac{\text{nm}^2.\text{mol}}{\text{m}^2.\text{molecules}}}{\frac{1.30 \times 10^{-6}\ \text{mol}}{\text{m}^2}}$$

$$= 1.28\ \text{nm}^2/\text{molecule}$$

이와 같이 각 *n*-decanol 분자는 물 표면에서 1.28 nm^2의 면적을 점유한다.

참고문헌과 권장도서

- Evans, D. F. and Wennerströn, H. The *Colloidal Domain*, 2nd ed., 1999, Wiley-VCH, New York. pp.99－153, 217－295. 콜로이드 시스템에 대하여 아주 잘 쓰여진 책이며, 계면활성 화학, 단층 및 마이크로 유화제에 대한 설명을 포함한다. 또한 3장과 5장은 나노 물질에서 분자간 상호작용에 특히 적절하다.
- Holmberg, K., Jönssson, B., Kronberg, B., and Lindman, B. *Surfactant and Polymers in aqueous Solution*, 2nd ed., 2003, John Wiley & Sons, Chichester, West Sussex, England. 계면활성 화학에 대해 이해하기 쉽게 설명한 책 중의 하나이다. 수학적 엄정함에 관해 아주 밝으며 매우 철저한 설명과 예제를 제공한다.
- Rosen, M. J. *Surfactants and Interfacial Phenomena*, 3rd ed., 2004, John Wiley & Sons, New York. 이 책은 산업용 합성 계면활성제, '녹색' 계면활성제 및 생활 시스템에 적절한 친양쪽성 분자를 포함하는 많은 계면활성제에 관한 자료의 충분한 출처이다.
- Clint, J, H. *Surfactant Aggregation*, 1992, Blackie & Son. 이 책은 교질 입자와 마이크로 유화제에 관한 충분한 장을 포함하고 있다. 그것은 따라 가기 쉽고 계면활성제 과학에 흥미로운 사람에게 참고될만하다.
- Roach, P., Shirtcliffe, N.J., and Newton, M. I. 'Prgress in Superhydrophobic Surface Development,' *Soft Matter*, 2008, 4, 224－240. 초소수성 표면과 딱딱한 나노 물질에 관한 충분한 비평 기사이다. 비평은 초소수성 표면을 구성하기 위하여 이용되는 방법에 관한 많은 예제와 참고를 포함하고 있다.
- *Hartland, S., Ed. Surface and Interfacial Tension: Measurement, Theory and Applications,* 2004, Surfactant Science Series, Vol. 119. Marcel Dekker, Santa Barbara, CA. 이 책은 진지한 학생들에게 참고가 된다.
- Tóth, J., Ed. *Adsorption: Theory, Modeling, and Analysis*, 2002, Surfactant Science Series, Volume 119, Marcel Dekker, Santa Barbara, CA. 이 책은 흡착 등온 곡선을 설명하고, 생물 분자들의 흡착 행위를 포함하는 많은 논문들을 포함하고 있으며, 흡착 현상에 흥미를 가진 사람들에게 참고가 된다.

연습문제

1. 물 표면이 50nm²만큼 증가하면 하여진 일을 계산하시오.

2. 충분히 희석한다면 물 표면에서 계면활성제 분자는 2차원 기체 상태처럼 설명될 수 있다. 계면활성제 사이에 분자간 상호작용이 없다면 기체는 이상 기체로 생각될 수 있다. 알려진 $PV = nRT$ 대신에 이상 기체는 2차원 이상 기체 방정식 $\Pi\sigma = RT$를 따르는데, 여기서 Π는 계면활성제 분자로 인한 '표면 압력'이며, σ는 몰당 표면적이다. 2차원 기체의 확장으로 한 가역 등온 작업에 대한 표현을 유도하시오. 기체가 팽창해서 몰당 면적이 20nm²에서 40nm² 증가하면 하여진 일은 얼마인가? 실마리 : 일은 다음 적분을 풀어서 결정될 수 있다.

$$w = -\int \Pi d\sigma$$

3. 변형된 반데르발스 방정식은 공기－물 경계면에서 지질 분자의 단층을 설명하는 보다 현실적인 방정식이다(문제 2 참조). 이 식은 다음과 같다.

$$\Pi = \frac{KT}{\sigma - \beta} - \frac{\alpha}{\sigma^2}$$

여기서 표면 압력(Π)은 독립된 변수인 온도(T)와 지질 몰당 표면적(σ)의 함수, 즉 $\Pi(T,\sigma)$. K, α, β는 상수이다. 이 상태 방정식을 따르는 지질 단층의 팽창으로 인하여 가역 등온 곡선 작업을 설명하는 표현을 유도하시오.

4. 목탄은 유기 분자에 대한 충분한 흡착제이다. 톨루엔 용액으로부터 이 물질에 흡착된 도드카놀 양은 실온에서 측정된다. 다음 자료는 목탄의 흡착된 평형 양을 주며, 벌크 상태에서 도드카놀의 대응하는 평형 농도이다.

벌크 농도(mol dm^{-3})	0.010	0.035	0.061	0.104	0.149
흡착된 양(μmol g－1)	24.0	50.3	70.0	81.2	90.8

(a) 그래프 자료에서 랭뮤어 흡착 모델을 적용하는 것을 보이시오. 포화 범위에서 각각 흡착된 도드카놀 분자에 의하여 점유된 면적을 계산하시오. 목탄의 흡착 면적을 100 m^2g^{-1}로 취하시오.

(b) 등온 곡선이 톨루엔에 비교되는 조금 더 극성인 용액으로부터 흡착된다면 흡착된 등온 곡선은 어떻게 변하는가?

5. 이 방정식은 영(Young)의 방정식의 응용에 관련되며, 여러 가지 표면 장력으로 고체 표면 위의 액체 방울의 평형 상태를 생각한다. 고체 PTFE(polytetrafluothylene)의 표면에 기름 방울(*n*-alkane)을 생각해 보자. 기대되는 것처럼 기름은 어느 정도 퍼져서 표면 위에 방울을 형성한다. 다음 기름은 고체 표면에 놓여서 대응하는 접촉각이 측정된다. 각 기름의 표면 장력이 주어진다.

기름(*n*-alkane), *n*	$\cos\theta$	γ(mN/m)
6	0.95	18
8	0.87	22
12	0.78	25
16	0.72	27

완전한 적심에 대응하는 임계 표면 장력(γ_c)을 계산하시오. 그 값이 단순히 γ_{SV} 임을 보이시오. γ_c보다 작은 표면 장력을 갖는 모든 액체가 PTFE 위에 퍼진다는 것이 사실이라고 생각하는가? 만일 그렇다면 설명하시오.

6. 깁(Gibb)의 흡착 방정식은 여러 농도에서 표면 초과의 값을 얻기 위하여 사용될 수 있다. 다음 표면 장력은 20℃에서 *n*-pentanol의 수용액에 대하여 측정되었다. (다음 그래프 참조). 자료에 대한 다항 함수 맞춤은 최선의 맞춤을 나타내는 방정식을 따라서 보인다.

(a) 벌크 농도가 0.01, 0.02, 0.04 mol dm^{-3}에 대하여 각 흡착된 분자에 의해 점유된 표면 초과 농도와 평균 면적을 계산하시오.

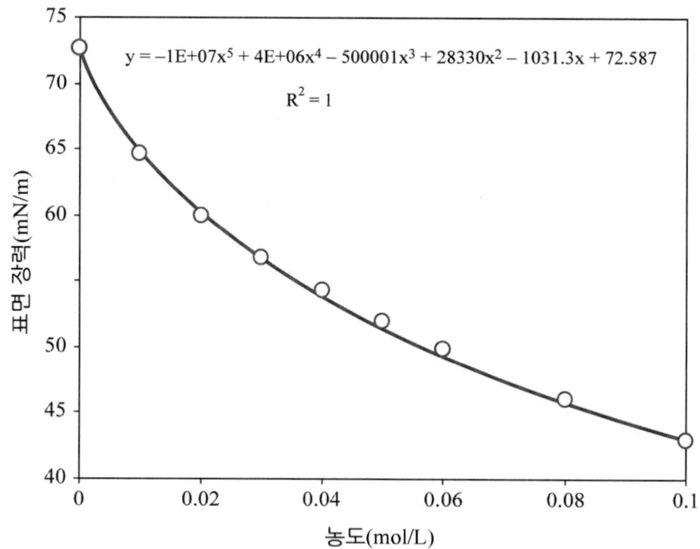

(b) 흡착된 *n*-pentanol 단층에 대한 표면 압력과 몰당 면적($\Pi - \sigma$) 곡선을 그리고 그것을 이상 기체 막에 대한 대응 곡선과 비교하시오. 분자들이 어떻게 상호작용하는지 설명해야 한다.

실마리 : 막의 압축성은

$$Z = \frac{\Pi\sigma}{kT}$$

이다. 이것은 이상 기체에 대하여 모든 표면 압력에서 1과 같아야 한다.

7. 다음 표면 장력과 SDS 농도의 그래프를 생각해 보자. 정방형은 SDS의 정화된 시료로부터 자료를 나타내며(99.99%, 에틸 아세테이트로부터 세 번 재결정화된), 원은 일반 노점상으로부터 받아서 사용된 한 묶음으로부터 자료를 보여준다(99.0%). 후자 시료는 대응하는 알코올(도드카놀)의 흔적을 포함한다.

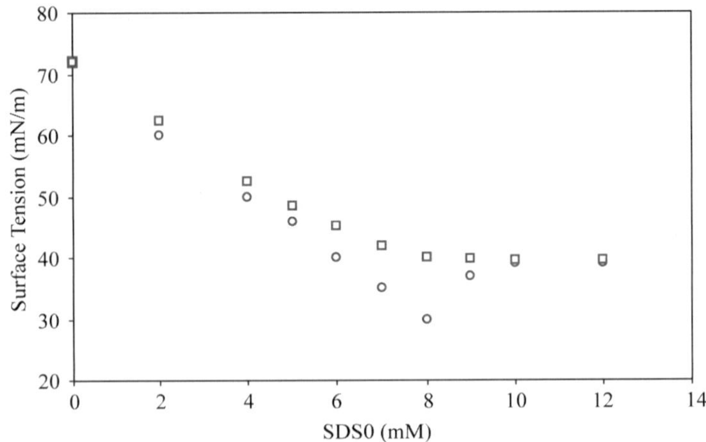

(a) 순수한 SDS의 근사 CMC를 평가하시오. 이 CMC가 (i)온도 감소, (ii)이온 세기 증가, (iii) pH 증가, (iv) polycation의 첨가에 의해 어떻게 영향을 받는지 설명하시오.

(b) 다이어그램의 도움을 가지고서 오염된 SDS 시료에 대한 표면 장력에서 최소의 관측을 설명하시오. 왜 자료가 정제된 시료와 다른지 설명하시오.

8. *Journal of Chemical Education*이라는 최근의 논문에서 Bresler와 Hagen은 계면활성제 흡착을 조사하기 위한 재미있는 실험실 과제를 보고하였다(Bresler, M. R.; Hagen, J. P. *J. Chem. Edu.* 2008, 85, 269－271). 이 문제는 저자가 계면활성제 용액의 표면 장력에 대한 표현을 얻기 위하여 취한 몇 가지 단계를 수행할 것이다.

(a) 깁의 흡착 방정식(식 3.19)을

$$d\gamma = -\frac{RT\Gamma}{C}dC$$

로 재정리하시오.

(b) 특히 비이온 계면활성제를 생각하면 표면 초과 Γ는 랭뮤어 흡착 등온 곡선을 따르는 것으로 가정될 수 있다. 식 3.13을

$$\theta = \frac{K[A]}{1+K[A]}$$

의 형태로 표현하시오. 그리고

$$\sigma\Gamma = \frac{K_{ad}C}{1+K_{ad}C}$$

을 논하시오. 여기서 σ는 표면에서 계면활성제의 단면적이며, K_{ad}는 흡착에 대한 평형 상수이다. 어떤 가정에서 계면활성제 흡착이 랭뮤어 흡착 등온 곡선을 따르는 말에서 만들어지는가?

(c) 표면 초과에 대한 식 $\sigma\Gamma = \dfrac{K_{ad}C}{1+K_{ad}C}$를 푸시오.

그러면 그 결과를 $d\gamma = -\dfrac{RT\Gamma}{C}dC$로 교체한다.

Szyszkowski 방정식을 얻기 위하여 얻어진 표현을 적분하시오.

$\gamma = \gamma_0 - \dfrac{RT}{\sigma} ln(1+K_{ad}C)$

여기서 γ_0는 순수한 물의 표면 장력이다.

9. 문제 8에서 Szyszkowski 방정식은 흡착의 표준 깁의 에너지(ΔG°_{ad})를 얻기 위하여 사용될 수 있다. CMC 표면 장력과 벌크 농도와 자료를 맞추기 위한 곡선을 구성함으로써 K_{ad}를 얻을 수 있다. 이 값은 식 $\Delta G^{\circ}_{ad} = -RT\ \ln K_{ad}$에 의하여 흡착에 대한 표준 깁스의 에너지에 관련된다. 다음 자료는 비이온 계면활성제에 대하여 수집되었다.

$C/\mu molL^{-1}$	0.0	2.5	5.2	8.0	13.0	17.5	21.0	31.5
γ/mNm^{-1}	72.8	53.6	49.7	45.2	42.6	40.8	40.7	40.8

(a) γ와 $\ln C$ 관계를 그리고 계면활성제의 CMC를 결정하시오.

(b) γ와 $\ln C$ 관계를 그리고 비선형 곡선 맞춤을 써서 매개 변수 γ와 K_{ad}를 결정하시오.

(c) 흡착에 대한 표준 깁스의 에너지를 결정하시오.

(d) 교질 입자화의 표준 깁스의 에너지는 $\Delta G^{\circ}_{mic} = RT\ln CMC$로 주어진다. ΔG°_{mic}를 결정하시오.

10. Berberan-Santos는 Bresler와 Hagen의 논문에 주석을 달았다. (문제 8과 9)같

은 저널에 출판된 편지에서(J. Chem. Ed. 2009,86, 433), Berberan-Santos는 Szyszkowski 방정식에서 계면활성제의 농도가 충분히 낮다면, 다음 방정식으로 줄어들 수 있다는 것을 지적하였다.

$$\gamma = \left(\gamma_{\circ} + \frac{\Delta G_{ad}^{\circ}}{\sigma}\right) - \frac{RT}{\sigma}\ln C$$

희석한 계면활성 용액을 생각함으로써 방정식을 유도하시오. γ와 $\ln C$를 구성하기 위하여 문제 9에서 주어진 자료를 이용하여라. 선형 그림에서 σ, ΔG_{ad}°, K_{ad}값을 구하시오. Berberan-Santos는 비선형 맞춤이 일반적(문제 9)으로 더 낫다고 설명하였지만, 필수가 될 수는 없다. 문제 9에 나와 있는 자료의 내용에서 이것을 토론하시오.

11. 이 문제는 구형 '나노 버블'의 안정성에 관련된다. 고리에 있는 비누방울막이 불어내는 것 같은 버블을 생각해 보자. 버블은 내압 P_1과 반경 r을 갖는다. P_0는 외압이다(예; 둘러싼 공기의 압력). 평형에서 버블은 안정적이고 $dG/dr = 0$이다. 여기서 dr은 버블 반경의 최소 감소이다. $P_1 > P_0$라고 한다면 $dr = 0$을 보증하기 위하여 일을 해야만 한다. 표면적 변화로 인한 깁의 에너지 변화는 거의

$$dG = -8\pi r \; dr \; \gamma + \Delta P 4\pi r^2 dr$$

와 같으며, 여기서 γ는 버블의 표면 장력이고 $\Delta P = P_1 - P_0$이다. 위 식에서 첫 번째 항은 표면 장력으로 인한 깁의 에너지 변화 측정이다. 그리고 두 번째 항은 버블 표면을 가로지르는 압력 차에 대하여 행해진 역학적 일을 설명한다. 평형 조건 $dG/dr = 0$을 라플라스 방정식

$$\Delta P = \frac{2\gamma}{\Gamma}$$

를 유도하기 위하여 이용하시오.

라플라스 방정식은 일반적으로 안정한 버블 안쪽에서 압력을 준다.

(a) 영-라플라스 방정식

$$\Delta P = \gamma\left(\frac{1}{R_1} + \frac{1}{R_2}\right)$$

은 비구면 버블에 적용될 수 있다. 이 표현에서 R_1과 R_2는 두 개의 주요 곡률 반경을 나타낸다. 영-라플라스 방정식은 구형 버블에 대한 라플라스 식으로 줄어든다는 것을 보이시오.

(b) 반경 1 nm, 2 nm, 10 nm, 1000 nm인 버블에 대하여 바(bar)의 단위로 라플라스 압력(ΔP)를 계산하시오. 어떻게 나노 버블의 크기에 따라서 ΔP가 변하는지를 설명하시오.

(c) 라플라스 압력에 대한 이해를 이용하여 왜 작은 끓는 조각이 뜨거운 반응 혼합물을 데우기 위하여 자주 첨가되는지를 설명하시오.

CHAPTER

04

나노 크기에서 특성 조사

개관

이 장에서는 나노 물질들의 특성 조사에 사용되는 몇 가지 공통적인 기술들에 대하여 넓게 조망하고자 한다. 나노 스케일 크기를 탐색하기 위한 참신한 기술과 방법론들이 계속적으로 개발되고 있고, 이 중 많은 것들이 표면 과학과 재료 연구실에서 사용되던 보통의 수단과 실습을 변화시킨 것에 바탕을 두고 있다. 이 장의 목적은 나노 물질의 특징을 조사하는데 어떤 것이 가장 적합한 방법인가 혹은 그 방법들의 조합인가에 대한 충분한 범위에서의 합리적인 선택을 할 수 있는 적절한 수준의 방법을 제공하는 것이다. 이 장에서 소개되는 방법들은 통상적 표면 과학 도구들, 분광학적 방법들 그리고 중력을 이용한 방법들로부터 비선형광학적 방법과 간섭계를 사용한 보다 전문화된 접근법까지 포함되어 있다. 이 장은 기술들 뒤에 숨어 있는 원리와 데이터 분석에 중점을 둔다. 나노 물질들에 대한 이러한 방법들의 응용에 대한 구체적인 예제들은 5장에 나와 있다.

4.1 표면장력학: 표면 장력 측정기

액체의 표면 장력을 측정하는데 사용되는 많은 방법들이 있다. 한 가지 중요한 방법이 모세관을 통한 액체의 상승 운동을 연구하는 것이며, 이는 아마도 표면 장력값을 가장 정확하게 측정하는 방법일 것이다. 기본적인 기구가 그림 4.1에 나와 있다. 이 설비로부터 밀도가 ρ인 특정 액체의 표면 장력은 반지름이 r인 좁은 모세관을 통하여 상승하는 높이 h를 사용하여, 식 4.1로 직접 계산될 수 있다.

$$\gamma = \frac{rh\Delta\rho g}{2\cos\phi} \tag{4.1}$$

$\Delta\rho$는 액체의 밀도(예를 들면, 물)와 증기(보통은 공기)의 밀도 차를 의미한다. 각도 ϕ는 액체가 모세관 면과 이루는 접촉각 그리고 g는 중력 가속도이다. 아주 좁은 모세관에서는 접촉각이 영에 근접하므로 식 4.1의 $\cos\phi$는 대개 1로 두게

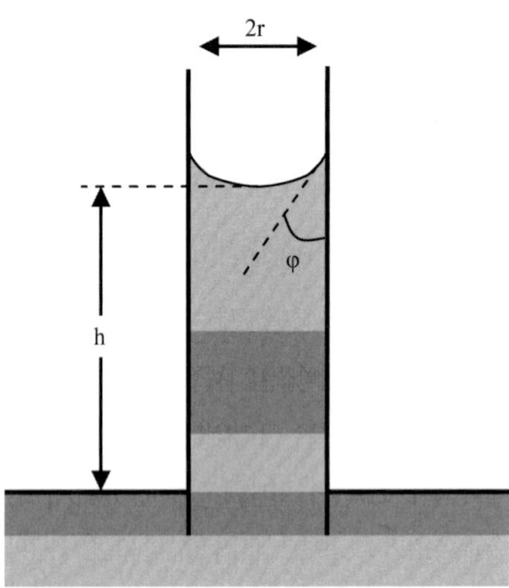

그림 4.1 좁은 모세관을 통하여 움직이는 유체. 높이 h는 표면 장력(γ)과 접촉각(ϕ)에 관계된다. 또한 높이 h는 모세관의 지름 $2r$에도 관계된다.

된다. 그러면 표면 장력은 액체 밀도, 모세관 지름, 유체가 관내 에서 상승한 높이에 관계된다. 표면 장력을 결정하는 다른 방법들에는 모세관으로부터 떨어진 액체 방울의 부피 측정, 관 벽에 매달린 액체 방울의 모양 분석 그리고 타원형 단면 노즐로부터의 액체의 분출 관찰 등이 있다. 이러한 모든 방법들은 계면활성제 과학시리즈의 119권 '*Surface and Interfacial Tension: Measurement Theory, and Applications*'에서 전체를 볼 수 있다.

Wilhelmy 판 방법은 표면 장력을 결정하는데 쓰이는 또 하나의 통상적인 방법이며, 이 절의 나머지 부분에서 중점적으로 다루게 된다. Wilhelmy 판 방법은 보통 액체-공기의 경계면에 있는 매우 얇은 백금이나 종이로 된 '판'에 작용하는 힘을 측정하는 방법이다(그림 4.2).

만약 크기 l=길이, w=폭, t=두께 그리고 밀도 ρ_{P}인 판이 밀도가 ρ_{L}인 유체에 깊이 h만큼 잠겼다면 판에 작용하는 힘은 그 무게, 부력에 의해 판의 잠긴 부분을 밀어 올리는 힘과 판 위 액체의 표면 장력이다. 판에 작용하는 총 힘은 다음과 같이 쓸 수 있다.

$$F=(\rho_{\mathrm{P}}\,lwt)g-(\rho_{\mathrm{L}}hwt)g+2(w+t)\gamma\cos\phi \qquad (4.2)$$

여기서 g는 중력가속도이다. 여기에서 $(\rho_{\mathrm{P}}lwt)g$는 판의 무게, $(\rho_{\mathrm{L}}hwt)g$는 밀

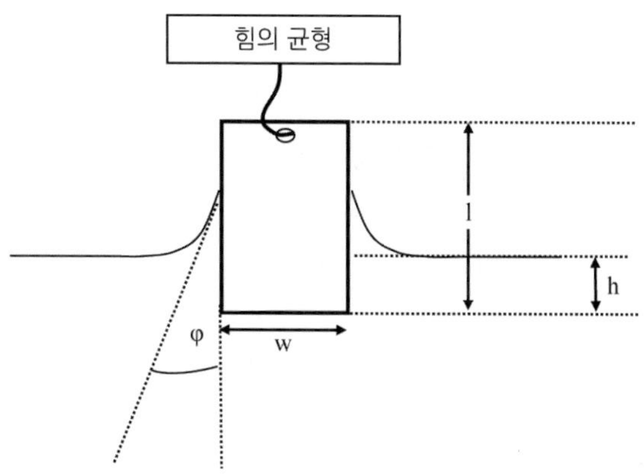

그림 4.2 Wilhelmy 판 방법. 길이 l, 폭이 w인 백금이나 종이판이 깊이 h만큼 유체에 잠겼다. 판에 작용하는 힘들은 힘의 균형에 의해 측정된다. ϕ는 유체와 판과의 접촉각이다. 종이판이 사용된다면 이 각은 영으로 줄일 수가 있다.

어 올리는 부력 그리고 표면 장력이 기여하는 정도가 $2(w+t)\gamma\cos\phi$인데, 그림 4.2에 나타낸 바와 같이 ϕ는 액체와 판이 이루는 접촉각이다.

예제 4.1 판에 작용하는 힘에 의한 밀도의 측정

폭이 w 그리고 두께가 t인 깨끗한 판이 수용성 계면활성제 용액에 잠겼다. 이 용액의 표면 장력값은 γ mN/m이다. 판에 작용하는 힘은 잠긴 깊이 h의 함수로 측정되었다. $h=2$ cm일 때 힘이 F_1이고 $h=4$ cm일 때 힘은 F_2이다. 이러한 정보가 계면활성제 용액의 밀도를 구하는데 어떻게 사용되는지를 보이시오.

풀이 : h값과 F값을 식 4.2에 대입하면 다음과 같다.

(a) $(\rho_P lwt)g - 0.02(\rho_L wt)g + 2(w+t)\gamma\cos\phi = F_1$

(b) $(\rho_P lwt)g - 0.04(\rho_L wt)g + 2(w+t)\gamma\cos\phi = F_2$

이 두 식의 변변을 빼면 $0.02(\rho_L wt)g = F_1 - F_2$가 된다. 따라서 주어진 폭과 두께를 가진 판에 작용하는 힘의 차를 측정함으로써 ρ_L을 구할 수 있다.

판에 작용하는 총 힘은 판을 민감한 저울에 연결함으로써 정확하게 잴 수 있다. 그러나 식 4.2를 사용하여 총 힘으로부터 표면 장력을 정확히 계산하기 위해서는 판과 액체의 밀도는 물론 판의 크기를 정확하게 알아야 한다. 다행히 다음과 같이 판에 작용하는 총 힘을 측정하기 위한 과정을 주의깊게 행함으로써 측

정된 총 힘에 관한 식 4.2의 표현이 어느 정도 단순화될 수 있다.

먼저 측정 전에 그리고 액체에 판을 담그기 전에 저울의 눈금이 영이 되게 한다. 이렇게 함으로써 식 4.2의 무게 항을 없앨 수 있다. 그 후에 판을 유체에 담그면 아래쪽 가장자리가 액체 표면과 같은 높이가 될 때까지 천천히 상승하므로, $h=0$이 되어 밀어 올리는 항이 없어진다. 이 위치에서 식 4.2는 다음과 같이 간단하게 된다.

$$F=2(w+t)\gamma\cos\phi \tag{4.3}$$

따라서 액체와 판이 이루는 접촉각을 알면 식 4.3을 이용하여 표면 장력을 결정할 수 있게 된다. 그러나 종종 이는 불필요하다. 왜냐하면 액체 표면으로부터 판을 천천히 당기면 ϕ가 감소하기 시작하여 완전 분리되기 직전에 영(혹은 $\cos\phi=1$)이 되므로 보다 더 단순화되기 때문이다. 따라서 판이 액체로부터 완전히 분리되기 직전에 힘을 측정하게 되면 판의 크기로부터 다음과 같이 표면 장력을 결정할 수 있다.

$$\gamma=\frac{F}{2(w+t)} \tag{4.4}$$

정확한 표면 장력을 구하기 위해서는 오염원을 제거하고, 일정한 온도($\pm\,0.5^{\circ}$C)에서 측정하는 것이 중요하다. 왜냐하면 표면 장력은 온도에 의존하기 때문이다. 또한 식 4.4를 사용하기 위해서는 판과 액체상이 각도가 영을 유지해야 한다. 이는 보통 정밀하게 잘라진 종이판이 있으면 액체가 완전히 판을 적시게 되어 접촉각이 영이 되므로 가능하다. 완전히 세척된 백금판조차도 처음 담글 때 액체에 의해 오염되어 계속적인 침지 시에 접촉각이 변할 수 있다. 백금판들을 사용할 때 화염에 의한 판의 세척이 보통 권장된다.

표면 장력 실험은 단일층들의 성질을 이해하는데 매우 중요하다. 이 방법은 패킹 밀도와 단일층에서 분자에 점유된 면적에 관한 직접적인 정보를 제공한다. 비록 분자당 점유 면적이 필름 두께에 대한 정성적인 값을 보여 준다 하더라도 표면 장력은 필름의 절대 두께나 단일층의 절대 질량을 구하는 데 사용될 수 없다. 다행스럽게도, 나노메터보다 더 얇은 필름 두께는 타원분광계(4.3절)와 이중 빔 편광 간섭계(4.5절) 같은 광학적 방법으로도 구해진다. 고체 표면 위의 단일

층의 질량을 측정할 수 있는 중력을 이용한 방법도 있다. 수정진동자 저울(quartz crystal microbalance)이 단일층의 질량을 결정하는 좋은 방법이다.

4.2 수정진동자 저울

중력을 이용한 모든 분석들은 물질의 질량 결정과 관계가 있으며, 여기서는 고체 재료 위에 부착된 나노 필름의 질량과 관련이 있다. 질량은 늘 정확하게 측정될 수 있으므로 중력적 분석은 일반적으로 정밀한 분석 방법이다. 그러나 나노 필름을 취급할 때 문제의 질량은 제곱센티미터당 수 나노그램 정도로 작아서 보통의 방법들로는 이러한 샘플들을 측정할 수 없다. 다음 몇 개의 절에서는 나노 필름의 질량과 두께의 직접 측정(혹은 질량 관련 혹은 두께 관련 파라메터들의 측정)이 가능한 방법들에 대하여 논의하게 된다. 이러한 방법들에는 소산감시용 수정진동자 저울(QCM-D), 타원분광계, 이중 빔 편광간섭계(DPI) 그리고 표면 플라즈몬 공명기(SPR) 등이 있다. 이러한 방법들은 통상적으로 많은 연구실에서 사용되고 있으며, 나노 필름 성장 시 질량과 두께의 변화를 측정할 수 있다.

먼저 수정진동자 저울(QCM)에 대하여 알아보자. QCM은 표면에 흡착된 수 나노그램 정도의 작은 질량을 측정할 수 있는 뛰어난 방법이다. 이 방법이 특별한 이유는 현대의 QCM 장치들을 사용하면 질량 증착 과정을 시간에 대한 함수로 파악할 수 있기 때문이다. 다시 말해 시험하기 위한 막과 같은 얇은 나노 필름의 생성이 실시간으로 관찰될 수 있다. 수정진동자 저울은 수정의 압전 특성을 기반으로 하므로, QCM이 어떻게 작동하는지를 제대로 이해하기 위해서 압전 효과에 대하여 논의하도록 하자.

4.2.1 압전 효과

예전부터 어떤 타입의 결정에 온도 변화(가열 혹은 냉각에 의해서)가 일어나면 전기장이 유도될 수 있다는 것이 알려져 있었다. 이 현상을 초전효과라 한다. 그리스 과학자인 데오프라스투스(Theophrastus)가 기원전 340년에 여러 가지 금속 원소를 포함한 규산염으로 된 결정인 전기석을 사용한 실험에서 초전효과가 처음으로 알려졌다. 1707년 요한 게오르그 슈미트(Johann Georg Shimidt)가 전기석(혹은 적절한 형상을 가진 몇 가지 다른 결정들)의 가열 혹은 냉각에 의해 양 혹은 음 전기장이 결정에 유도될 수 있다는 것을 보여 주었다.

1880년에 과학자 형제인 재퀴스와 피에르 퀴리(Jacques and Pierre Curie)가 어떤 종류의 결정에서 가열이나 냉각에 의하지 않고, 기계적인 스트레스에 의해서도 전기장이 유도될 수 있다는 것을 발견하였다. 또한 그들은 기계적인 스트레스(즉, 압축 혹은 팽창)의 방향을 변화시킴으로써, 발생되는 전기장의 부호를 조절 할 수 있다는 것도 알게 되었다. 그들의 초전현상에 '대한 사전지식'이 그들이 이러한 발견을 하게 하였으며, 그들은 그러한 현상을 '밀기'라는 의미를 가진 그리스어의 piezein으로부터 압전(piezoelectric) 효과라 명명하였다. 오늘날 이것은 **직접 압전 효과(direct piezoelectric effect)** – 기계적인 스트레스에 대한 반응으로 전기장이 발생되는 결정의 능력으로 알려져 있다.

퀴리 형제들과 다른 과학자들이 압전 효과에 필요한 결정구조에 대한 면밀한 연구를 계속 진행하였다. 그들은 압전성을 가진 결정들은 절대 중심을 갖고 있지 않을 뿐만 아니라 전기 활성축(전기장이 발생하는 면)에 수직한 대칭면이나 축도 갖고 있지 않다는 것을 알게 되었다. 현재까지 수정, 사탕수수 그리고 상아 등을 포함하여 압전 효과를 나타내는 21종의 결정이 알려져 있다.

압전성의 이해에서 또 다른 중요한 발전은 인가된 전압에 대한 반응으로 압전결정이 물리적으로 변형(즉, 팽창과 수축)이 가능하다는 것을 발견하게 된 것이다. 이 효과는 확실히 직접 압전 효과의 반대였으므로 **역압전 효과(converse piezoelectric effect)**라 한다. 역효과는 결정을 통한 진동을 발생하는데 사용될 수 있음을 알게 되었다. 정밀한 교류를 가함에 따라 수축과 팽창 사이에서 빠른 결정의 변형이 일어나서 결정이 진동하게 된다.

압전효과는 많은 기술의 바탕이 된다. 한 가지 독창적인 응용이 압전 수정진동자가 수중 물체에서 반사되어 돌아오는 음파를 탐지하기 위한 변환기로 사용되는 소나(수중음파 탐지기)를 개발하는 데 사용되는 압전 소자이다. 압전 소자들은 일반적으로 마이크로폰에 쓰인다 – 소리에 의한 공기압의 변화가 마이크로폰 속의 압전 소자를 변형시킴에 따라 전기 신호가 발생된다. 역압전 효과 또한 주사 터널링 현미경(STM)의 탐침과 같은 매우 정교하고 정밀한 기기의 조정에 사용된다.

4.2.2 QCM의 원리

수정진동자 저울은 압전성 원리에 의해 동작된다. 이미 논의하였듯이 압전 수정진동자는 교류 전압에 반응하여 특정한 공진주파수로 진동한다(실제로 이 공진주파수는 매우 유용하여 수정진동자가 매우 정밀한 시간측정 소자로 많이 사용된다). 이 공진주파수는 수정진동자의 크기와 질량에 관계된다. 만약 수정진동자의 질량이 변하면(분자가 표면에 흡착되는 경우) 진동자의 공진주파수가 약간 변하게 된다(그림 4.3(a)). 만약 흡착된 물질이 너무 두껍다거나 느슨하지 않다면 진동자표면의 질량 변화는 다음 Sauerbrey 식에서 주어진 대로 공진주파수 이동값에 비례한다.

$$\Delta m = -\frac{C \cdot \Delta f}{n} \qquad (4.5)$$

여기서 m은 질량, f는 주파수, n은 진동자의 배음수($n = 1,3,5,7...$)이며, C는 특정 수정진동자에 관계하는 상수이다.

수정진동자 저울은 수정 진동자를 가로질러서 교류 퍼텐셜을 가하여 공진주파수를 형성시키고, 진동자 표면에 흡착된 분자들에 의한 공진주파수 변화를 감지하여 질량의 미소한 변화를 감지한다. 이 공진주파수 변이는 앞에서 언급한 질량과 비례하며, 현대의 전기 장치에 의해 매우 작은 공진주파수 변이도 감지할 수 있으므로 QCM은 매우 민감한 저울 혹은 중력 장치로 작동된다(따라서 그 이름이 미세저울이다). 시간에 대한 주파수 변이를 감시하여 QCM은 얇은 나노 필름의 형성을 실시간으로 감지할 수 있다. 그러나 반드시 명심해야 할 것은 식 4.5에서 나타낸 Sauerbrey 관계는 고체-액체 경계면에 있는 표면에서 사용될 때는 종종 정확하지 않을 수 있다 왜냐하면 그것이 공기 중에서 진동하고 또 진동자에 부착되는 단단한 질량체에만 적용되도록 개발되었기 때문이다. 보통 액상일 경우에는 진동자 표면에 흡착되는 질량을 과소평가하는 경향이 있다. 따라서 QCM를 사용하여 감지된 주파수 변이는 표면에 흡착된 절대 질량의 의미는 아니고 질량 관련 인자라야 한다.

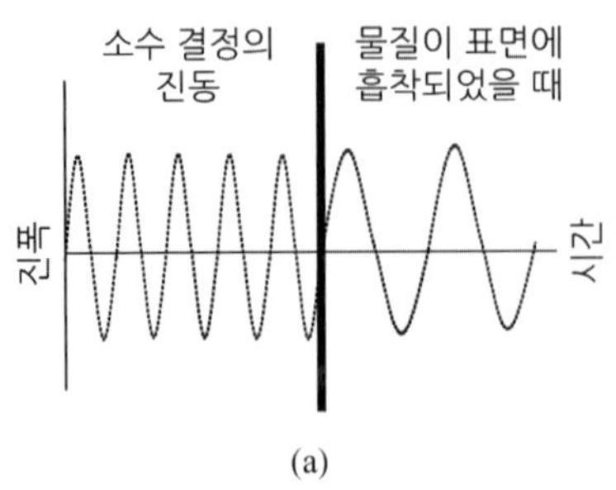

(a)

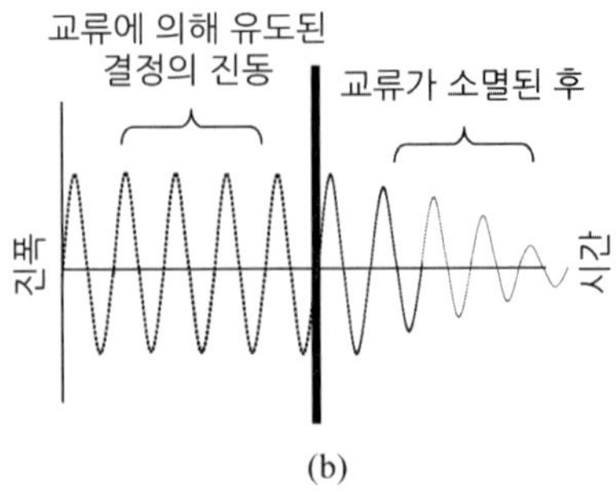

(b)

그림 4.3 (a) QCM에서의 압전 수정진동자의 표면에 물질이 흡착되면 공진주파수가 느려진다. 따라서 표면에 흡착되는 물질이 증가하는 동안 공진주파수의 감소가 관찰된다. (b) 소산(dissipation)은 교류 퍼텐셜이 없어진 후 얼마나 빨리 QCM진동자가 멈추는지에 대한 기준이다. 이와 같이 수정지동자 표면에 흡착된 박막의 상대적 두께와 경도를 나타낼 수 있다. 회로가 끊어진 후의 진동자의 진동 감쇠는 지수함수적으로 감소하는 사인곡선을 따른다. 이러한 감소의 수치데이터는 식 4.7에 피팅되어 시간 정수 τ를 계산할 수 있고 이것이 식 4.8을 사용하여 진동자의 소산을 계산하는 데 쓰인다.

예제 4.2 QCM의 검출 한계는 얼마인가?

보통의 QCM-D 장치는 5 MHz 수정진동자를 사용한다(진동자의 기본 공진주파수가 ~5 MHz임을 의미함). 이러한 진동자들의 Sauerbrey 상수는 $C = 17.7$ ng Hz^{-1} cm^{-2}이다. 만약 이 QCM-D 장치가 ~0.1 Hz 진동주파수 변화를 감지할 수 있다면, 기본 진동주파수($n = 1$)에서 보통의 QCM-D 장치의 검출 한계는 얼마인가?

풀이 : Sauerbrey 관계식을 이용하면 다음과 같다.

$$\Delta m = -\frac{C \cdot \Delta f}{n} = -\frac{(17.7 \ \text{ng} \cdot \text{Hz}^{-1} \cdot \text{cm}^{-2})(\sim \pm 0.1\,\text{Hz})}{1}$$

$$= \sim \pm 2 \ \text{ng} \cdot \text{cm}^{-2}$$

따라서 보통의 QCM-D 장치의 검출 한계는 ~ 2 $\text{ng} \cdot \text{cm}^{-2}$이다. 실제로 이 QCM 장치는 엄청나게 민감한 저울이다.

4.2.3 QCM과 소산(D)

소산 감시장치가 장착된 수정진동자 저울(QCM-D)은 전통적인 QCM과 비교하여 진동자 표면에 흡착되는 물질에 대한 소산이라 하는 추가적인 정보를 제공한다. 소산은 흡착된 물질이 진동하는 QCM-D의 에너지를 방출하거나 없애는

능력의 척도이다. 즉, 소산은 흡착된 필름의 밀도, 두께, 점도 등 특성에 대한 정보를 제공한다. 이러한 특성들은 종종 점탄성과 관련된다. 소산은 고전적으로 다음과 같이 정의된다.

$$D = \frac{E_{소산}}{2\pi E_{저장}} \tag{4.6}$$

여기서 $E_{소산}$은 한 진동 주기 동안의 에너지 손실이며, $E_{저장}$는 진동자에 저장되는 에너지이다.

실질적으로 소산은 교류 퍼텐셜이 없어졌을 때 수정진동자의 진동감쇠 시간을 감시해서 결정된다. 진동자의 진동 감쇠는 다음과 같이 지수함수적으로 감쇠하는 사인파 형태가 된다.

$$A(t) = A_o e^{-t/\tau} \sin(2\pi f t + \phi) \tag{4.7}$$

여기서 t는 시간, τ는 감쇠 상수, f는 주파수 그리고 ϕ는 위상각이다. 관찰된 진동자의 진동 감쇠를 식 4.7에 수치적 피팅을 하여 시간 상수 τ가 얻어지게 되며, 이로부터 다음과 같이 소산 D가 계산된다.

$$D = \frac{1}{\pi \cdot f \cdot \tau} \tag{4.8}$$

다시 말해 소산은 전기 회로가 끊어졌을 때 얼마나 빨리 진동자의 진동이 멈추는지에 대한 척도라 생각된다 (그림 4.3(b)). 만약 진동자 표면에 흡착된 막이 두껍고 '느슨'하다면 (혹은 단단하지 않다면), 진동자의 진동으로부터 분리되어 진동자의 에너지를 효과적으로 없애게 된다. 따라서 진동자가 빨리 진동을 멈추고, 높은 소산값이 기록된다. 반대로 막이 얇고 단단하면 진동자와 함께 진동하여 진동자의 에너지를 효과적으로 감소시키지 못한다. 따라서 진동자가 멈출 때까지 긴 시간이 걸리고 낮은 소산값이 기록된다. 이런 방법에 의해 소산이 흡착된 필름의 '느슨한 정도'(혹은 단단하지 못한 정도)를 나타내게 된다.

적절한 수학적 모델에 의해 QCM-D 진동자 표면에 흡착된 나노 필름에 의한 소산과 주파수 변이가 필름의 점탄성을 계산하는 데 사용된다. 점탄성은 물질에 어떤 변형이 일어날 때 점성과 탄성을 함께 나타내는 물질의 특성이다. 점성 물질들은 스트레스가 가해졌을 때 흐름에 저항한다. 탄성 물질들은 매우 빠르게 수축될 때 스트레스가 없어지면 원래 상태로 돌아간다. 점탄성 물질들은 이러한 요소들을 모두 갖고 있다. 이와 같이 수학적인 모델을 사용하여 얻어진 정보가 매우 유용하다면, 다른 점탄성 특성을 계산하기 위하여 필수적으로 요구되는 기지의 한 파라메터(두께, 밀도 등)의 입력에서 주의가 요구된다. 만약 요구하는 파라메터를 모르거나 정밀하게 모르면, 결과로 계산된 점탄성 특성들은 신뢰할 수 없다. 이와 같은 이유로 종종 QCM-D 실험을 타원분광계, SPR 혹은 DPI 등을 이용한 측정과 연관시키는 것이 유용하다.

4.2.4 현대적 QCM-D 장치

전통적인 QCM은 표면에 흡착된 가스 분자들을 검출하기 위한 방법으로 1960년대에 개발되었다. 최근에는 보다 더 개량되어서 QCM의 성능이 고체 – 액체 계면에서의 표면 흡착을 검출할 정도로 향상되었으며, QCM-D는 용액 아래에 있는 박막의 특성을 조사하는 유용한 수단이 되었다.

보통 QCM-D 장치는 그림 4.4에 나타나 있듯이 수정진동자가 양쪽에 부착된 전극과 함께 유동 셀 내에 들어있다. 일반적으로 QCM-D 진동자는 표면이 금, hydroxyapatite, SiO_2 등과 같은 물질로 처리되어 있다. QCM 진동자의 공진주파수는 진동자가 연속적인 유동 조건인 ~ 0.100 – 0.300 mL/min 범위로 주어진 용액에 노출될 동안 시간에 따라 감시된다. 만약 용액이 진동자 표면에 친화력을 가진 종류의 물질을 포함하고 있다면, 우선적으로 흡착되어 수정 진동자의 질량을 증가시켜서 그 결과 측정되는 주파수가 음의 방향으로 옮겨가게 한다. 흡착된 물질이 충분히 동작하다면(즉, 상대적으로 얇고 단단하면), Sauerbrey 관계가 적용 가능하게 되어 흡착된 박막의 질량이 계산될 수 있다.

QCM-D는 응용 범위가 매우 넓으며, 생물물리학적 상황에서 효소와 배양기 사이의 상호작용과 같이 거대 생물분자들 사이의 상호작용을 감지하는데 광범위하게 쓰인다. 또한 공통적으로 여러 다른 조건에서 필름의 거동뿐만 아니라 고분자 필름의 형성 과정을 검사하는데도 쓰인다. 또 다른 응용은 주어진 표면에 대한 다른 세제들의 효과를 결정하는 것이다.

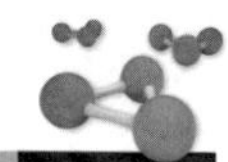

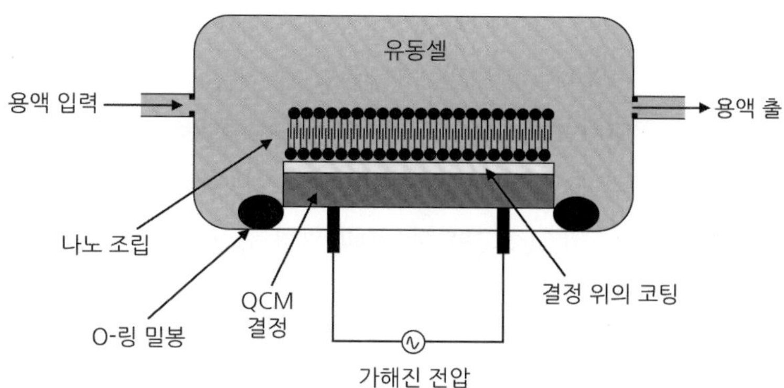

그림 4.4 일반적인 QCM-D 장치의 구조. QCM 진동자는 유동셀 내부 용액에 노출되어 있다. 진동자 표면의 변화(필름 흡착 등)는 가해진 전압에 의해 유도되는 진동자의 진동에서 발생하는 변화에 의해 감지된다.

4.3 타원분광기

나노 필름의 두께를 결정하는데는 많은 방법들이 있다. 나노 필름에 의한 빛의 흡수도를 측정하는 것도 두께를 결정하는 한 방법이다. 그러나 다음에 설명하듯이 흡수도 측정에 의한 두께 결정은 몰흡광도와 필름 구성 물질의 농도를 필요로 한다. 이러한 필름에서의 몰농도를 얻는 것은 쉽지 않은 일이다.

필름 두께를 결정하기 위한 또 다른 방법은 기판 표면에서 탐침을 끄는 것이다. 이 방법은 조면계법으로 알려진 기술을 바탕으로 한다. 조면계는 필름의 두께와 거칠기를 측정하는 데 사용된다. 이 방법에서 다이아몬드 탐침이 나노 필름과 닿아서 수직으로 움직이고, 또 표면을 가로질러 명시된 거리와 접촉력으로 옆으로 움직인다. 조면계는 탐침의 수직방향의 작은 이동 변화를 위치 함수로 측정할 수 있다. 보통의 조면계는 10 nm에서 50 μm 높이 범위의 수직방향의 특성을 측정할 수 있다. 사실 대부분의 세계의 표면 가공 마감 표준은 접촉 조면계에 의해 나타낸다. 유감스럽게도 이 방법은 접촉성이므로 탐침이 표면에 닿아서 필름에 손상이 일어날 수 있다. 빛을 사용하여 표면 상태의 높이 변화를 측정하는 비접촉 조면계도 있다. 그러나 비접촉 조면계는 10^{-10} m 정도의 필름 두께를 측정하지는 못한다.

타원분광기로 알려진 방법은 수 옹스트롱 정도의 매우 얇은 필름의 두께까지 측정하는데 광범위하게 사용되었다. 타원분광계는 고체 표면 위의 박막 두께와 굴절률을 비접촉 및 비파괴 방법으로 측정하는 데 사용된다. 이 방법으로 두께 범위가 수 옹스트롱에서 1 μm까지 정확하고 신속하게 측정된다. 타원분광계는 표면에서 반사된 빛의 편광 상태를 분석하고, 나노 필름의 두께와 굴절률을 해석하기 위하여 전자기 법칙(정확히 Maxwell 방정식들)을 사용한다.

4.3.1 전자기 이론 기초 원리 및 편광된 빛

빛을 전자기 파동이라고 고전적으로 표현하는 것에서부터 출발하자. 타원분광계는 측정하고자 하는 고체 시료 표면에서 반사된 빛의 편광 변화를 측정한다. 타원분광계의 자세한 이론은 이 책 범위를 벗어나지만 타원분광계의 기본을 보다 더 잘 이해하기 위하여 전자기 이론을 간단히 조망해 보자. 이 내용은 이 장에서 취급하는 DPI, SPR 그리고 분광학적 방법들과 같은 여러 방법들의 기초가 된다.

빛은 진동하며 공간을 진행하는 전자기장으로 보일 수 있다. 빛의 진동장은 두 가지 성분을 갖고 있다 서로 수직이며, 빛의 진행방향에 수직한 전기장과 자기장이다. 자기적 성분은 분자들과 뚜렷하게 작용하지 않으므로 오직 전기장 성분만 여기서 고려된다. 따라서 우리는 빛을 크기와 방향을 전기장 벡터라 하는 직선으로 나타낼 수 있는 진동하는 전기장으로 취급한다. 어떤 순간의 전기장 벡터 방향이 빛의 '편광축'으로 정의된다. 이러한 빛 모델이 그림 4.5에 나와 있으며, 직선 화살표의 길이와 방향이 각각 장의 크기와 방향을 가리킨다.

이제 빛의 편광에 대해 알아보자. 보통 대부분의 광원에서 방출되는 빛은 진

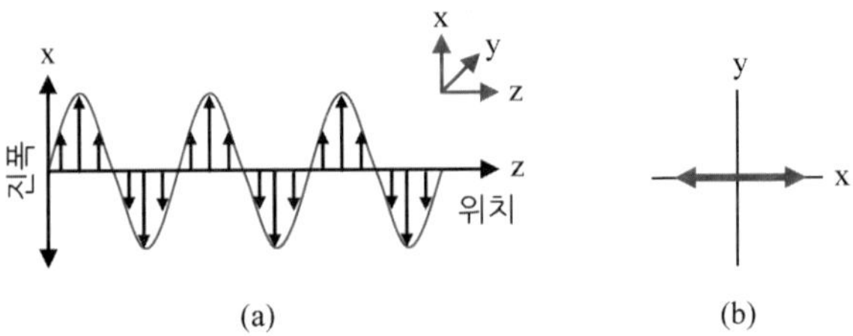

그림 4.5 전기장으로 나타낸 빛의 고전적 표현. 직선 화살표 벡터들이 장들의 방향과 크기를 나타낸다. 벡터 크기들이 시간에 따라 진동하고, 그 방향이 편광축을 의미한다. (a) 빛을 파동으로 표현하였다. (b) 전기장이 고정된 축을 나타내는 선형적 표현.

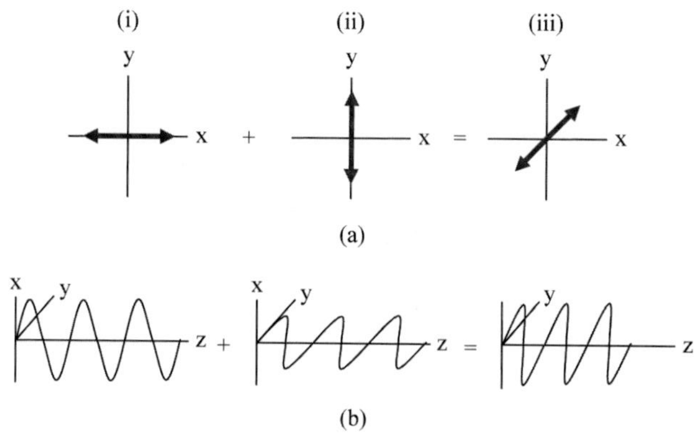

그림 4.6 크기는 동일하나 방향이 다른 여러 가지 선 편광된 빛의 (a) 선형적 표현과 (b) 파동적 표현. (i) x축 방향 편향과 s (ii) y축 방향 편향. (iii) 벡터(i)와 (ii)의 합에 의해 x축에 45° 방향의 편향이 생성됨

행 방향에 수직인 모든 방향의 전기장을 가진 빛으로 이루어져 있다. 이는 편광되지 않은 빛이다. 반대로 선편광된 빛은 전기장이 오직 한쪽 방향인 광자로 이루어져 있다.

가장 간단한 선편광의 경우 그림 4.5(b)에 나타냈듯이 단일 축 방향으로 진동하는 전기장을 나타내기 위해 직선을 사용한다. 사실 z축 방향으로 진행하는 선편광된 광은 xy 평면에서 어떤 축방향의 편광도 가질 수 있다. 다시 말해 xy 평면에서 선편광된 빛을 방출하는 어떤 광원도 x축과 y축 방향의 두 벡터의 선형 결합으로 생각될 수 있다. 선편광된 빛의 편광축은 두 성분의 상대적인 크기로 결정된다. 선편광된 빛에서 광원 성분들은 동일한 주파수를 가져야 하고, 서로 같은 위상이어야 한다. 'in-phase(동일위상)'는 각 성분들의 전기장 진동의 최저와 최고가

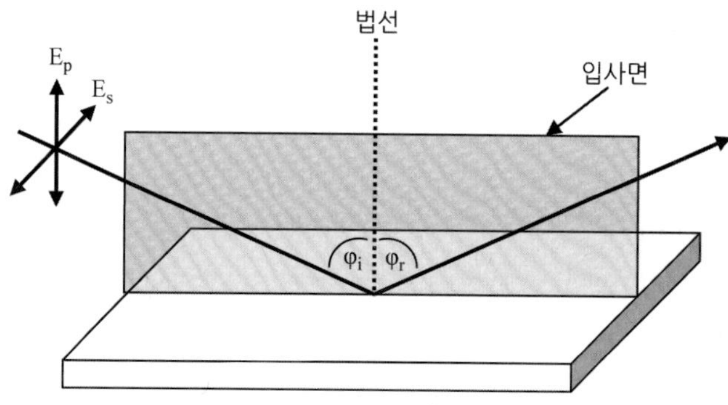

그림 4.7 평면 표면에서의 빛의 반사. 입사면은 입사빔, 법선 그리고 반사빔을 포함한다. 빛의 편광이 입사면 방향이면 p-편광된 빛이라 한다. 편광 벡터가 입사면에 수직방향이면 그 빛을 s-편광된 빛이라 한다.

한 직선에 정렬되어야 한다는 것을 의미한다. 서로 수직한 두 벡터의 선형 결합으로 이루어진 선편광된 빛의 표현이 그림 4.6에 나타나 있다.

우리가 평면 편광에 대하여 논의하는 중이므로, 평면인 표면에서의 빛의 반사(그림 4.7)를 논의할 때 몇 가지 공통 용어를 소개하는 것이 적절하다. 이러한 표면에 빛이 입사할 때 입사면을 법선(surface normal)과 반사 전후의 빛(입사빔과 반사빔으로 불림)을 포함하는 면을 입사면으로 정의하자. 만약 전기장이 입사면 방향으로 편광되었다면 그 빛을 p-편광이라 하고, 반대로 전기장이 입사면에 수직한 면 방향으로 편광되었다면 그 빛을 s-편광이라 한다. s-와 p-편광 전기장의 결합에 의해 오직 두 성분의 위상차가 0°일 때만 선편광된 빛이 생성된다. 예를 들어, s-와 p-편광된 빔들이 완전 동일위상이고, 각 전기장 벡터의 크기가 같다면, 합에 의한 결과 빔은 입사면에 대해 45°인 축방향으로 편광된 선편광이 된다.

만약 결합되어 편광된 빔을 이루는 두 전기장 벡터 성분이 동일위상이 아닐

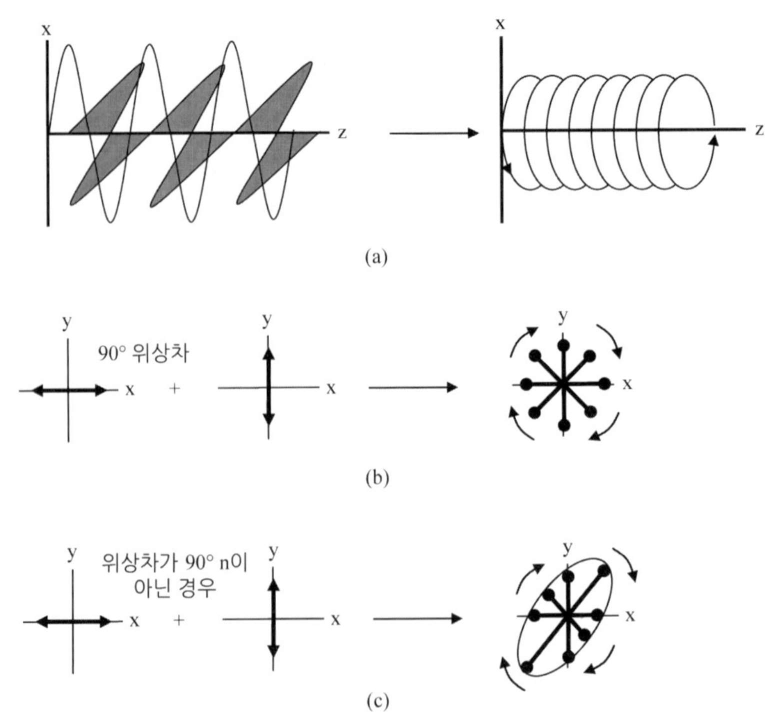

그림 4.8 (a) 서로 수직한, 즉 위상이 90° 어긋나 있는 두 전기장 성분이 결합하여 원편광된 빛을 발생시킨다. (b) 두 성분 벡터의 합이 원편광 빛으로 된다. (c) 성분들의 벡터합이 타원 편광된 빛으로 된다.

때 일어나는 것에 대해 생각해 보자. 먼저 특수한 경우 – 두 성분의 위상이 90° 어긋나거나 한 진동이 다른 것보다 1/4파장 앞섰을 때에 대하여 논의하자. 진행 방향에서 보게 되면 결과 편광은 일정한 크기를 가진다(벡터 길이가 같다). 그러나 방향은 시간에 따라 달라져서 편광 벡터의 끝이 시간에 따라 원궤적을 그리게 된다. 이와 같은 종류의 빛이 원편광된 빛이며, 그림 4.8(a)와 (b)에 나타나 있다. 전기장 성분들의 상대적 위상에 따라 편광 벡터의 끝이 왼나사 혹은 오른나사 방향의 궤적을 그리게 되며, 그에 따라 좌원편광 혹은 우원편광이라 표현된다.

만약 위상이 어긋난 두 빛이 결합되면 (그리고 위상차가 $90°n$, n이 정수가 아닐 때) 타원 편광된 빛이 생기게 된다. 빛의 진행방향에서 볼 때 두 벡터 성분의 선형 결합으로 생성된 편광 벡터의 끝이 시간에 따라 타원을 그린다. 타원 편광된 빛이 그림 4.8(c)에 나타나 있다.

원편광된 빛에서와 같이 타원 편광된 빛도 성분들의 상대적 위상에 따라 좌우 나사방향이 될 수 있다. 편광 타원의 '비만도 (fatness, 타원의 장축 길이에 대한 단축 길이의 비)'를 빛의 타원율이라 한다. 또한 타원 편광 빛은 서로 수직인 선편광 빛의 성분 뿐만 아니라 원편광 빛 성분의 선형 결합에 의해서도 발생됨을 알아야 한다. 실제로 선편광과 원편광 빛은 타원 편광 빛의 특수한 경우로 취급된다.

4.3.2 타원분광기의 기초 원리

지금까지 빛의 전자기적 성질과 편광에 대해서 논의하였으므로, 이제 타원분광기로 돌아가자. 타원분광기는 표면이나 두 물질의 경계면에서의 빛의 반사를 이용한다. 나노 필름 두께 정도가 코팅된 표면에서 반사하는 모델을 생각해 보자 (그림 4.9). 광원으로부터 입사한 빛이 첫 번째 면(n_1과 n_2의 경계면)과 작용하는 것에 한정하여 생각해 보자. 이 모델 시스템에서 빛이 첫 번째 매질에서 두 번째 매질로 진행할 때 경계면에서 여러 가지 현상이 발생한다. 빛의 일부분이 표면에서 반사하고, 일부분은 두 번째 매질로 들어간다.

선편광된 빛이 표면에서 반사하면 평행, 수직한 두 편광성분(s-와 p-편광 성분) 모두에서 위상 변이가 발생한다. 앞에서와 마찬가지로 평행과 수직은 입사

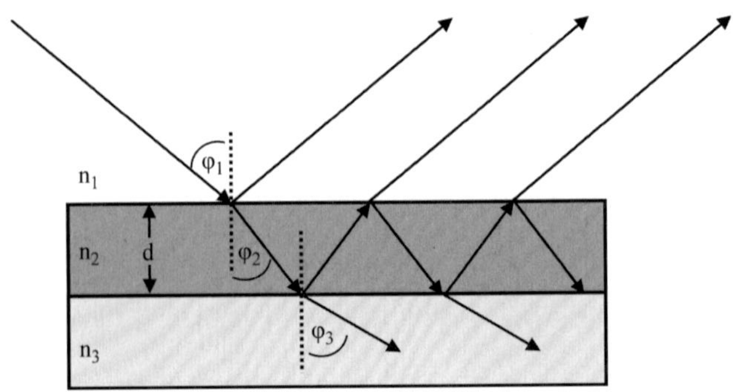

그림 4.9 다중 계면시스템에서의 빛의 반사, 굴절, 투과. 이 경우 두께 d인 층이 고체 위에 생성된 나노 필름이다. $\mathrm{n_i}$가 각 상들의 굴절률이다.

빔의 입사면과의 관계를 의미한다.

두 성분들의 입사와 반사빔 크기 차이 또한 생길 수 있다. 실제로 위상 변이와 크기 차이는 두 성분에서 항상 똑같지는 않다. 그 결과 반사된 빛은 타원 편광이 된다. 타원율은 입혀진 필름의 광학적 특성과 두께뿐만 아니라 기판(반사면)의 광학적 특성과 관계된다. 중요한 광학적 특성 중의 하나가 굴절률(RI)이며 n으로 나타낸다. 매질의 굴절률은 매질에서의 광속에 대한 진공 속에서의 광속 $(3.0 \times 10^8\ \mathrm{m/s})$ 의 비로 정의된다.

입사광의 s-와 p-성분들이 얼마만큼 반사되거나 투과되는지를 나타내는 파라메터를 구하는 것이 유용하다. 이 정보는 입사광에 대한 반사광의 크기 비인 Fresnel 반사 계수 r에 의해 주어진다. 단일 경계면에서의 s-와 p-편광에 대한 Fresnel 계수는 동일하며, 다음과 같이 주어진다.

$$r_{12}^{p} = \left(\frac{\mathrm{n}_2 \cos\phi_1 - n_2 \cos\phi_2}{\mathrm{n}_2 \cos\phi_1 + n_2 \cos\phi_2}\right) \tag{4.9}$$

$$r_{12}^{s} = \left(\frac{n_2 \cos\phi_1 - n_2 \cos\phi_2}{\mathrm{n}_2 \cos\phi_1 + n_2 \cos\phi_2}\right) \tag{4.10}$$

두 식에서 아래첨자는 매질 1과 2이며, 경계면을 통한 빛의 투과는 무시한다.

지금까지 타원분광계 원리에 관한 논의는 빛의 두 매질 및 한 경계면과의 작용에 중점을 두었다. 이제 그림 4.9의 나머지인 다중 경계면과 빛의 작용에 대해서 생각해 보자. 이 경우에 반사면이 두께 d인 나노 필름으로 입혀져 있다. 단일 경계면보다 상황이 약간 더 복잡하다. 복잡한 주된 이유는 빛이 만나는 각 경계

면에서 일부분의 빛이 뒤로 반사하고, 일부분은 투과하기 때문이다. 그림 4.9로부터, 이 부분 반사/부분 투과 결과가 나노 필름에 들어간 일부분의 빛이 내부 반사되어 매질 1과 기판의 반사면 사이에서 '되튀김'으로 된다는 것을 알 수 있다. 또한 얇은 나노 필름 속 빛은 매 되튀김마다 매질 1로 방출되어 결국엔 감쇄된다. 매질 1로 돌아온 각각의 투과광들은 순차적으로 줄어들고 결합되어 전체 반사파를 이룬다. 따라서 그림 4.9와 같은 다중 경계면 시스템에서 매질 1로 반사되어 돌아온 광량에 대한 계산이 전체 반사된 파의 측정량이 되며, 작은 부분파들을 나타낼 수 있어야 한다. 이 계산은 Fresnel 계수를 다중 경계면에 대한 전체 반사계수 R로 바꾸어서 이루어지며, 이 계수들은 다음과 같다.

$$R^p = \frac{r_{12}^p + r_{23}^p e^{-i2\alpha}}{1 + r_{12}^p r_{23}^p e^{-i2\alpha}} \tag{4.11}$$

$$R^s = \frac{r_{12}^s + r_{23}^s e^{-i2\alpha}}{1 + r_{12}^s r_{23}^s e^{-i2\alpha}} \tag{4.12}$$

여기서

$$\alpha = 2\pi\left(\frac{d}{\lambda}\right)\mathrm{n}_2 \cos\phi_2, \quad i = \sqrt{-1}$$

이며 λ는 진공 중에서 입사파의 파장이다. 각 성분(p 혹은 s)에 대한 전체 반사계수들은 입사파 크기에 대한 반사파 크기의 비이다. 이러한 전체 반사 계수에 관한 식들이 나노 필름/매질 1의 경계면에서 부분 반사/투과에 의해 발생되는 점차적으로 감소하는 부분파들에 대한 지수함수적 감쇠항인 $e^{-2i\alpha}$를 포함하고 있다는 것을 알 수 있다. 또한 $d=0$이면 (혹은 표면에 나노 필름이 없다면) 예상한 대로 식 4.11과 4.12는 식 4.9와 4.10으로 줄어들게 된다는 것을 주의하자.

4.3.3 막의 두께값의 결정: 광학적 인자 델(Δ)과 프사이(Ψ)

4.3.2절에서 얇은 나노 필름의 두께를 구하는데 타원분광계가 어떻게 사용될 수 있는지를 이해하는데 필요한 배경에 대하여 논의하였다. 여기서 빛이 표면에서 반사되어 나갈 때 발생되는 위상 변화를 표현하기 위한 두 개의 인자 (δ_1과

δ_2)를 정의할 필요가 있다. δ_1은 입사광의 p-편광 성분과 s-편광 성분과의 위상 차이로 두고 δ_2는 반사광의 p-편광 성분과 s-편광 성분과의 위상 차이로 두자. 여기서 타원분광계에서 사용되는 가장 중요한 인자들 중의 하나인 반사에 의해서 발생되는 입사파와 반사파의 p-편광 성분과 s-편광 성분의 위상차인 델(Δ)을 정의할 수 있다. 즉, Δ은 빛이 시료에서 반사될 때 생기는 p파와 s파의 위상차의 변화이다(식 4.13).

$$\Delta = \delta_1 - \delta_2 \tag{4.13}$$

입사광을 이루는 두 성분(p 와 s)들은 각각 주어진 크기(전기장 벡터의 길이)가 있으며, 이 크기들도 반사에 의해 변할 수 있다. 이러한 크기 변화들은 식 4.11과 4.12인 전체 반사 계수로 주어진다. 타원분광계의 두 번째 기본 광학적 인자 프사이(Ψ)는 이러한 계수들로서 정의되며 다음 식과 같이 주어진다.

$$\tan\Psi = \frac{|R^p|}{|R^s|} \tag{4.14}$$

여기서 Ψ는 탄젠트 값이 전체 반사 계수 크기의 비가 되는 각도이다. 추가로 복소수 양인 전체 반사 계수의 비인 ρ를 다음과 같이 정의한다.

$$\rho = \frac{R^p}{R^s} \tag{4.15}$$

이 세 식을 사용하여 타원분광계의 기본 식을 표현할 수 있다:

$$\rho = \frac{R^p}{R^s} = \tan\Psi e^{i\Delta} = \tan\Psi(\cos\Delta + i\sin\Delta) \tag{4.16}$$

Δ과 Ψ는 타원분광계에 의해서 측정되어 필름 굴절률과 두께(식의 R^p와 R^s에 들어 있는)를 구하기 위해 컴퓨터 모델에 피팅되는 실험적인 양이다.

대부분의 타원분광기 실험은 고체-기체 경계면에 있는 나노 필름에 대하여 수행된다. 아래쪽의 기판은 보통 실리콘이다. 이러한 시료들의 굴절률과 필름 두께 측정은 종종 다음과 같이 이루어진다. 그림 4.9와 같이 필름이 입혀진 기판이 있다고 하자. 일반적으로 알짜 실리콘 기판에 대한 Δ와 Ψ가 구해지며, 분광계

장치에 의해 실리콘과 그 바로 위의 SiO_2 층의 굴절률 정보가 결정된다. 이는 필름부착 전에 이루어진다. 필름 두께에 따른 Δ와 Ψ 값(델/프사이 궤적)에 대한 표가 결정된다. 델/프사이 궤적은 타원분광계와는 별도의 컴퓨터 프로그램을 사용하여 구해지지만, 몇 가지 장치들은 델/프사이 궤적을 계산하기 위한 프로그램이 측정 장치들과 결합되어 있다. 그러면 기판 위에 필름이 입혀지고 기판과 필름의 Δ와 Ψ가 구해진다. 부착된 모르는 필름의 두께는 Δ와 Ψ 값을 알짜 기판의 계산된 델/프사이 궤적과 비교하여 구해진다. 굴절률과 같은 박막의 광학 상수들은 궤적을 구하기 위한 프로그램에 반드시 입력되어야 한다. 사용자들은 시험삼아 이 값들을 추정하게 된다.

타원분광계가 Δ와 Ψ값을 정확히 결정하지만 델/프사이 궤적을 계산하기 위한 프로그램이 올바른 값을 추정하지 않으면 Δ와 Ψ값들은 의미가 없게 된다. 그림 4.9에 나타난 보통 사용되는 2층 모델은 이산화 실리콘/실리콘 웨이프 기판에 대한 것이다.

4.3.4 타원분광계

보통의 타원분광계 구조가 그림 4.10에 나와 있다. 간단히 말해서 레이저빔이 적절히 편광되고 기판에서 70°로 반사된다. 반사광의 편광 상태가 적절한 광학적 기구에 의해서 측정되고 세기가 광검출 광증배관에 의해 측정된다.

편광된 광원은 파장이 632.8 nm인 붉은색 결맞은 광을 방출하는 헬륨 - 네온 레이저이다. 대부분의 타원분광기들은 늘 단일 파장 광원이 장착되어 있다. 그러

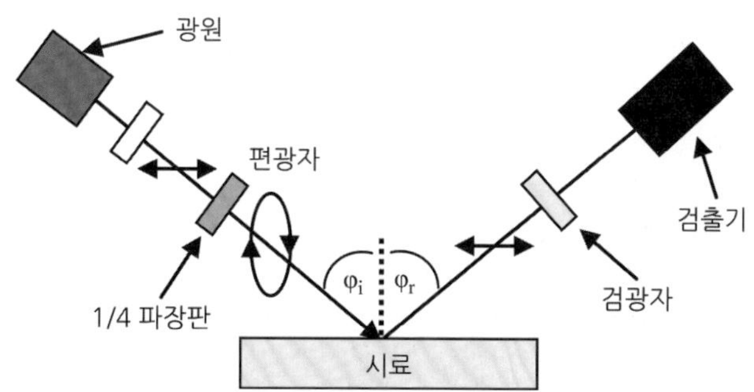

그림 4.10 보통의 타원분광계 구조. 입사각 (ϕ_i)은 보통 70°이다. 광원은 헬륨-네온 레이저이며, 검출기는 광증배관이다.

나 연구 대상인 나노 필름이 입사광을 흡수하지 않게 되면 치명적이므로 이와 같은 문제들을 피하기 위하여 몇 가지 다른 파장의 빔을 발생하는 분광학적 타원분광기가 개발되었다.

편광자는 헬륨-네온 레이저로부터의 편광되지 않은 결맞은 광을 선편광된 광으로 만든다. 편광자는 빛의 편광축이 편광자의 편광축과 나란한 빛만 통과시키는 특수한 필터이다. 만약 빛의 편광축이 편광자의 축과 나란하지 않다면, 편광축과 수평한 방향과 수직한 두 성분으로 나누어지며, 오직 나란한 성분만 투과된다. 그 후 선편광된 빔은 다른 광학 소자인 1/4파장판을 지나가게 된다. 1/4파장판 또한 보통 위상지연자로 인식된다. 이 소자의 역할은 선편광된 빛을 타원 편광된 빛으로 변환하는 것이다. 파장판은 비등방성 물질로서 그 굴절률은 진행파의 방향에 관계된다. 이 물질을 지나가는 p-파와 s-파는 서로 다른 진행속도를 나타내게 된다. 파장판의 두께는 이를 지나가는 빔의 성분들의 위상이 서로 90°어긋나게 만들기 위해 조절된다.

선편광된 빛이 표면에서 반사될 때 앞에서 설명한대로 보통 타원 편광된 빛이 발생된다. 회전하는 영점 조정된 타원분광계는 파장판 앞의 편광자를 변화시켜 타원율이 변하는 입사광을 발생시킨다. 이 빔이 시료 표면에서 반사되면 빔의 타원율이 변하게 된다. 타원율이 직각이라면 시편에서의 반사에 의해서 발생되는 빔 편광의 변화는 선편광을 발생시킨다. 편광자와 똑같은 검광자는 반사된

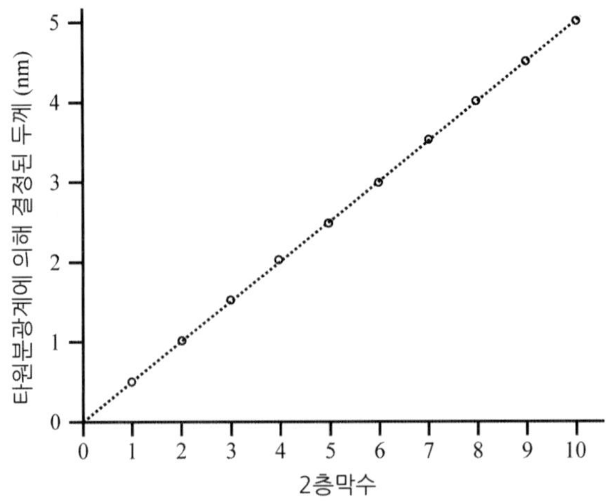

그림 4.11 한 층 한 층 나노 조립된 보통의 다중전해질의 두께가 타원분광계에 의해 결정된다. 2층막(bilayer)은 다중 양전하층과 음전하 층의 결합을 의미한다.

빔의 편광 방향에 수직한 방향이 될 때까지 회전한다. 편광자와 검광자는 빛이 검출되지 않을 때까지 연속적으로 회전한다. 이 각들은 시료의 광학적 파라메터인 Δ와 Ψ를 결정하는 데 사용된다. 실제로 장치들은 이러한 계산을 완료하고 Δ와 Ψ 값들을 출력한다.

타원분광기의 좋은 예가 실리콘 표면에 입혀지는 일련의 다중 양이온과 음이온의 특성을 보여주고 있다. 다중전해질의 나노 조립(설명서와 응용)이 5장에서 논의될 것이다. 필수적으로 깨끗한 실리콘 기판이 다중양이온 용액에 5분 동안 담겨지게 된다. 그리곤 세척, 건조된 후에 다중음이온 용액에 담겨진다. 고분자 전해질의 흡착은 상호간의 전기적 인력에 의해서 이루어지며, 그 결과를 고분자 전해질의 2층 조립이라 한다. 이 과정을 반복하여 여러 층을 입힐 수도 있다.

각 층을 입힌 후 타원분광계로 필름의 두께를 결정할 수 있다. 두께는 0.2 nm까지 잴 수 있다. 보통 기판 위의 같은 지점을 측정하여 결정된 두께값을 확실하게 하고자 하는 경우도 있다. 그림 4.11은 고분자전해질 나노 조립에 의해 각 층들이 연속적으로 입혀질 경우에 두께가 어떻게 변하는지를 보여 주고 있다.

4.4 표면 플라즈몬 공진

타원분광계 말고도 얇은 나노 필름의 굴절률과 두께를 결정하기 위한 방법들이 있다. 표면 플라즈몬 공진(SPR) 센서는 금속 표면에 흡착된 매우 얇은 유기 필름의 두께와 굴절률의 변화를 감지하기 위한 또 다른 광학적 방법이다. 이 SPR은 종종 분자들 사이의 작용을 감지하는, 나노 크기의 생물학적 거대분자들을 감지하고 정량화하기 위하여 가장 널리 쓰이는 '표면분석법'이다.

4.4.1 SPR의 원리

입사광이 고굴절률 물질과 저굴절률 물질의 경계면에 입사하면, 입사각이 임계각(부록의 소실파(Evanescent Waves)를 참조하기 바람)보다 크다면 빛은 전적으로 반사된다. 실제로 어떤 두 물질의 경계면에서의 임계각 $\theta_{임계}$은 스넬의 법칙을 적용하여 다음과 같이 계산될 수 있다.

$$\theta_{\text{임계}} = \arcsin\left(\frac{n_2}{n_1}\right) \tag{4.17}$$

여기서 n_1과 n_2는 각각 더 밀하고 덜 밀한 물질의 굴절률이다($n_1 > n_2$). 이와 같이 입사광의 전적인 반사 현상을 내부 전반사라 한다. 내부 전반사는 보통 가시광을 유리 프리즘 (n = ~1.5)과 물(n = ~1.3) 사이에 쬐었을 때 $\theta_{\text{임계}} > \theta_{\text{임계}}$이면 관찰된다. 그러나 수용액에 닿는 프리즘 표면이 그림 4.12와 같이 얇은 은이나 금으로 코팅되어 있다면, 내부 전반사는 항상 관측되지는 않는다. 이러한 내부 전반사 손실은 표면 전하 밀도의 진동파를 발생시켜 경계면을 따라 진행하게 하는 금속-물 경계면에서 일부분의 입사광이 흘러나가기 때문이다. 이러한 표면 전하 밀도의 진동파가 표면 플라즈몬파 혹은 표면 플라즈몬이라 하고, 이 발생 현상이 SPR 센서의 기본이 된다.

이러한 표면 플라즈몬의 발생은 각도에 관계되는데, 그것은 표면 플라즈몬의 발생이 최대가 되는 입사각($\theta_{\text{임계}}$보다 큰)이 존재한다는 뜻이다. 이 각도를 표면 플라즈몬각 θ_{spr}(혹은 SPR 각)이라 정의한다. 따라서 SPR 각은 금속-물 경계면으로 최대의 입사광량이 빠져나가서 결국 반사광량이 최대로 줄어드는 각을 나타낸다. 따라서 입사각의 변화에 대한 반사율의 감소를 측정하여 SPR 각(혹은 반사율이 최소가 되는 각)이 결정될 수 있다.

보다 실제적으로 보면 표면 플라즈몬과 관련한 전기장이 금속-물 경계면에

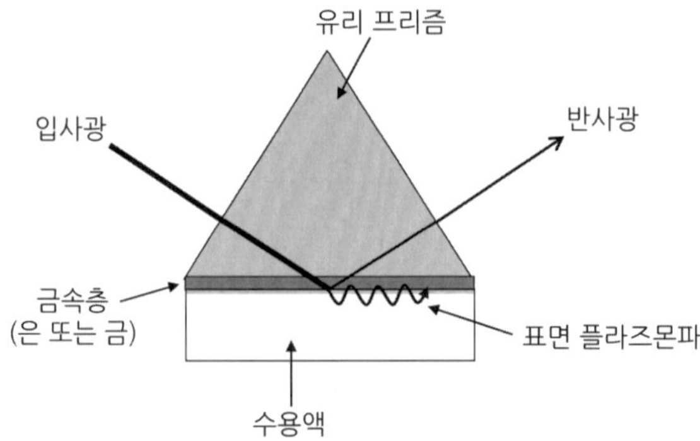

그림 4.12 표면 플라즈몬파의 발생. 편광된 광이 유리 프리즘을 통하여 적절한 각도로 금속-물 경계면에 쬐었을 때, 경계면을 따라 진행하는 표면 플라즈몬파가 발생한다. 이 결과에 의해 반사광의 세기가 줄어들게 된다.

모두다 포함되어 있지 않고 각 매질에 조금씩 침투해 들어가서 경계면을 진행할 수록 지수함수적으로 감쇠하는 것으로 밝혀졌다. 각 매질에 대한 이러한 현상 때문에 금속 표면 부근에서의 어떤 굴절률 변화가 전기장의 특성을 바꾸게 되어 그것이 결국 SPR 효과를 바꾸게 된다. 따라서 단백질이나 고분자 필름이 금속 표면에 흡착되었을 때와 같이 금속-물 경계면 부근의 매우 작은 굴절률 변화에도 SPR 각이 민감하다. 사실 주어진 빛의 파장 λ에 대해서 θ_{spr}에서의 변화는 다음과 같이 표면에서의 굴절률 변화 $\Delta n_{표면}$와 필름의 두께 변화 Δd에 관계된다.

$$\Delta\theta_{spr}(\lambda) = c_1 \Delta n_{표면} + c_2 \Delta d \quad (4.18)$$

여기서 c_1과 c_2는 상수이다.

SPR 센서는 보통 금속 표면에 분자들이 흡착되는 동안의 SPR 각의 변화를 감지하며 작동된다. θ_{spr}이 결국 분자들의 작용에 의한 $\Delta n_{표면}$와 Δd의 함수이므로, SPR 센서는 분자들이 표면에 부착되는 것을 감지하기 위한 민감한 방법을 제공한다. 또한 보통 θ_{spr}가 1000 RU가 0.1°의 변화에 해당하는 공진 단위(RU)로 보고된다는 것을 꼭 알아야 한다. 보통의 단백질과 같은 물질의 분석에서 θ_{spr}와 표면에 흡착된 물질의 양의 관계가 이미 결정되어서, 1000 RU의 이동은 대략 모든 단백질에서 0.1 ng/mm^{2}에 해당된다.

식 4.18에서 SPR 각이 필름 두께 d와 굴절률 n 모두의 함수이므로, 어떤 가정을 하지 않고서는 어떠한 파라메터 값도 정확히 추출(즉, 굴절률이 일정하게 유지된다고 가정한다면, 두께 변화값을 추출할 수 있음)할 수 없다는 것을 의미한다. 이와 같은 이유로 SPR 각의 변화는 **유효 굴절률(effective refractive index)** 혹은 두께 그리고 RI 관련 파라메터를 측정하는 것이라 한다. 두께와 절대 굴절률을 동시에 해결하기 위해서는 이중 편광 분광계와 같은 또 다른 방법이 사용되어야 한다.

4.4.2 SPR 장치 구조

보통의 SPR 센서(널리 보급되어 있는 Biacore사의 장치)의 개략도가 그림 4.13에 나와 있다. 첫 번째로 중요한 소자가 금으로 코팅된 센서 표면을 가진 프리즘으로서, 특정한 파장의 편광된 광이 SPR 각으로 쬐었을 때 표면 플라즈몬이 발생한다. 이 금으로 코팅된 센서 표면이 여러 가지 분석 용액들이 지나갈 수 있는 유동셀의 밑바닥이 된다. 만약 분석물이 센서 표면(또는 표면에 이미 흡착된 분자들)과 상호작용하게 되면 SPR 각의 변화가 검출기에 의해 관측되고, 컴퓨터 프로그램에 의해 기록된다. 유동셀 그 자체는 보통 매우 작고(20 – 60 nL), 유동 속도는 대개 1 – 100 μL/mim 정도이다.

SPR센서가 극 – 박막의 특성 평가를 포함한 다양한 목적으로 사용되지만, 첫 번째로는 단백질과 기판 사이의 작용, DNA 가닥들 사이의 작용 그리고 약품 분자와 단백질 타깃 사이의 작용 등을 검출하기 위한 바이오센서로 사용된다. 또한 SPR은 금 표면에 형성되는 자기 조립된 단일층들, 특히 알킬 – 티올 단일층을 감시하는데도 사용될 수 있다.

SPR 효과는 평면 표면에만 제한되지 않을 뿐만 아니라 용액 내에서도 금이나 은 나노 입자들을 사용하여 관찰이 가능하다. 이 경우에 나노 입자들이 그 내부의 표면 플라즈몬의 여기에 의한 파장에 의존하는 흡수도를 갖고 있으며, 평면 SPR에서처럼 각도에 관계되는 반응(나노 입자의 경우에 측정이 어려운) 대신 이 파장이 측정된다. 최대 흡수도가 관측되는 파장은 입자 크기와 형상에 관계된다. 예를 들어, 지름이 ~13 nm인 구형 금 나노 입자는 520 nm에서 최대 흡수도를 보인다.

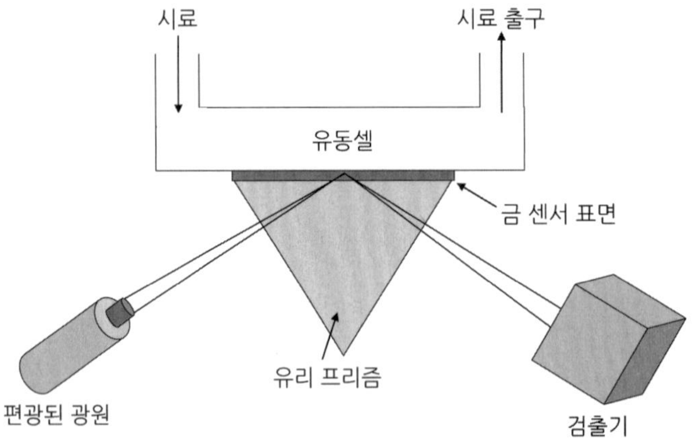

그림 4.13 보통의 SPR 장치의 구조. 편광된 광원이 금 – 물 경계면의 SPR 효과를 일으키기 위해 사용된다. 광검출기는 금 센서 표면에 흡착되는 얇은 나노 필름에 의한 SPR 각의 변화를 감지하기 위하여, 입사각에 따라 달라지는 반사광의 세기 변화를 감지한다. 유동셀은 금 센서 표면이 시료 용액에 쉽게 노출되게 되어 있다.

SPR 효과가 최대인 파장 또한 입자 표면에 가까운 곳의 유전체 환경(즉, 굴절률)과 이웃한 나노 입자들 사이의 거리에 관계한다. 이 두 가지 성질에 의해 금 나노 입자가 매우 민감한 바이오센서로 사용될 수 있게 된다. 예를 들어서 올리고 핵산이라 하는 짧은 DNA 조각은 티올 화학을 통하여 공유 결합적으로 금 나노 입자쪽으로 끌리게 되며, 상보적인 DNA가 용액에 공급되면 올리고핵산이 코팅된 나노 입자들이 용액 속의 가닥들과 결합하면서 모이게 된다. 이러한 집합에 의해 이웃한 나노 입자들 사이의 거리가 줄어들고 최대 흡수 파장의 청색 – 편이가 관측된다. 이런 식으로 금 나노 입자가 두 DNA 배열의 상보성을 결정하는데 사용된다. 또한 이와 비슷하게 어떤 물질이 표면에 흡착되었을 때 – 예를 들어, 항원이 표면 – 결합 항체에 붙을 때 발생하는 금 나노 입자 표면의 굴절률 변화를 조사하는 방법이 개발되었다.

4.5 이중 편광분광계

QCM-D와 SPR 등 오직 박막의 질량, 밀도, 두께의 간접적인 예측값을 제공하는 표면 분석 기술과 달리 이중 편광분광계(DPI)는 실제로 고체 – 액체 경계면에서 이러한 파라메터들을 측정하기 위한 정확한 방법을 제공하는 광학적 기술이다. DPI가 나노 필름의 유효 굴절률의 두 독립적인 측정법을 제공하므로, 나노 필름의 질량, 밀도, 두께의 동시 측정이 가능하다. DPI와 유사한 광도파관 광모드 분광학(OWLS)과 결합된 플라즈몬 도파관 공명(CPWR) 분광법 등과 같은 많은 도파관 분광학적 기술들이 있으나 여기서는 DPI만 다루도록 한다.

4.5.1 도파관 기초

임계 반사각에 대하여 논의한 것을 기억하면 빛이 임계각($\theta_{임계}$)보다 큰 각도로 두 매질의 경계면에 쬐이고, 두 번째 매질의 굴절률이 첫 번째보다 작으면(부록의 식 A.2에 나온 것처럼), 완전 반사되어 첫 번째 매질 속으로 들어간다. 이러한 현상이 내부 전반사이다.

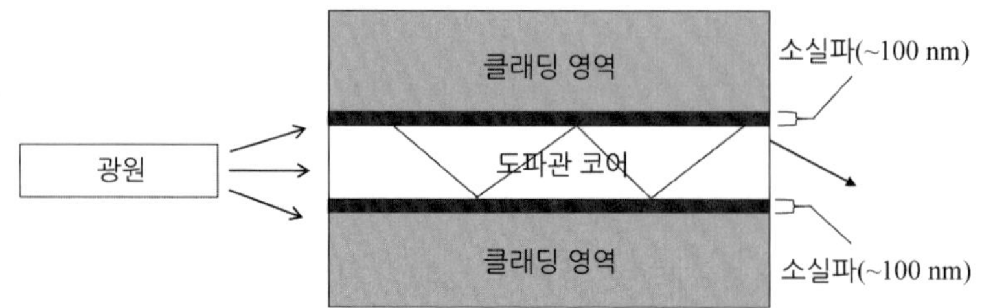

그림 4.14 기본 도파관의 구조. 도파관은 보통 두 클래딩 영역에 끼인 도파관 코어로 이루어져 있다. 빛이 내부 전반사를 통하여 도파관 코어를 지나간다. 코어와 클래딩 사이의 각 표면에서 소실파가 발생하여 클래딩 영역으로 ~100 nm 정도 스며든다.

이를 염두에 두고 어떤 굴절률을 가진 한 층의 매질이 이보다 작은 굴절률을 가진 두 층 사이에 끼어있는 구조를 가정해 보자. 이와 같은 구조에서 빛이 $\theta_{임계}$보다 큰 각도로 쬐이면 가운데층으로 내부 전반사가 발생하여 위층과 아래층에서 차례로 반사하여 지나가게 된다. 실제로 이러한 현상이 관측되며, 이 구조를 도파관이라 하고, 그림 4.14와 같이 가운데층을 코어, 위아래 층들을 클래딩 영역이라 한다. 빛이 도파관의 한쪽 끝에 쬐이면 내부 전반사가 발생하여 빛이 코어를 지나서 도파관의 다른 쪽 끝으로 나오게 된다. 여담으로 내부 전반사의 유사한 응용에 의해 빛이 광섬유 케이블을 통과하여 먼 거리(광섬유 내부는 주변 물질보다 굴절률이 더 크다)까지 갈 수 있게 된다.

빛이 도파관 내에서 내부 전반사를 일으킬 때 모든 빛이 코어에 포함되지 않고 클래딩 영역으로 약간 스며들게 된다. 이와 같은 침투를 소실파(부록의 식 A.1을 참조)이라 한다. 소실파는 도파관 코어로부터 멀어지면서 지수함수적으로 줄어들어서 클래딩 내부 ~100 nm 거리에서는 무시할 수 있을 정도가 된다. 소실파와 클래딩 영역의 상호작용이 발생하기 때문에 도파관 코어를 지나는 빛의 속도가 코어에 가까운 쪽의 클래딩 굴절률의 영향을 약간은 받게 된다. 따라서 얇은 나노 필름이 도파관 코어의 표면에 입혀져 있을 경우 도파관을 지나가는 빛에 의해 코어 표면의 첫 번째 100 nm 표면에서 일어나는 굴절률 변화를 민감하게 측정할 수 있다. 그러면 문제는 어떻게 도파관을 통과하는 빛의 속도를 측정하느냐(다른 말로 코어 표면에 입혀진 필름의 굴절률을 어떻게 측정하는가)하는 것이 된다. 이를 해결하기 위해서 간섭계로 돌아가자.

4.5.2 도파관 간섭계와 유효 굴절률

간섭계는 빛들이 상호작용하거나 서로 만나는 경우를 연구하기 위한 방법이다. 아마도 초창기 과학적 간섭계의 가장 잘 알려진 예가 Thomas Young이 그의 이중 슬릿 실험에서 관측한 회절무늬일 것이다. Young은 두 개의 가까이 있는 슬릿을 포함한 스크린에 빛을 쬐면 그림 4.15와 같이 밝고 어두운 무늬가 반복되는 특징적인 간섭 무늬가 첫 번째 스크린 뒤에 있는 두 번째 스크린에서 관측된다는 것을 알게 되었다. 이 간섭 무늬는 빛의 파동성을 적용하여 설명할 수 있다 – 밝은 띠는 각 슬릿에서 나온 빛이 보강 간섭하여 생긴 영역이며, 어두운 띠는 빛들의 상쇄 간섭 결과이다.

그림 4.16과 같은 구조를 사용하여 Young의 간섭계와 유사한 도파관–기반의 간섭계를 구성하는 것이 가능하다. 이러한 타입의 도파관에는 한 개 대신 두 개의 도파관 코어가 있고, 코어들은 얇은 클래딩 영역에 의해 분리되어 있다. 위쪽의 도파관 코어는 센싱 도파관이며, 아래쪽 코어는 기준 도파관이다. 만약 넓은 빔의 빛이 '도파관 적층'에 쬐이면. 빛은 두 코어 영역을 통하여 내부 전반사가 발생하여 그림 4.16과 같이 반대쪽에 간섭 무늬가 발생된다.

만약 위쪽 클래딩 영역이 센싱 영역(그림 4.16에 나타난 바와 같이, 일반적으로 유동셀 속에 들어 있는 수용액)으로 대체된다면 이러한 도파관 간섭계는 소량의 나노 필름의 굴절률을 측정하는 데 사용될 수 있다. 이러한 구조에서 빛은 센싱 도파관 표면 ~ 100 nm 내의 위치(즉, 소실파 영역)의 굴절률에 부분적으로 관계되는 속도로 센싱 도파관을 지나가게 된다. 따라서 센싱 도파관 표면에 흡착된 어떤

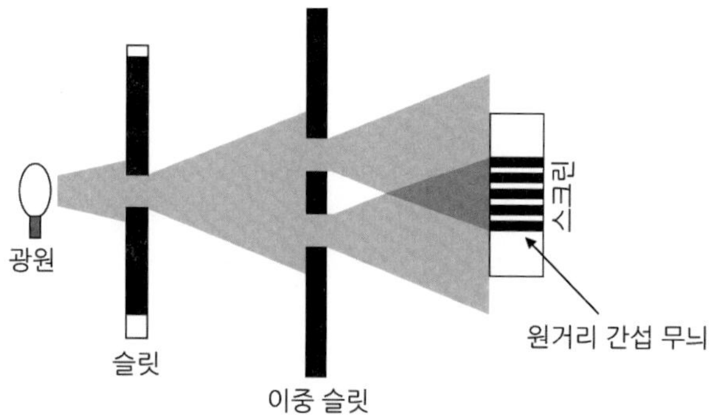

그림 4.15 Young의 고전적 이중 슬릿 실험. 이중 슬릿으로부터 나온 두 파면의 간섭이 뒤에 있는 스크린에 간섭 무늬를 만든다.

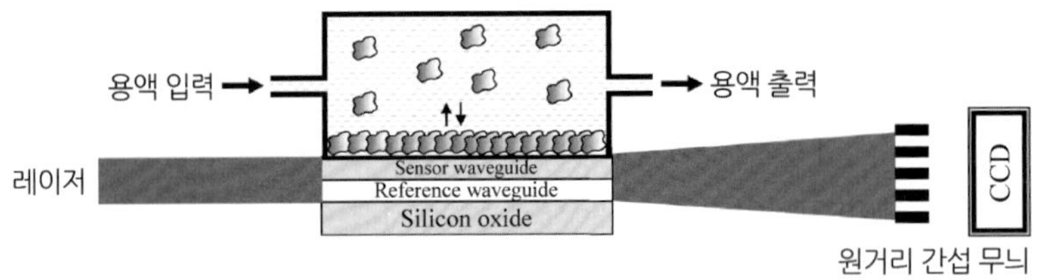

그림 4.16 보통의 DPI 유동셀의 구조. 빛이 도파관 적층에 입사하여 위상 변이에 의해 간섭 무늬를 형성하면서 나온다. 위상 변이는 센서 도파관 위에 흡착되는 물질에 의해 발생한다.

박막이나 분자들도 센싱 도파관을 통해서 지나가는 빛의 속도를 변화시킬 수 있게 된다(왜냐하면 흡착된 분자들이 소실파 영역 내부의 센싱 영역의 굴절률을 변화시키기 때문이다). 이와는 달리 기준 도파관을 통과하는 빛은 두 클래딩 영역이 고정되어 있으므로, 항상 같은 속도로 지나간다. 그리고 두 도파관으로부터 나오는 빛들의 상대 속도가 생성되는 간섭 무늬에 영향을 미치므로 센서 표면에 박막이 흡착됨에 따라 간섭 무늬가 변하게 된다. 보다 구체적으로 필름이 표면에 흡착됨에 따라 밝고 어두운 띠(혹은 무늬)의 상대적 위치가 이동한다. 전자기학의 Maxwell의 방정식을 사용하고 약간은 복잡한 수학을 적용하면 간섭 무늬의 이동을 이용하여 센싱 도파관 표면에 흡착된 박막의 굴절률을 계산할 수 있다. 따라서 도파관 간섭계로 얇은 나노 필름의 특성을 측정할 수 있다.

앞에서 논의한 간섭계에 의해서 측정된 굴절률은 필름의 실제 굴절률이 아니고 절대 굴절률과 필름 두께의 복잡한 함수인 **유효 굴절률(effective refractive index)**이다. 말하자면 이와 같은 종류의 데이터는 SPR 각 변화가 절대 굴절률 변화와 필름 두께 변화의 함수(4.4.1절의 식 4.18을 참조)인 SPR에서 얻어진 것과 같다. 보통 유효 굴절률은 절대 굴절률과 두께로 나누어질 수 없다. 그러나 다른 두 가지 타입의 유효 굴절률 측정이 이루어지면, 수학적으로 두 파라메터를 계산할 수 있다. DPI로는 서로 다른 두 타입의 편광을 사용하여 이와 같은 두 타입의 측정이 가능하다.

4.5.3 이중 편광간섭계 원리

DPI는 앞에서 논의한 도파관 간섭계 장치를 사용하며, 오직 광원만을 변경하여 편광 스위치를 통하여 서로 다른 두 타입의 선편광된 광을 대신 사용한다(그

림 4.16 참조). 한 타입의 편광은 수직 자기(TM) 편광이며, 그림 4.16에 나타난 것처럼 전기장이 도파관 코어에 수직한 방향으로 진동하는 광파로 이루어진다. 수직 전기(TE) 모드라 하는 다른 편광은 도파관 방향과 평행한 전기장을 가진 광파로 이루어진다. 즉, 도파관 코어를 입사면이라 정의하면 TM과 TE모드는 직접 타원분광계에서 논의했을 때의 s-와 p-편광에 해당된다. 이 두 편광 모두 클래딩과 센싱 영역으로 퍼져가는 소실파를 발생시키지만, 두 모드에서 발생된 소실파의 크기와 감쇠율이 다르다. 따라서 각 편광 모드들은 검출 스크린에 각자의

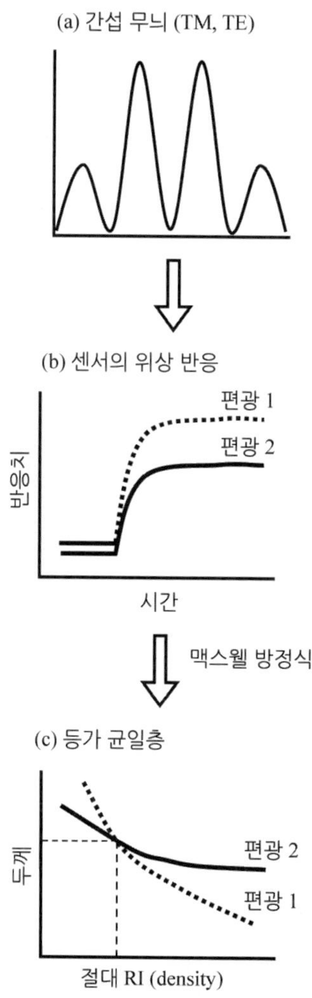

그림 4.17 (a) DPI 실험에서 관측되는 보통의 간섭 무늬 패턴. (b) 두 편광 상태의 위상에 대한 센서의 반응. (c) TE와 TM 모드에 대한 유일한 해를 보여 주는 유효 굴절률 그래프. 두 곡선이 만나는 점이 필름의 절대 굴절률과 두께를 보여 준다.

간섭 무늬를 형성하므로, 각 편광 모드들에서 별도의 유효 굴절률 계산을 하게 된다.

두 편광 모드의 진동 방향에 의해 도파관 코어와 평행한 방향으로 진동하는 TE 모드에 의해서는 소실파가 생성되지 않는다고 잘못 이해하지 않는 것이 중요하다. 편광에 무관하게 빛들이 내부 전반사를(빛이 클래딩과 코어 영역에서 되튀는 것을 의미함) 일으키며, 두 편광 모드들이 주변 영역에서 소실파를 발생시킨다.

각 편광 모드에서 유효 굴절률을 결정하기 위해서는 그림 4.17과 같이 관측 유효 굴절률값을 얻을 수 있게 많은 수의 절대 굴절률과 두께값들이 계산 가능하게 되어야 한다. 그러나 각 편광 모드에 대한 관측 유효 굴절률을 구할 수 있는 절대 굴절률과 두께값은 오직 한 쌍만 존재한다. 이 한 쌍이 실제로 센싱 도파관 표면 위 필름의 절대 두께와 굴절률을 나타낸다. 그러므로 두 가지 다른 빛의 편광 모드를 사용하여 유일한 한 쌍의 해를 계산하는 방법으로 DPI가 얇은 나노 필름의 실제 굴절률과 두께를 결정하는데 사용될 수 있다. 이 방법은 매우 민감하여 1 Å보다 작은 두께 변화도 감지할 수 있다. 또한 필름의 굴절률이 필름 물질 밀도의 선형 함수라고 가정할 수 있다면(많은 박막에서 좋은 가정임), 다음 식에 의해서 굴절률이 밀도 δ를 얻는데 사용될 수 있다.

$$\delta = \frac{\mathrm{n}_{\text{필름}} - \mathrm{n}_{\text{완충물질}}}{d\mathrm{n}_{\text{필름}}/dc} \tag{4.19}$$

여기서 $d\mathrm{n}_{\text{필름}}/dc$는 필름 물질 밀도 변화당 필름 굴절률 변화량이며, $\mathrm{n}_{\text{필름}}$과 $\mathrm{n}_{\text{완충물질}}$는 각각 필름과 완충물질(혹은 용매)의 굴절률이다. 필름 단위 면적당 질량을 얻기 위해서는 계산된 밀도값에 필름의 평균 두께만 단순히 곱하면 된다. 따라서 DPI는 필름의 평균 밀도, 질량 그리고 두께를 동시에 계산하는데 사용될 수 있다.

4.5.4 DPI 장치 파라메터와 일반적 응용

보통 사용되는 이중 편광간섭계는 영국 맨체스터의 Farfield Group사에서 제작된다. 그들 장치에서는 DPI 센서 표면이 실록산 성분(5장에서 다룸)에 의해 광범위한 표면 개질이 가능한 실리콘 산화질소로 이루어져 있다. 센서 표면 위에 있는 유동셀의 부피는 2 μL이고, 보통의 유동률은 수십 μL/min 정도이다. 이

장치의 두께 감지 한계는 1 Å 미만이며, 질량 감지 한계는 100 fg/mm^{2}으로 알려져 있다. 또한 매 초 동안 여러 번 측정이 가능하므로 실시간적 두께 변화를 감시할 수 있다.

DPI는 단백질과 기반 물질과의 상호작용 측정, 막 형성 연구, 지지되는 2층 지질막 그리고 세포 표면과 지질 액포와의 상호작용 측정을 위한 바이오센서로서, 광범위하게 판매되었다. DPI의 비생물학적 응용이 단단한 표면에 물리적 흡착을 일으키는 나노구의 특성 측정이다. 이 장치가 두께와 굴절률(궁극적으로는 밀도와 질량)을 동시에 결정할 수 있으므로, DPI는 여러 박막의 표면 형상 변화를 감시하는 데도 기본적으로 꾸준히 사용되었다. 예를 들어, 여러 다른 pH 조건 하에서 표면에 흡착되는 단백질의 형상을 예측하는 데 사용될 수 있다.

4.6 분광학적 방법

분광학은 전자기 복사가 물질과 상호작용하는 방법을 연구하는 학문이다. 분광학은 매우 귀중한 화학 분석 분야이며, 여러 분광학적 방법들에 의해 화합물의 여러 중요한 정보들 중에서 물질의 정체, 농도, 구조에 대한 정보를 얻을 수 있다. 전자기 스펙트럼이 매우 넓으므로 여러 분광학적 방법들이 서로 다른 스펙트럼 영역들을 담당한다. 그림 4.18은 보통의 전자기 스펙트럼 영역들을 파장과 주파수의 함수로 나타내고 있다. 또한 각 스펙트럼 영역에서 가장 흔히 쓰이는 분광학적 방법과 각 방법들에 의해 탐사되는 상태 변화를 보여 준다.

다음 절들에서는 나노 물질을 연구하기 위한 다양한 분광학적 기법을 다룬다. 이러한 기법들을 이해하기 위해서는 빛과 물질의 상호작용에 대한 간단한 논의에서 출발하는 것이 바람직하다.

4.6.1 빛과 물질의 상호작용

앞에서 논의하였듯이(4.3절의 타원분광기 참조) 많은 사례에서 빛이 특성 에너지 E를 가진 가장 좋은 진동 전자기파로 생각된다. 이 전자기 복사 광자의

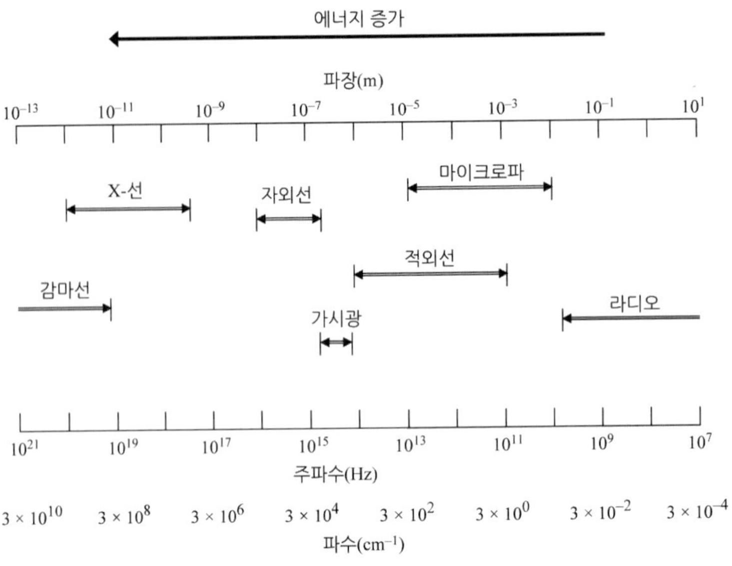

적용 분광학	파장 범위	연구 분야
X－선 흡수와 회절	0.1－100 Å	내부 전자의 에너지 상태
자외－가시광선 흡수와 형광	200－800 nm	바깥(속박된) 전자의 에너지 상태
적외선 흡수와 라만 산란	0.8－300 μm(14000 to 30 cm^{-1})	진동 에너지 상태
핵자기 공명	0.6－10 m	자기장 속에서의 핵스핀

그림 4.18 전자기 스펙트럼과 각 스펙트럼 영역을 조사하는데 사용되는 보통의 분광학적 방법. 파장이 짧을수록 그리고 주파수가 높을수록 빛 에너지가 증가한다는 것을 유의할 것.

에너지는 주파수 ν(혹은 파장 λ)의 함수이며, 아인슈타인의 유명한 다음 식에 의해서 계산될 수 있다.

$$E = h\nu = \frac{hc}{\lambda} \tag{4.20}$$

여기서 h는 Planck 상수, c는 광속이다. 이 식은 2장에서 소개되었다; 매우 중요하므로 여기서 반복한다.

분자들 또한 특성 에너지 상태를 가지고 있으나 주어진 분자가 임의로 어떤 에너지 상태에 존재하지는 못한다는 것이 알려졌다. 오히려 분자에 대하여 가능한 에너지 상태는 양자화되어 있으며, 이는 분자가 오직 허락된 유한한 개수의 불연속적인 에너지 상태에 있음을 의미한다. 이러한 불연속적 허용 에너지 상태

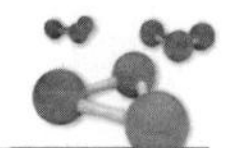

들은 각 핵 주위 전자들의 에너지, 분자 속 원자들의 상호진동 그리고 분자들의 질량중심 주위의 회전과 같은 양자화된 여러 분자들의 운동 양상의 합으로 나타난다. 또한 주어진 분자가 양자화된(혹은 불연속적) 전자, 진동 그리고 회전 에너지를 갖고 있으며, 오직 이러한 에너지 상태(혹은 이 에너지 상태들의 합)에서만 존재한다고 말할 수 있다. 분자의 최저 에너지 상태를 바닥상태라 하고, 이보다 높은 상태를 여기상태(excited state)라 한다. 에너지가 분자에 가해질 때(분자를 가열하거나 복사가 흡수된다고 할 때), 분자가 여기상태가 된다. 이러한 여기상태 후에 분자는 여기상태에서보다 낮은 여기상태나 바닥상태로 완화(relax)된다. 이러한 완화에 의해 종종 전자기 복사가 발생되며, 방출되는 빛의 주파수와 파장은 위와 아래의 에너지 준위의 정확한 차이이다. 아인슈타인의 식(식 4.20)을 사용하면 이 과정은 다음과 같이 표현가능하다.

$$E_1 - E_0 = h\nu = \frac{hc}{\lambda} \tag{4.21}$$

여기서 $E_1 - E_0$ 는 높은 에너지 준위와 낮은 에너지 준위의 에너지 차이이다. 따라서 방출되는 빛의 파장을 측정함으로써 분자의 높은 준위와 낮은 준위의 에너지 차이를 계산할 수 있다.

한편으로는 전자기 복사가 물질에 쬐어질 때(물질로부터 방출되는 대신), 여러 가지 과정들(그림 4.19 참조)이 일어난다. 보통은 빛이 매질의 굴절률과 관계되는 속도로 매질을 투과한다. 그러나 입사광의 주파수(혹은 에너지)가 분자 내부의 허용된 두 에너지 준위의 차이에 해당된다면 입사광은 분자에 의해 흡수될 것이다. 이 결과 분자들이 여기 에너지 상태로 올라가며, 그 주파수의 빛은 분자에 의해 흡수되는 비에 따라 세기가 줄어든다. 이 전체 과정을 흡수라 하며, 서로 다른 주파수의 전자기 복사의 흡수는 분자에서의 서로 다른 타입의 에너지 천이에 관계된다. 예를 들면, 자외선과 가시광선 영역의 전자기 스펙트럼은 보통 분자의 전자 에너지 준위들 사이의 천이에 의해서 발생된다. 대신에 흡수된 적외선 복사는 분자의 진동 준위 사이의 천이에 의해서 일어난다. 입사광은 오직 주파수가 분자 내의 허용된 에너지 준위의 에너지 차이와 정확히 일치할 경우에만 흡수된다는 것은 매우 중요하다. 그렇지 않으면 빛은 매질을 통과하게 된다. 따라서 분자나 매질이 흡수하는 입사광의 주파수를 측정할 수 있다면, 분자 내에

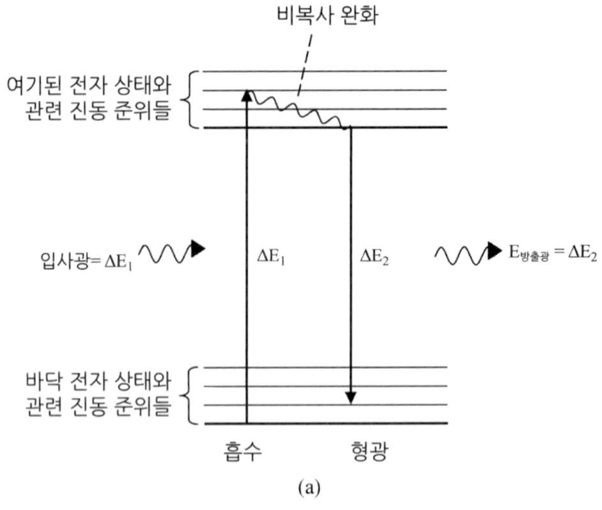

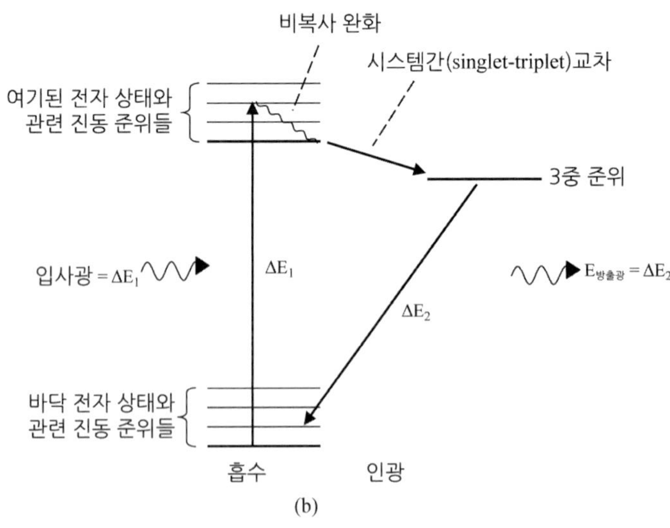

그림 4.19 (a) 형광이 발생할 때와 (b) 인광이 발생할 때의 천이를 나타내는 에너지 도해. 광자의 에너지(흡수 혹은 방출되는)들은 분자 준위들의 에너지 차이와 정확히 일치한다는 것을 유념할 것.

존재하는 여러 결합 형태 및 세기와 같은 분자에 관한 중요한 정보를 얻을 수 있다.

분자가 입사광을 흡수한 후에 보통은 여러 완화 과정 중 한 가지에 해당되는 짧은 시간동안 바닥상태로 돌아온다. 몇몇의 분자에서는 일반적으로 분자가 흡수한 빛보다 낮은 에너지(긴 파장)의 빛을 재방출하는 형광이라는 보통의 완화 과정이 있다. 형광은 보통 전자기스펙트럼의 자외선 – 가시광선 영역에서 관측되

며 그림 4.19에 개략적으로 나타나 있다. 여기된 분자가 어떤 전자기 복사도 재방출하지 않는 비복사 완화가 보다 일반적인 경우이다. 이 과정은 보통, 수렴된 여기 에너지가 인접한 분자들과의 충돌에 의해서 운동에너지로 바뀌면서 조금씩 발생된다. 비복사 완화도 그림 4.19에 나와 있다.

인광은 보통 자외선-가시광선 영역에서 발생하는 또 다른 완화 과정이다. 이것은 여기된 전자가 3중 준위(triple state)라 하는 보다 드물게 그리고 보다 안정적인 여기상태와 교차할 때 발생한다. 여기된 전자가 낮은 에너지 준위로 완화될 때 입사된 빛보다 긴 파장(낮은 주파수)의 빛이 발생된다. 인광은 형광보다 훨씬 드문 현상이므로 분광학적 기법에 대한 논의에서 중요도가 보다 덜하다.

요약해서 분자들은 불연속적, 양자화된 에너지 상태로 존재할 수 있다. 주어진 분자가 빛과 상호작용하는 메커니즘을 조사함으로써 분자의 에너지 상태에 관한 정보를 모을 수 있으므로, 분자의 정체, 화학 결합의 세기와 타입 그리고 연구되는 물질 속 분자들의 농도 등에 대한 귀중한 통찰력을 얻게 된다. 우리의 기초적 목적에서는 이러한 관측이 분광학의 기초가 된다. 나노 물질의 연구를 위한 여러 가지 중요한 분광학의 타입에 대해서 알아보자.

4.6.2 자외선-가시광선 분광학

4.6.2.1 자외선-가시광선 분광학의 원리

자외선-가시광선 분광학은 시료 안에 빛을 흡수하는 물질의 존재 여부와 양을 결정하기 위하여 가시광선 혹은 자외선 빛을 시료에 투과시킨다. 빛과 물질의 상호작용에 대하여 논의하였을 때 얘기하였듯이 자외선과 가시광선 영역(~190 nm에서 800 nm)의 광자 흡수는 보통 흡수 분자 내부에서의 전자의 천이를 일으킨다. 광자의 흡수는 분자 에너지를 증가시켜서 분자가 활성화되어 낮은 바닥 에너지의 전자 배열을 여기 에너지 상태로 만든다. 빛을 흡수하여 전자의 천이가 일어나는 분자의 영역을 **발색단(Chromo phore)**이라 한다. 예를 들어, 아민기 -NH_2는 190 nm 부근의 빛을 흡수한다. 흡수에 의해 질소에 있는 전자쌍이 반결합(antibonding) 분자 궤도로 여기된다. 이 천이는 $n \rightarrow \sigma^*$로 표시된다. 우리의 목적상 오직 흡수 광량과 그에 해당되는 흡수 파장(λ_{max})만 고려한다. 천이에서의 정확한 전자의 성질은 보다 덜 중요하다. 주어진 분자에서 발색단의 실제 흡수는 분자 내 발색단의 전자 상태에 정확히 관계된다는 것을 알아야 한다. 통상 자외선-가시광선 스펙트럼 값이 빛의 파장(일반적으로 nm)으로 표현된다.

시료에서 흡수가 일어났을 때 시료를 통과하는 빛의 세기나 복사 파워는 줄어든다. 시료의 투과율 T는 원래 빛 세기 I_0에 대한 시료 통과 후의 빛 세기(I)의 비로 정의된다. 시료 흡수도 A는 식 4.22와 같이 투과율 로그의 음의 값으로 정의된다.

$$A = \log\left(\frac{I_0}{I}\right) = -\log T \tag{4.22}$$

상대적으로 낮은 농도의 시료에서 시료 흡수도는 농도와 직접 관계된다. 이러한 관계는 Beer-Lambert 법칙으로 알려져 있으며, 식 4.23에 주어져 있다.

$$A = c\epsilon l \tag{4.23}$$

여기서 c는 시료 농도, l은 시료 속 빛 경로 그리고 ϵ는 흡광 계수로 알려진 파라메터일 뿐만 아니라 시료의 몰흡수율이다. 몰흡수율은 특정 빛 파장에서 광자 흡수의 확률을 나타내는 중요한 파라메터이다. 이 값은 특정 흡수단에 따라 정해지고 농도나 광경로와는 무관하다. 시료 속 광경로와 ϵ를 알면 시료의 밀도는 흡수도 값으로부터 계산될수 있다. 박막의 상황에서(그림 4.20) 광경로는 단

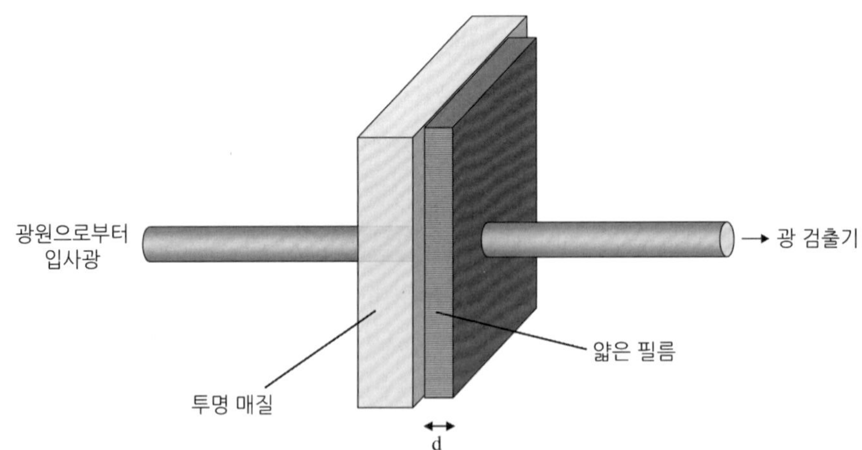

그림 4.20 투과 모드 자외선-가시광선 흡수 분광학이 얇은 나노 필름의 두께를 결정하는데 사용될 수 있다. Beer의 법칙이 벌크 상태의 측정에 사용되지만 필름 두께가 앞에 보인 식에서의 광경로 대신 사용된다.

순히 필름 두께 (d)이며, 이와 같은 식으로 나노 필름의 두께는 자외선-가시광선 분광학으로 결정될 수 있다.

4.6.2.2 자외선-가시광선 분광광도계 장치

기초 수준으로 자외선-적외선 분광광도계는 광원, 확산 소자, 시료 홀더 그리고 검출기 등이 몇 가지 광학 소자들과 함께 구성된다. 보통의 분광광도계는 이중빔 분광광도계로서, 측정 과정 동안 빛을 나누어서 시료 셀과 기준 셀을 동시에 통과하도록 빛 나누개를 사용한다. 빛을 나누개에 의해서 초당 여러 번 기준 셀에 들어가게 하여 기준 셀의 흡수를 측정하고, 자동으로 시료 셀의 흡수와 비교하여 램프의 요동이나 시간에 따른 램프의 세기 변화를 보정하여 측정 물질의 보다 정확한 흡수치를 얻게 된다. 이중빔 분광광도계의 개략도가 그림 4.21에 나와 있다.

실제로 자외선-가시광선 분광계는 두 개의 다른 광원을 포함하고 있는데, 하나는 자외선 영역의 빛을 발생시키고, 다른 것은 가시광선을 발생시킨다. 광원들은 동시에 작동하지 않는다. 그 대신 분광광도계가 이미 지정된 파장 영역을 가로질러서 흡수를 측정할 때, 광원이 가시광선에서 자외선으로 바뀐다. 광원의 교체는 일반적으로 360 nm 부근에서 일어나게 되어 있으며, 각 파장에서 최대의 광세기가 발생되게 한다.

4.6.3 나노 필름에 의한 가시광선의 흡수

나노 필름 성장 특성 조사를 위한 자외선-가시광선 분광학의 한 응용의 예로

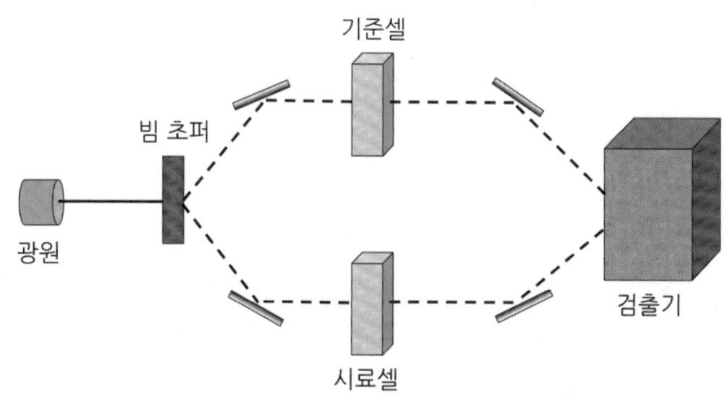

그림 4.21 벌크 상태를 측정하는데 사용되는 보통의 이중빔 분광광도계의 개략도.

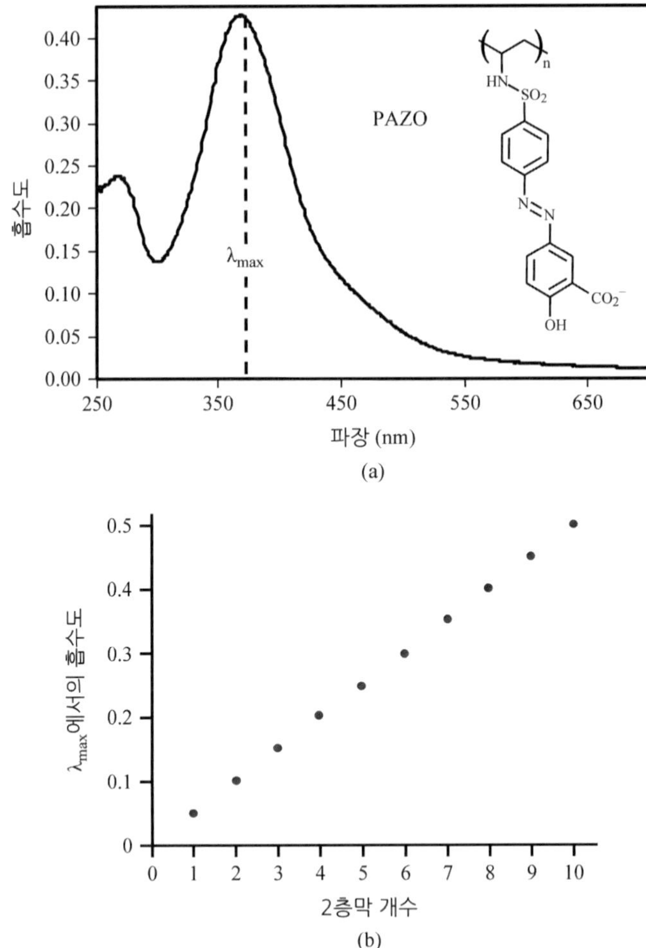

그림 4.22 (a) PAZO의 흡수 스펙트럼(삽입된 그림에 구조가 나타나 있음). λ_{max}는 흡수가 최대인 파장을 나타낸다. (b) 2층막 개수에 따른 λ_{max}에서의 흡수도 그래프. 2층막은 다중 양이온층과 다중 음이온층의 결합을 나타낸다.

서 그림 4.22에 그 구조가 나타나 있는 음이온 고분자인 PAZO를 생각해 보자. PAZO 단량체 단위는 아조 그룹($-N=N-$)에 의해 가교된 두 페닐기를 포함하고 있다. 이 단위가 발색단 기능을 하며 $\pi \rightarrow \pi^*$ 천이에 의해 360 nm 부근의 빛을 흡수한다. 따라서 PAZO 수용액은 360 nm를 중심으로 한 넓은 대역의 빛을 흡수하므로 주황색 빛을 띤다. 앞에서 나온 고분자인 polyethylenimine(PEI)은 190 nm 부근의 빛을 흡수하는 아민기를 포함하고 있다. 가시광선 영역에서는 흡수가 없으므로 PEI 수용액은 무색이다. PAZO와 PEI 모두 공통적으로 다양한 응

용을 위해 다층막을 제작하는 데 사용된다. 5장에서 이들의 응용과 다층막을 제작하는데 사용되는 방법에 대하여 논의할 것이다. 약 1 nm 두께의 PEI와 PAZO 층들을 유리 기판 위에 한층 한층 입힐 수 있다. 이 막들은 양으로 대전된 PEI와 음으로 대전된 PAZO 사이의 강한 정전기적 작용에 의해서 강하게 결합된다. 필름에서 각 PEI와 PAZO 쌍을 '2층막'이라 표현한다. 그림 4.22(b)가 PEI와 PAZO 다층막의 자외선-가시광선 스펙트럼을 2층막의 개수에 대하여 나타내고 있다. 오직 ~360 nm의 흡수도 값만 보인다. 이 영역에서 오직 PAZO와 관련한 발색단만 빛(파장 360 nm를 중심으로 한)을 흡수할 수 있다. PEI는 근본적으로 투명하므로 그림 4.22(b)의 흡수도의 증가는 필름에서 각 2층막이 쌓여짐에 따라 전체 PZAO의 양이 늘어나는 것을 반영한 것이다.

예제 4.3 흡수도 값의 결정

그림 4.22의 그래프에 나타난 직선의 기울기를 추정하여 15개의 2층막으로 이루어진 필름의 흡수도 값을 예측하시오. PAZO의 몰흡수율로부터 PAZO의 농도를 어떻게 결정할 수 있는가? 이러한 결정에서 다른 방법이 유용한가?

풀이 : 데이터를 선형 피팅하여 기울기 ~0.02를 얻는다(그림 4.23). (x축)과의 교차점이 0점에 가깝다. 음의 교차점은 아마도 기준선의 이동 때문일

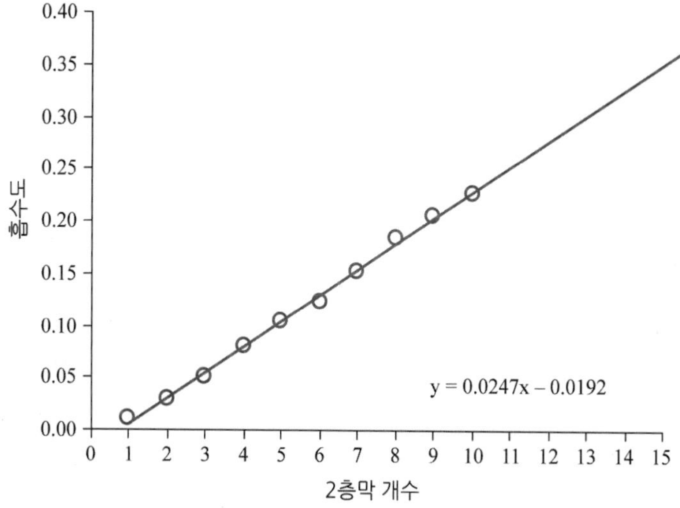

그림 4.23 복합전해질 다층막의 λ_{max} 에서의 흡수도 데이터. 2층막은 다중 양이온층과 다중 음이온층의 결합을 나타낸다.

것이다. 따라서 직선의 식은 $y = 0.02x$이다. 여기서 $y = A$이다. $x = 15$일 때 흡수율 (A)는 0.75이다. Beer의 법칙$A = c\epsilon l$ (l은 광경로 혹은 이 경우엔 필름 두께)으로부터 타원분광계를 사용하여 l이 결정되며, ϵ(몰 흡수율)을 안다면 농도 c를 구할 수 있다.

4.6.4 분자 형광 분광학

4.6.4.1 형광의 원리와 형광 양자 수율

4.6.1절에서 빛과 물질의 상호작용에 대하여 논의한 바와 같이, 형광은 빛의 흡수에 의해서 여기된 분자가 흡수된 광자보다 더 낮은 에너지의 광자를 내며, 낮은 에너지 준위로 완화되는 과정이다. 어떤 타입의 분자들은 형광을 나타내지 않는다. 형광을 발하는 분자들을 형광체라 한다. 대부분의 형광체에서 대개 형광은 전자기 스펙트럼의 자외선부터 가시광선 영역에서 관측되며 이는 분자의 전자 준위(자외선-가시광선 흡수분광학과 아주 유사한)에서의 천이에 의한 것이라는 것을 의미한다. 자외선-가시광선 분광학에서처럼 형광 스펙트럼을 표현할 때 파수(cm^{-1})나 주파수(Hz) 단위보다는 빛의 파장(일반적으로 nm)이 사용된다.

각 형광체는 보통 특징적인 흡수 양상을 가지며, 이것은 분자의 자외선-가시광선 흡수 스펙트럼과 똑같다. 여러 파장에서 형광체가 분자들을 충분히 여기시켜서 완화될 때 형광이 발생되도록 자외선-가시광선 빛을 충분히 흡수한다. 흡수되어서 형광을 발생시키는 빛의 파장들을 여기파장이라 한다. 그러나 모든 여기파장들이 형광체가 같은 정도로 형광을 내게 하거나 같은 파장의 형광을 방출하게 하지는 않는다. 따라서 각 여기파장에 대하여 형광체는 특징적인 형광 방출 양상을 나타내며, 그것은 여기파장이 형광체를 여기시킬 때 발생하는 형광의 파장 범위와 세기이다. 대신에 각 방출 파장에 대하여 여기파장의 양상도 존재한다. 그것은 각 여기파장과 관련한 그 파장과 세기의 형광을 방출하기 위한 여기파장의 범위이다. 방출과 여기파장의 양상들은 형광체와 그 주변 환경에 대한 정보를 제공한다. 따라서 형광계측기는 종종 정해진 여기파장에서 방출 스펙트럼을 결정하거나 정해진 방출 스펙트럼에서 여기 스펙트럼을 결정하는 데 사용된다. 형광으로 방출되는 광자는 이에 대응되는 여기 광자보다 낮은 에너지(즉, 긴 파장)를 갖고 있어서 주어진 형광에 대한 방출 스펙트럼이 늘 그 여기

스펙트럼보다 긴 파장에서 발생되는 것이 놀랄 일이 아니라는 것을 알아야 한다. 광학적으로 활발한 고분자의 방출과 여기 스펙트럼이 그림 4.24에 나와 있다. 이 고분자는 poly(phenylene vinylene, PPV) 유도체이며, 이 물질들은 나노-광기전력에 응용하기 위해 만들어지고 있다.

앞에서 논의한 바와 같이(4.6.1절) 비복사 완화와 시스템들 사이의 교차와 같은 형광 대신에 발생하는 다른 여러 완화 과정들이 있다. 특히 형광체의 농도가 높을 때 인근 형광체에 의한 형광의 재흡수도 발생할 수 있다. 따라서 주어진 형광체가 얼마나 성공적으로 자주 형광을 발생시키는지를 나타내는 파라메터를 정의하는 것이 편리하다. 형광 양자 수율(Φ_f)이 이러한 파라메터를 나타내기 위한 보통의 값이며, 주어진 형광체 종류에서 방출 광자에 대한 흡수 광자의 비로 정의된다. 쉽게 상상할 수 있듯이 Φ_f의 올바른 결정은 광발광 소자를 위하여 설계된 어떤 발광 나노 물질의 특성 연구에서 특히 중요하다. 주어진 물질 A의 Φ_f을 결정하는 것은 보통 양자 수율 Φ_{std}을 알고 있는 표준 물질과 비교하는 다음 식에 의해 보다 직관적인 방법으로 이루어진다.

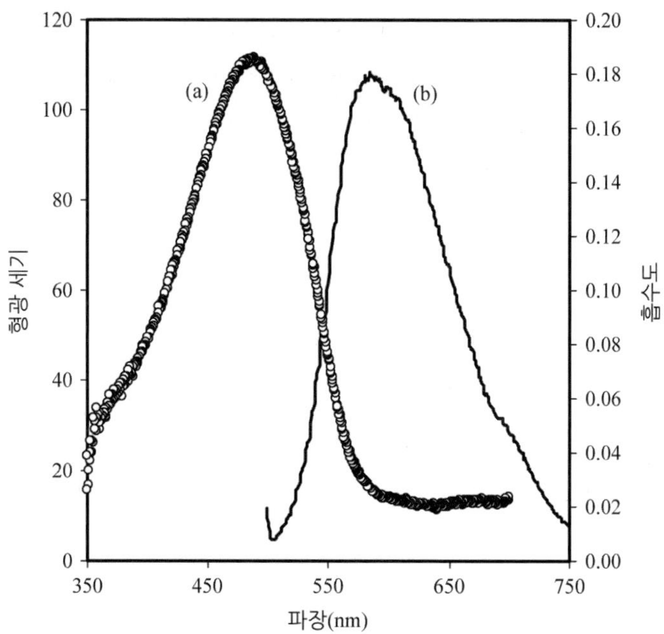

그림 4.24 광학적으로 활발한 고분자인 PPV의 보통의 흡수(a)와 형광 방출(b) 스펙트럼. 형광 세기는 임의 단위이다. 분자들은 ~475 nm(최대 흡수에 해당되는 파장)에서 여기되고, ~575 nm(최대 형광 세기에 해당되는 파장)에서 빛을 방출한다.

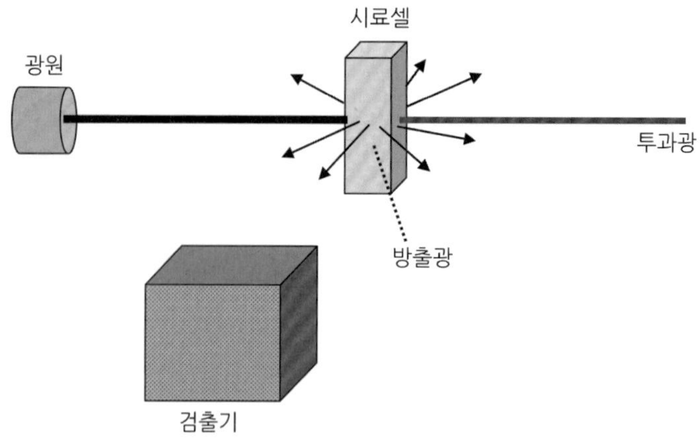

그림 4.25 보통 형광계의 개략도.

$$\Phi_{fa} = \Phi_{std} \frac{g_a \mathrm{n}_\mathrm{a}^2}{g_{std}\, \mathrm{n}_\mathrm{std}^2} \tag{4.24}$$

이 식에서 $\mathrm{n_a}$와 $\mathrm{n_{std}}$는 각각 물질 A와 표준 물질이 녹아 있는 용매의 굴절률이다. g_x는 여기광 흡수에 대한 형광체의 총 형광 세기(즉, 흡수에 대하여 어떻게 총 형광 세기가 달라지는지를 측정)의 미분값으로 효과적으로 정의된다. 낮은 형광체 농도에 대해서는 그 관계가 보통 선형적(즉, g_x가 일정)이므로, g_x는 주어진 여기파장에 대한 총 형광 스펙트럼의 적분에 의해 계산되고 많은 다른

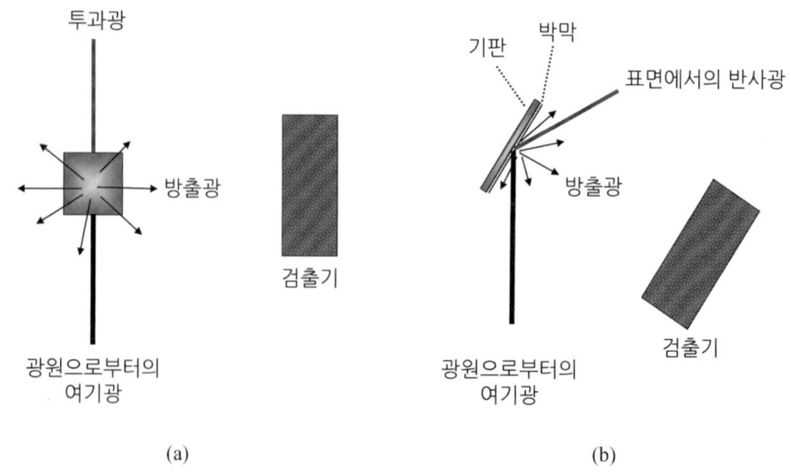

그림 4.26 큐빗에 들어있는 용액상 시료(a) 혹은 (b) 박막의 형광을 감지하기 위한 방법. 검출기는 어떠한 투과광과 반사광도 건드리지 않고 최대량의 형광을 받기 위해 전략적으로 설치된다.

농도들에서 여기파장 흡수에 대하여 적분된 형광 세기가 나타나게 된다.

4.6.4.2 벌크 상태와 박막의 형광 측정을 위한 형광계 구조

그림 4.25는 보통의 형광계 구조이다. 검출기는 늘 입사빔과 90°를 유지하여 시료를 투과한 빔과 형광 복사가 혼동되지 않도록 한다.

오직 형광만 검출되도록 하기 위하여 광학 필터가 시료와 검출기 사이에 놓일 수 있다. 형광 방출 스펙트럼은 어떤 여기파장의 빔을 시료에 쬐고, 각 방출 파장에서의 형광 세기를 기록하면서 검출기의 출력(방출) 파장을 스캔하여 모아지게 된다. 또한 여기 스펙트럼은 검출기가 특정 방출 파장을 감지하고 형광의 세기를 기록하게 세팅하여 여기파장 범위를 스캔하면서 구해지게 된다.

어떤 때는 방출광 세기가 너무 약해서 증폭 없이는 기록을 할 수 없는 경우도 있다. 이와 같은 상황에서는 광증배관을 사용하는 것이 최선이다. 광증배관은 빛 세기가 낮을 때만 사용해야 한다는 것이 중요하다; 그렇지 않으면 손상을 입게 된다. 광증배관은 빛에 노출되면 전자를 방출하는 광음극 표면을 포함하고 있다. 또한 다이노드라 하는 여러 다른 전극들도 포함되어 있다. 다이노드 표면에 충돌한 각 광전자들은 더 많은 전자를 방출하게 된다. 이러한 과정에서 최초의 광전자 하나당 수백만 개의 전자가 발생하여 양극에 모이게 된다. 그 결과 전류는 전압으로 측정되고 이는 스캔되는 파장에 관련된다.

벌크 상태의 시료 측정을 위해서 용액상의 시료가 보통 형광 큐빗에 들어가고 형광 측정은 입사광과 90° 방향에서 이루어진다. 박막에서는 박막이 입혀진 기판위에 큰 입사각으로(표면에 평행할 정도로) 입사광이 쬐어지게 기판을 위치시키고, 형광은 반사각과는 다른 각도에서 검출된다. 이 두 단계가 그림 4.26에 나타나 있다.

4.6.5 진동분광학 방법

4.6.5.1 진동 모드의 소개

분자가 적외선(IR)을 흡수하면 4.6.1절에서 논의한 바와 같이 높은 에너지 준위로 여기된다. 다른 타입 전자기 복사의 흡수와 같이 적외선 흡수 과정도 양자화 되어 분자가 특정한 주파수의 적외선만 흡수할 수 있다. 적외선 흡수는 대략

적으로 20 kJ/mol 정도의 에너지 변화에 해당된다. 이는 공유 결합이 당겨지고, 굽혀지고, 꼬이는데 필요한 정도의 에너지이며, 이들의 특별한 결합들을 분자의 진동 모드들이라 한다. 분자 공유 결합의 자연적인 진동 주파수와 일치하는 적외선 주파수만 그 분자에 의해 흡수된다. 에너지 흡수에 의해 분자 내 결합의 진동 운동의 크기가 증가한다. 또한 분자가 적외선을 흡수하기 위해서는 진동 과정 중에 변하는 쌍극자 모멘트를 포함하고 있어야 한다. 시간에 따라 변하는 쌍극자 모멘트는 공유 결합 사이의 전자 밀도가 변한다는 것을 의미한다. 이러한 전자의 진동 주파수가 입사하는 적외선의 주파수와 같을 때, 적외선 에너지가 분자로 전달된다. 따라서 N_2, H_2, O_2와 같이 쌍극자 모멘트를 갖지 않은 대칭 분자들은 적외선을 흡수하지 않는다. 결합이 진동할 때의 자연 주파수는 다음과 같이 주어지며

$$\bar{\nu} = \frac{1}{2\pi c}\sqrt{\frac{k}{\mu}} \tag{4.25}$$

이는 본질적으로 조화 진동을 일으키는 스프링을 표현하는데 쓰이는 Hook의 법칙과 같다. 이 식에서 상수 k는 결합의 힘상수라 하고, 그 단위는 N/m이다. k의 의미는 공유 결합의 세기를 직접 나타내는 척도이다. μ는 환산 질량으로 알려져 있다. 질량이 m_1과 m_2인 두 개의 원자로 이루어진 이원자 분자에서 환산질량은 다음과 같이 주어진다.

$$\mu = \frac{m_1 m_2}{m_1 + m_2} \tag{4.26}$$

간단한 예로, H_2O의 구조를 생각해 보자. 가운데 산소 원자는 sp^3 혼성 결합인데, 이는 분자가 산소와 수소 사이의 단일 결합들에 의해 굽어있음을 의미한다. 이 분자는 알짜 쌍극자 모멘트를 갖고 있으므로 적외선을 흡수할 수 있다. 그림 4.27이 H_2O가 진동할 수 있는 세 가지 경우를 보여 주고 있다. 두 O−H 결합 길이가 동시에 길어지거나 짧아질 때 그 진동을 '대칭'이라 한다. 만약 한 O−H 결합 길이가 늘어날 때 다른 것이 줄어든다면 '비대칭' 진동이라 한다. 분자는 '굽힘' 운동도 일으킬 수 있다. 전체 세 가지 진동 모드가 쌍극자 모멘트의 변화를 가져오게 됨에 따라 특정 주파수의 적외선을 흡수하게 된다. 분자가 잡

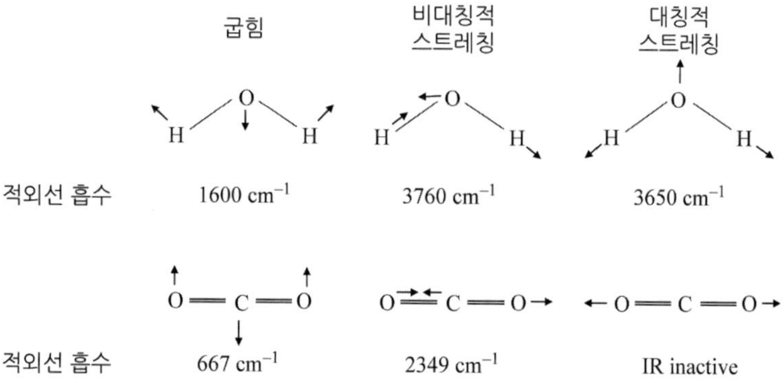

	굽힘	비대칭적 스트레칭	대칭적 스트레칭
적외선 흡수	1600 cm^{-1}	3760 cm^{-1}	3650 cm^{-1}
적외선 흡수	667 cm^{-1}	2349 cm^{-1}	IR inactive

그림 4.27 H_2O와 CO_2의 진동 모드들 및 각 진동 모드들과 관련한 적외선 흡수. CO_2의 대칭적 스트레칭은 분자 쌍극자 모멘트의 알짜 전하를 생성하지 않으므로 적외선에는 비활성적이다.

아당겨지는 것보다 굽어지는 것이 더 쉬우므로 굽힘 모드는 상대적으로 작은 k 값을 갖는다. 이것이 내포하는 것은 관측된 세 적외선 흡수 주파수 중 굽힘 모드가 가장 낮은 주파수에 해당하는 것이다. 만약 H_2O 분자 중의 H들을 중수소(D)로 바꾼다면 중수(D_2O)의 환산 질량은 H_2O의 질량보다 크다. 식 4.25에 의해 D_2O의 세 적외선 흡수 주파수는 H_2O에서의 주파수들보다 작다.

간단한 분자 CO_2를 생각해 보자. 가운데 탄소 원자는 sp^2 결합인데, 이는 CO_2가 탄소와 산소 사이의 이중 결합들이 직선인 분자임을 의미한다. 분자가 직선형이며, 가운데 C 분자에 대하여 대칭형이므로 CO_2는 알짜 쌍극자 모멘트를 갖지 않는다(두 C = O 결합으로부터의 쌍극자 모멘트가 상쇄됨). 그림 4.27과 같이 이러한 분자가 대칭적으로 진동할 때 알짜 쌍극자 모멘트는 영의 값을 유지한다. 따라서 CO_2의 대칭 진동은 적외선을 흡수하지 않는다. 그러나 CO_2의 비대칭 모드와 굽힘 모드는 알짜 쌍극자 모멘트를 가지므로 적외선 복사의 흡수가 일어나게 된다.

유기 분자들은 보통 많은 기능성 기(group)를 포함하고 있다. 각 기능성 기는 그 특성에 해당되는 특정한 적외선을 흡수한다. 예를 들면, 카르보닐기(C = O)는 1700 cm^{-1} 부근의 빛을 흡수한다. 정확한 값은 카르보닐 기능성 기에 끌려오는 다른 원자들의 정체와 같은 기능성 기의 주변 환경에 관계된다. 그림 4.28은 많은 수의 기능성 기의 진동과 적외선 흡수 특성 주파수를 보여 주고 있다. 통상 적외선 분광학자들은 적외선 값을 파수(cm^{-1})로 나타내는데, 이는 진동수 ν에 직접적으로 비례하며 다음과 같이 정의된다.

$$파수 = \frac{\nu}{c} = \frac{1}{\lambda} \tag{4.27}$$

여기서 c는 광속(cm s^{-1})이며 λ는 빛의 파장이다.

Functional Group	Group Frequency (cm^{-1})
−C−H (stretch)	3850−2960
=C−H (stretch)	3000−3100
≡C−H (stretch)	~3300
C=C (stretch)	1620−1680
C≡C (stretch)	2100−2260
−O−H (alcohols, H-bonded, stretch)	3200−3600
−O−H (carboxylic acids, H-bonded, stretch)	2500−3000
−N−H (stretch)	3300−3500
−N−H (bend)	~1600
C=O (stretch)	1670−1820
C≡N (stretch)	2220−2260
−S−H (stretch)	2550−2600
−S−S− (stretch)	470−620
Si−O−Si (stretch)	1020−1095
Si−O−C (stretch)	1080−1110
−N=N− (stretch)	1575−1630

그림 4.28 보통의 기능성 기들과 그들의 적외선 주파수.

입사 적외선 주파수에 대한 흡수나 투과 그래프를 그려서 관심 대상 분자를 포함한 시료의 정확한 흡수 주파수를 얻게 된다. 이러한 적외선 스펙트럼은 분자구조의 지문을 제공한다.

적외선 분광학은 유기 분자들의 구조를 밝히는데 꾸준히 사용되고 있다. 이제 나노 물질의 분석에 적합한 몇 가지 적외선 분광학의 전문적인 응용에 대하여 알아보자.

4.6.5.2 감쇠 전반사 적외선 분광학

감쇠 전반사 푸리에 변환 적외선(ATR-FTIR) 분광학은 고체 – 공기 혹은 고체 – 액체 경계면에 흡착된 물질들의 구조를 조사하기 위한 뛰어난 분광학적 방법이다. 이 방법은 본질적으로 고체 표면에 존재하는 분자들의 적외선 분광이다. 이는 이에 대응되는 투과 모드 적외선 흡수분광학에 비해 여러 가지 장점을 제공한다. ATR-FTIR은 최소량의 시료만으로 표면 부근을 선택적으로 조사하여 나노그램 정도의 시료 질량의 검출을 가능하게 한다. 또한 적외선 편광자를 사용하여 자기 조립된 계면활성제 혹은 단일 지질층과 같은 비등방성(잘 정렬된) 시료의 방향을 쉽게 결정할 수 있다. 시료는 외부 조건들(즉, 여러 가지 용매나 다른 pH 조건들)에 노출되어도 무방하므로 즉석 연구가 가능하다.

ATR-FTIR은 DPI와 유사하게 소실파를 이용하는데, 이는 둘 다 표면 – 센서 매질 내에서의 내부 전반사로부터 발생하는 파의 세기를 측정할 수 있기 때문이다. 한 가지 뚜렷한 차이는 ATR-FTIR는 DPI와는 달리 두께와 굴절률 변화 대신 흡착된 물질의 적외선 흡수를 감시하는 것이다. 적외선이 내부 반사 기구(IRE)라 하는 결정 위에 조사되게 거울시스템이 설치되어 그림 4.29와 같이 내부 전반사가 일어나게 한다. DPI에서처럼 적외선의 내부 전반사에 의해 소실파가 발생하여 결정위의 시료에 침투하여 지수함수적으로 감쇠하며, 결정 표면으로부터 나오게 된다(내부 전반사와 소실파에 대한 기억을 되살리기 위해 부록 A를 참조). 적외선의 경우 소실파의 침투 깊이는 보통 수 마이크로메터(0.5 – 5 μm) 정도이다.

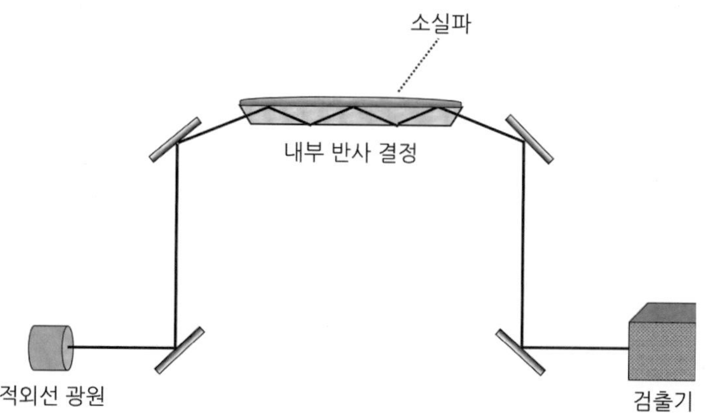

그림 4.29 FTIR을 위한 ATR 설치의 개략도. IRE 표면에서 발생된 소실파는 상단부에서 수 마이크론까지 침투 가능하다.

IRE 표면의 시료가 결정 표면에 조사된 적외선 영역의 빛을 흡수하게 되면 IRE로부터 나온 적외선 빔은 약해진(혹은 감쇠된) 세기로 검출기에 도달한다. 흡착물이 소실파를 통하여 적외선의 에너지를 받는다고 생각되지만, 시료의 진동 모드와 일치하는 적외선 주파수만 해당된다. 따라서 전체 적외선 스펙트럼을 스캔하고, IRE로부터 감쇠된 적외선 빔의 주파수를 감시하여 흡착 물질의 적외선 흡수 스펙트럼을 구하게 된다.

얇은 나노 필름의 적외선 스펙트럼을 감지하기 위한 ATR-FTIR 시스템 설치의 몇 가지 통상적 방법이 있다. 아마도 가장 올바른 방법이 외부 기판에 나노 필름을 입히고, 그 기판을 IRE 위에 고정하여 나노 필름이 기판과 IRE 사이에 끼이게 하는 것이다. 나노 필름의 적외선 흡수 스펙트럼이 앞에서 논의한 대로 얻어질 수 있다. 이 방법이 실행하기는 쉽지만 성장 중인 나노 필름을 연속적으로 감시할 수는 없다. 그와 같은 타입의 데이터를 얻기 위해서는 IRE 위에 유동 셀을 설치하여 얇은 나노 필름을 IRE 표면에 직접 입히는 것이 필요하다. 이러한 구조를 사용하여 적외선 스펙트럼을 연속적으로 감시할 수 있고, 나노 필름 형성 중에 발생하는 스펙트럼의 변화를 기록할 수 있다.

앞에서 논의한 바와 같이 얇은 나노 필름의 적외선 스펙트럼을 결정하기 위해서는 보통 수평 ATR(HATR) 구조가 사용된다. 이 구조에서는 IRE가 크기 1 cm × 5 cm 정도의 평행한 결정면으로 이루어진다. 이와 같은 크기의 IRE에서 적외선 빔은 정확한 결정의 크기와 입사각에 따라 대개 각 면에서 5 – 10회 반사된다. 앞에서 논의한 대로 고정법이나 유동 셀의 설치에 의해 결정 위쪽 표면이 박막에 노출된다. HATR에 쓰이는 가장 일반적인 결정 물질들이 ZnSe와 Ge이다. 다이아몬드는 ATR에 쓰일 수 있는 보다 단단한 재료이지만 비용이 비싼 것이 흠이다.

4.6.5.3 반사 흡수 적외선 분광학

또 다른 표면 – 민감 적외선 분광학이 반사 흡수 적외선 분광학 또는 RAIRS이다. RAIRS에서는 적외선 광이 스치는 각도로 금속 표면에 쬐어진다. 표면에 흡착된 분자의 진동 스펙트럼이 깨끗한 표면과 필름이 입혀진 표면에서 반사된 빛의 세기를 비교하여 얻어진다. RAIRS에서 관측되는 진동 모드들은 특정한 금속 표면의 선택률에 의해 지배된다.

이는 RAIRS 스펙트럼에서 두 상태에서 변하는 요소들을 포함하고, 금속 표면에 수직인 복소 벡터량인 천이 쌍극자의 성분만 나타낸다. 따라서 RAIRS 스펙트럼의 출현은 필름 속의 특정 기능성 기들의 천이 쌍극자가 표면에 수직한 방향과 평행한 성분을 가지고 있음을 나타내는 것이다.

4.6.6. 라만 분광학

4.6.6.1 레일리와 라만 광 산란

빛과 물질의 상호작용을 처음 논했을 때(4.6.1절 참조) 흡수, 방출, 형광 등의 과정들에 대해서 자세히 살펴보았다. 그러나 빛이 나노 크기의 물질과 만나면 산란이라 하는 또 다른 상호작용이 일어난다. 라만 분광학의 범위와 효용을 이해하기 위해서 광 산란에 대하여 간단히 소개한다.

빛이 용액이나 현탁액을 지나갈 때 많은 부분이 직접 용액을 통과하여 지나가지만, 일부분은 다른 방향으로 산란된다. 이러한 산란 과정을 보다 잘 이해하기 위해서는 광 산란 모델이 유용하다. 광자가 분자와 상호작용한다고 하면 그림 4.30과 같이 분자가 가상의 여기상태로 올라간다. 이러한 가상의 준위는 짧은 시간동안 존재하므로 분자가 광자를 재방출하면서 거의 곧 바로 바닥상태로 되돌아오게 될 것으로 예측된다. 그러나 재방출된 광자는 항상 분자와 상호작용하기 전에 지나간 것과는 같은 방향으로 방출되지 않는데, 이것이 산란이다. 이와 같은 산란 과정에 관한 모델이 광자의 흡수와 재방출과 혼동하지 않도록 주의하는 것이 중요하다. 우리 모델에 의하면 입사하는 광자는 분자에 흡수되지 않는다. 가상의 여기 준위로 상승하는 것이 광자와의 순간적인 상호작용 결과이며, 전체 과정은 양자화되지 않는다(어떤 빛 에너지에서도 일어날 수 있음을 의미). 흡수는 입사광 주파수가 정확히 분자의 허용된 에너지 준위차와 일치할 때만 일어난다.

가장 일반적으로 빛은 레일리 산란이라 표현한 것처럼 탄성 산란(혹은 에너지 손실이나 이득 없이)이 된다. 아인슈타인의 식(식 4.20)으로부터 빛 에너지는 주파수(혹은 파장)와 직접 관계된다. 따라서 레일리 산란이 탄성적이므로 산란된 빛은 산란되기 전과 같은 주파수(혹은 파장)를 가지고 있다. 그러나 빛의 파동성에 의해 레일리 산란은 어떤 파장들은 다른 파장들보다 더 크게 산란된다는 것을 의미하는 파장 – 의존 과정이다. 실제로 하늘의 파란색을 설명하는 것이 이 레일리 산란이다. 태양으로부터의 빛이 대기 중의 입자들과 상호작용함에 따라 레일리 산란을 겪게 된다. 파란빛은 다른 파장들보다 더 많이 산란된다. 왜냐하면 산란에 관계하는 공기 분자의 크기에 근접하는 짧은 파장에서 레일리 산란이 제일 크기 때문이며, 그 결과 하늘이 파란색으로 보이게 된다. 레일리 산란은 그림 4.30의 광산란에 의해 개략적으로 설명된다.

라만 산란은 빛이 분자에 의해 비탄성적으로 산란될 때 발생한다. 다시 말해 라만 산란은 산란광이 그 전보다 높거나 낮은 에너지를 가질 때 발생한다. 이러한 에너지 증가나 감소는 일반적으로 분자의 진동 에너지 변화에 의한 것이다. 우리의 광산란 모델에 의하면 이러한 타입의 라만 산란은 분자가 가상 여기 준위에서 그 이전보다 높거나 낮은 진동 에너지 준위로 완화될 때 일어난다. 이 경우에 재방출된(혹은 산란된) 광자는 분자와 작용하기 전보다 약간 다른 주파수(혹은 파장)를 가진다. 원래 값에서의 산란광 주파수 변이는 분자들의 진동 준위들 차이와 직접 일치한다.

우리의 도해(그림 4.30 참조)에서 라만 산란은 다음과 같이 나타낸다. 광자와 상호작용할 때 분자가 바닥상태 위의 첫째 진동 준위에 있다고 하자. 분자가 가상 여기 준위로 여기되었다가 앞에서 말한 대로 산란광을 내면서 곧바로 완화된다. 그러나 분자가 첫 번째 진동 준위보다는 두 번째 진동 준위나 바닥상태로 완화된다고 가정하자. 이 경우에 재방출된 광자는 그림에서 ΔE로 나타낸 진동 준위들의 정확한 차이들에 따라 늘어나거나 줄어든 에너지를 갖게 된다. 그리고

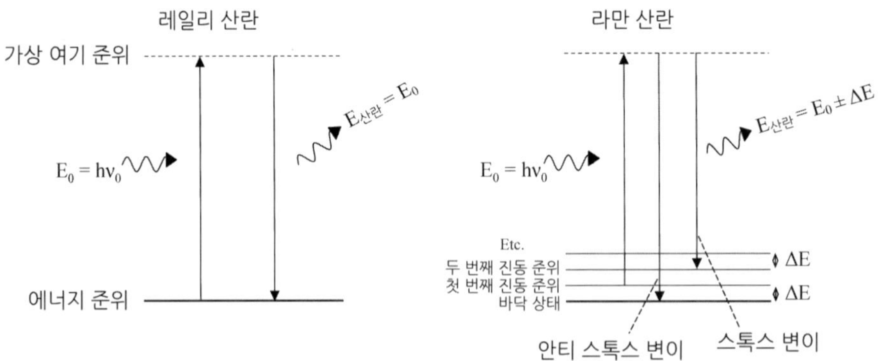

그림 4.30 레일리와 라만 산란 과정을 보여 주는 에너지 도해. 광자가 분자와 상호작용하여 비양자화된 가상 준위로 분자를 상승시킨다. 분자는 산란 광자를 발생시키면서 낮은 에너지 상태로 급속히 돌아온다. 분자가 처음과 같은 상태로 돌아온다면 레일리 산란이 발생한 것이고, 높거나 낮은 진동 에너지 준위로 돌아온다면 라만 산란이 발생한 것이다.

빛 에너지는 주파수 함수이므로, 높거나 낮은 빛 에너지는 최초의 값에서 약간 변이된 주파수를 가지며, 라만 산란이 발생한다. 라만 산란된 빛은 방향 변화뿐만 아니라 주파수 변이도 함께한다.

라만 산란된 빛의 주파수 변이가 분자의 진동 준위 변화의 직접적인 결과이므로, 단순히 라만 산란된 빛의 주파수 변이를 측정함으로써 적외선 분광학과 비슷한 정보를 얻을 수 있다고 가정하는 것이 합당하다. 실제로 이것이 라만 분광학 뒤에 있는 기본적 아이디어이며, 라만 스펙트럼에서의 주파수 변이는 적외선 흡수 주파수와 직접적으로 유사하다. 실질적으로 라만 산란광의 주파수 변이는 감지되며, 그 변이 정도가 연구대상 분자 내의 특정 결합 진동과 일치한다. 이에 의해서 분자들 내의 기능성 기들의 정체를 기초 수준에서 확인할 수 있을 뿐만 아니라 국소 화학적 환경을 연구할 수 있다.

이름 짓는 관습에 따라 낮은 에너지(혹은 낮은 주파수)로 변이되는 라만 산란광이 스톡스 변이(Stokes shift)라는 것을 주의하자. 높은 에너지(혹은 높은 주파수)로의 변이를 안티 스톡스(Anti-Stokes) 변이라 한다. 보통 스톡스 변이가 안티 스톡스 변이보다 잘 일어나므로 스톡스 신호가 더 세다. 주어진 분자와 주파수의 빛에서 라만 산란이 레일리 산란보다 보통 적게 일어난다. 따라서 주파수에 대해 세기를 나타내면 라만 스펙트럼은 강한 레일리 산란광을 중심에 두게 된다. 레일리 피크가 낮은 주파수에서 스톡스 라인을, 높은 주파수에서 안티 스톡스 라인을 나타내는 작은 피크들에 의해 대칭적으로 둘러싸여 있다. 이 피크는 종종 검출기에 들어가지 못하게 필터에 의해서 차단된다.

4.6.6.2 표면 증강 라만 분광학

보통 라만 산란 효과는 매우 약하다. 보통의 조건에서 라만 산란된 스펙트럼 피크들은 그 세기가 입사광의 ~0.001%이다. 따라서 라만 산란으로 상대적으로 낮은 농도의 물질(표면에 입혀진 박막과 같은)을 분석하려면, 유용한 정보를 얻기 위해서 신호를 증강시키는 방법이 필요하다.

라만 신호를 증강시키기 위해 보통 사용되는 한 가지 방법이 거친 금속 표면이나 콜로이드 입자에 분석 물질을 흡착시켜서 그 물질로부터 라만 스펙트럼을 얻는 것이다. 은이 가장 자주 쓰이지만 금과 구리도 비슷한 효과를 얻는 것으로 관측되었다. 이러한 타입의 신호 증강이 표면 증강 라만 분광학(SERS)이라 한다. SERS는 금속 표면에 가까운 지역을 탐사함과 동시에 라만 신호를 증폭할 수 있도록 하는 편리한 방법이다. 따라서 금속 표면에 흡착된 소량의 물질로도 라만 스펙트럼을 얻을 수 있다. 금속 표면에 흡착된 물질이 라만 신호를 증강시킨다는 정확한 메커니즘이 완전히 이해되지 않았다. 이 효과를 설명하기 위한 두 가지 유력한 이론이 나왔다. 그들은 각각 전자기 증강 이론과 화학적 증강 이론이라 한다. 각 이론들이 몇몇 관측 결과를 설명할 수 있지만 다른 것들은 설명할 수가 없다.

전자기 이론에 따르면 입사광에 의해 발생하는 표면 플라즈몬이 라만 산란을 증강시킨다는 것이다. SPR에 대한 앞의 논의(4.4절)에서 기억되듯이 전도성 금속(보통 금이나 은) 표면에 빛이 쬐었을 때 발생하는 전자의 집합적 진동이 표면 플라즈몬이다. 표면 플라즈몬의 발생에 의해 금속 표면 부근의 전자기파가 크게 증가하므로 이것이 라만 산란광을 증강시키는 것으로 추정된다. 그래서 이것이 전자기 증강 이론 뒤의 기본적인 아이디어이다. 입사광이 표면 플라즈몬을 발생시키고, 이것이 표면 부근의 전자기파를 증강시키고 이에 따라 보다 강한 라만 신호가 발생된다.

화학적 증강 이론은 금속 표면 흡착으로부터의 라만 신호 증강을 설명하기 위한 전하-이동 메커니즘을 말한다. 전하-이동 메커니즘은 본질적으로 금속 표면과의 상호작용에 따라 새로운 전자 준위가 만들어질 수 있다는 것이다. 새롭게 허용된 이러한 전자 준위들은 점유된 최대 분자 궤도와 점유되지 않은 최저 분자궤도 사이의 에너지 준위에 있을 수 있다. 그러므로 새로운 전자 준위는 라만 산란에서 공명 중간 매개를 제공한다. 따라서 전하-전달 메커니즘에 의한 분자 여기는 보통 분자가 여기되는데 필요한 것보다 매우 낮은 에너지에서 일어난다. 따라서 라만 산란은 보다 쉽게 일어나며 신호가 강해진다.

SERS는 보통 거칠기가 10-100 nm인 '거친' 금속 표면에서 발생한다. 이러한 표면들은 기판 위에 금속을 스퍼터링이나 증착 또는 금속 전극 표면을 산화-환원시켜서 만들어진다. 콜로이드 상태의 금속 입자들 또한 SERS를 발생시키는데 사용된다. 이러한 콜로이드들은 용액 속에 떠 있거나 기판에 흡착된다. 이러한 '거친' 금속 표면 타입에서 표면으로부터 수십 나노미터까지 SERS 효과가 증가하므로 초박(ultra-thin)나노 필름을 효과적으로 조사할 수 있다.

4.7 비선형 분광학 방법

4.7.1 비선형 분광학 개요

비선형 광학은 강한 빛과 물질의 상호작용을 취급한다. 광원은 대개 강한 전기장을 가진 빛을 생성하는 펄스 레이저이다. 비선형 광학 이론이 이 책의 범위를 벗어나지만, 비선형 광학 효과가 어떻게 나노 조립체에서 분자의 성질을 탐사하는데 사용되는지를 쉽게 이해하기 위해서 간략히 논하도록 하자.

이 장은 반사, 굴절, 흡수, 간섭과 같은 선형 광학적 효과에 역점을 두었었다. 이러한 효과들은 세기에 상관없이 모든 광원에서 관측된다. 선형 광학적 효과는 진동하는 전기장과 분자 내에서 유도된 쌍극자 모멘트 사이의 선형적 관계에 기초를 두고 있다. 따라서 빛의 진동 전기장이 분자와 상호작용할 때 분자 속 전자구름도 진동하기 시작한다. 이러한 전자 밀도 진동이 진동 쌍극자 모멘트를 분자 내에 일으킨다. 쌍극자 세기(μ)는 다음 식에 따라 입사 전기장의 크기(E)에 관계된다.

$$\mu = \alpha E \tag{4.28}$$

상수 α는 분자의 분극도이다. 이는 전기장에 의한 전자 밀도의 변화 정도를 나타낸다. 이 식의 한 가지 중요성은 주파수가 ω인 빛이 물질과 상호작용할 때 주파수가 변하지 않는 것이다. 예를 들어, 주파수 ω인 입사광이 표면에서 되튀어나오면 반사광 또한 주파수가 ω 이다. 식 4.28이 실제로는 2차항과 고차항들을 가진 다음과 같은 식이다.

$$\mu = \alpha E + \beta E^2 + \gamma E^3 + \cdots \tag{4.29}$$

E가 크면 고차항들도 중요하게 된다. 상수 β와 γ는 각각 1차와 2차 초과 분극도로 알려져 있다. 이러한 상수들은 보통의 약한 빛이 분자와 상호작용할 때는 본질적으로 영에 가깝다. 그러나 강한 펄스 레이저로부터의 빛이 사용되면 이 비선형 항들이 뚜렷해지게 된다. 식 4.29가 분자에 미치는 빛의 효과에 관한 일반적인 식이다. 모든 물질들이 비선형이라 이해하는 것이 중요하다. 이것은 부

조화를 일으켜서 비선형 작용이 발생되게 하는데 필요한 교란 전기장의 문제이다. 이러한 논의를 벌크 물질로 확대하면 비슷한 식이 얻어지며, 이때 쌍극자(μ)는 벌크 물질의 평균 분극(P)으로 대체된다.

$$P = \chi_1 E + \chi_2 E^2 + \chi_3 E^3 + \cdots \tag{4.30}$$

상수 χ_1, χ_2, χ_3는 각각 1차, 2차, 3차 감수율로 알려져 있다. 이들은 벌크 물질 속 분자들의 방향에 대해 평균한 초과 분극도에 대한 합 성분과 관계한다. 여기서는 여러 χ항에 대한 전체 수학적인 표현은 생략한다. 식 4.30의 각 분극을 분리하여 $P_1 = \chi_1 E$는 선형 분극, $P_2 = \chi_2 E^2$는 2차 비선형 분극 등으로 나타낼 수 있다. 사실 나노 물질들을 연구하기 위한 많은 광학적 효과들이 2차 비선형 분극에 바탕을 두고 있다. 우리는 이 항에 집중한다.

주파수가 각각 ω_1과 ω_2인 강한 두 레이저 빔이 매질에 입사한다고 하자. 이 두 주파수들은 다음 식과 같이 표현되는 매질에 동시에 작용하고, 진동하는 두 전기장(E_1과 E_2)을 가지고 있다.

$$E = E_1 \cos \omega_1 t + E_2 \cos \omega_2 t \tag{4.31}$$

이 식을 1차 비선형 분극에 대한 표현 $P_2 = \chi_2 E^2$에 대입하면 다음과 같은 흥미로운 결과를 얻는다.

$$P_2 = \frac{\chi_2}{2}\left[\left(E_1^2 + E_2^2\right) + \left(E_1^2 \cos 2\omega_1 t\right) + \left(E_2^2 \cos 2\omega_2 t\right) + 2E_1E_2 \cos(\omega_1 + \omega_2)t + 2E_1E_2 \cos(\omega_1 - \omega_2)\right] \tag{4.32}$$

이는 재미있는 결과이다. 왜냐하면 두 강한 주파수(ω_1과 ω_2)의 빛이 물질과 상호작용할 때 두 배가 된 주파수들($2\omega_1$과 $2\omega_2$) 및 더해진($\omega_1 + \omega_2$) 것과 빼진($\omega_1 - \omega_2$) 주파수들이 발생되는 $2\omega_1$, $2\omega_2$, $\omega_1 + \omega_2$, $\omega_1 - \omega_2$ 항들 때문이다. 두 배의 진동수 발생이 2차 조화파 발생(SHG)이며, 끝 두 개가 보통 합주파수와 차주파수 발생(SFG와 DFG)으로 알려져 있다. 두 광자가 매질을 지나가면서 에너지가 합쳐져서 한 개의 광자가 된다. 만약 한 주파수만의 빛이 있다면 두 광자를 합쳐서 에너지(따라서 주파수)가 입사광의 두 배인 한 광자를 만들 수 있다. 이

경우에 SHG와 SFG 사이에는 아무런 구분이 없다. 두 광자를 합쳐서 하나로 만들고 있으며, 그 과정의 변환 효율은 이론적으로 최대 50%이다.

모든 물질이 2차 분극을 발생시키지는 않는다. 주요 결정 인자가 2차 감수율인 χ_2이다. χ_2의 수학적 성질들은 분자 방향 등에 관계하며, 이 특성들이 결국 비선형 광학적 변환 효율이다. χ_2의 특성들은 다음 절에서 논의한다.

예제 4.4 광자 에너지 결합

두 파장의 빛 (a) 초록(500 nm)과 (b) 적외선(900 nm)으로 이루어진 펄스 레이저 광원이 비선형 광학적 활성매질을 통과하였다. 이 매질로부터 발생하는 2차 조화파와 합-주파수 광의 색깔을 정하시오.

풀이 : 모든 파장을 주파수로 변환하자.

(a) $\nu = \dfrac{c}{\lambda} = \dfrac{2.998 \times 10^{8}\ \mathrm{m\,s^{-1}}}{500 \times 10^{-9}\ \mathrm{m}} = 5.996 \times 10^{14}\ \mathrm{Hz}$

(b) $\nu = \dfrac{c}{\lambda} = \dfrac{2.998 \times 10^{8}\ \mathrm{m\,s^{-1}}}{900 \times 10^{-9}\ \mathrm{m}} = 3.331 \times 10^{14}\ \mathrm{Hz}$

두 주파수를 합하면

SHG: (a) $2(5.996 \times 10^{14}) = 1.199 \times 10^{15}\ \mathrm{Hz}$ 혹은 ~250 nm(짧은 자외선)

(b) $2(3.331 \times 10^{14}) = 6.662 \times 10^{15}\ \mathrm{Hz}$ 혹은 ~450 nm(파란빛)

SFG: $5.996 \times 10^{14} + 3.331 \times 10^{14} = 9.327 \times 10^{14}\ \mathrm{Hz}$ 혹은 ~320 nm(자외선)

두 가지 요소가 2차 감수율의 크기를 결정한다. 첫 번째가 대칭성이며, 두 번째가 분자 속의 영구 쌍극자 모멘트(분자를 분극시키기 위한 힘)이다. 일반적으로 쌍으로 결합된 분자들이 그렇지 않은 분자들에 비해서 분극화가 쉽다. 왜냐하면 전자들이 탄소가 몰려 있는 쪽으로 분리되기 때문이다. 쌍으로 결합된 분자들이 양 반대쪽 끝에 전자의 주개와 받개 기를 가지고 있으면, 분자가 쉽게 분극화된다. 이러한 분자 배열이 2차 비선형 효과를 증가시킨다.

중심대칭 구조에서 χ_2는 영이다. 만약 분자가 전도(역) 대칭 구조이면 χ_2가 영으로 줄어든다. 전도란 분자 내의 원자가 분자 중심을 지나서 분자의 반대쪽에 위치할 수 있는 것을 말한다. 에틸렌과 에틸린을 생각해 보자. 전도 후에 에틸

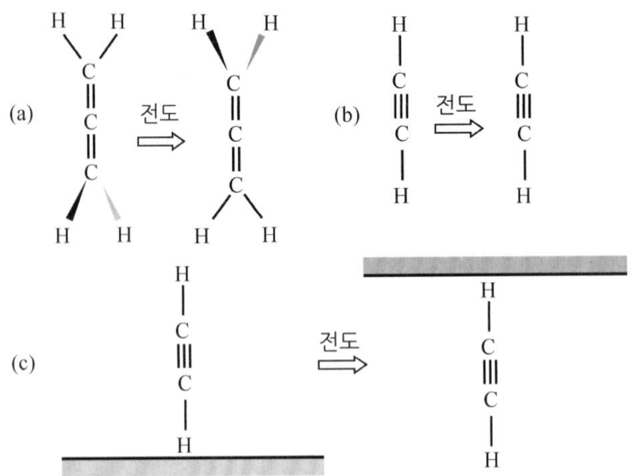

그림 4.31 단순한 분자에서의 전도(inversion) 작용. (a) 에틸렌은 전도 대칭성을 갖고 있지 않다. 왜냐하면 수소 원자 위치가 전도 작용 후에 바뀌기 때문이다. (b) 에틸린의 모든 원자들은 전도 후에 바뀌지 않는다. 이 분자는 전도 대칭성을 가진다. 만약 에틸린이 (c)처럼 표면에 있다면, 중심대칭성은 깨어진다. 표면은 전도 대칭성이 없는 비중심대칭 영역이다.

렌 분자는 달라 보이지만 수소 원자의 위치는 전도 후의 에틸린과 같다. 에틸렌은 비중심대칭 혹은 부족한 전도 대칭이라고 한다. 흥미롭게도 경계면의 분자는 항상 전도 대칭이 아니다(그림 4.31). 따라서 표면과 경계면은 본질적으로 비중심대칭 영역이며, 이러한 영역의 분자들은 SHG와 SFG 광을 발생시킨다. 이러한 사실로 경계면에서 분자의 구조를 조사하기 위한 표면 특유의 탐침으로서 SFG와 SHG가 사용될 수 있다. 표면에 있는 많은 나노 물질들이 이러한 비선형 광학적 기술에 의해 탐사될 수 있다.

4.7.2 2차 조화파 발생(SHG)

SHG는 주파수 ω를 2ω로 바꾸는 것이다. 그 효과는 비중심대칭 영역과 높은 분극도를 가진 분자에서 가장 강하다. 높은 분극성의 (머리)기(headgroup)를 가진 친양쪽성 화합물을 생각해 보자(그림 4.32). 분극성 머리기를 비선형 광학적(NLO) 활성 발색단이라 하자. 이와 같은 분자 구성 물질에서의 NLO-활성 발색단은 전자 받개(A)와 전자 주개(D)를 포함하고 있고, 쌍으로 결합된 아조벤젠 단위에 의해 가교되어 있다. 이러한 D-π-A 시스템이 강한 NLO 반응을 위해서는 꼭 필요하다. 그림 4.32에서 받개 기는 카르복실산기이며 전자 주개는 산소 원자

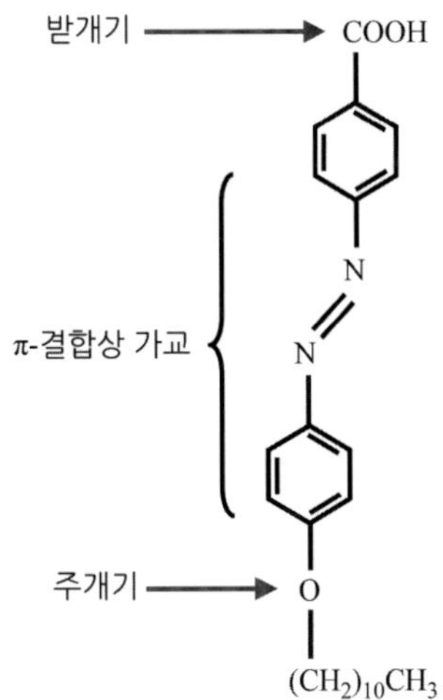

그림 4.32 NLO-활성 머리기를 가진 친양쪽성 분자. 이 일부분이 전자 받개(카르복실산기)와 연결된 전자 주개(산소 원자)로 이루어져 있다. 아조벤젠기는 전자 주개와 받개 사이의 π-결합쌍 가교 역할을 한다. 머리기는 높은 분극성을 가지고 있다.

이다. 이 분자로 이루어진 단일층이 큰 알짜 쌍극자를 가진 잘 정돈된 조합을 만든다. 이러한 조건들이 강한 SHG 신호에 필수적이다. 이러한 조합에 같은 방향(비대칭 조합)의 또는 반대 방향(대칭 조합)의 추가 층들이 더해질 수 있다. 대칭 조합은 대칭 2층막의 중심대칭성 때문에 SHG 신호를 감소시키게 된다.

큰 NLO 반응을 가진 나노 조합체를 만드는 것이 광전자학(전자 소자에서의 전자 대신 광자를 사용), 통신, 데이터 저장 등을 포함한 많은 기술들에서 중요하다. 효율적인 주파수 배가 특성을 가진 물질들도 다른 파장들을 가진 빛을 생성시키기 위해서 레이저에서 쓰일 수 있다. 자기 조립법이 분자 구성 물질들을 NLO-활성을 가진 신물질들을 만드는 우선적인 방향으로 유도하는 데 쓰일 수 있다. 이러한 분야가 차세대 전자와 계산의 돌파구로의 발전을 이끌고 있음에도 불구하고, NLO에의 응용을 위한 기능성 나노 물질의 조합을 만드는 데는 기본적인 한계가 존재한다. 이러한 한계들은 층으로 이루어진 박막 조합에서 비대칭 방향의 NLO 발색단을 얻는 것에 있는 본질적인 어려움에서 비롯된다. 그 결과 NLO 반응이 필름 두께의 제곱에 따라 증가하지 않아서 무용지물이 된다. 5장에서 다루게 될 층층을 쌓는 방법들이 3-D 조합을 통하여 NLO 블록을 가진 다층막을 만들기 위한 가장 확실한 접근법이다. 이상적인 NLO 활성 필름은 고체 위에 자기 조립된 높은 방향성을 가진 수백 층의 분자들을 포함한다. NLO 물질의 경우, 쌍극자 모멘트들이 동일한 방향으로 정렬되도록 주개–받개 발색단들이 구성되어 있다면, 필름 두께(2층 조합의 개수)가 늘어날수록 식 4.33에서 예측하듯이 2차 조화파 광신호가 제곱에 비례하여 늘어나게 된다. 여기서 L은 필름 두께, I_ω는 입사광 세기, n_ω는 입사광 주파수에서의 필름 굴절률, $\mathrm{n}_{2\omega}$는 2배 주파수에서의 굴절률이다.

$$I_{2\omega} = \frac{2\omega^2 d_{eff} L^2}{c^3 \epsilon_0 \mathrm{n}_\omega^2 \mathrm{n}_{2\omega}} (I_\omega)^2 \frac{\sin^2(\Delta kL/2)}{(\Delta kL/2)^2} \tag{4.33}$$

랑뮤어–블로젯(LB: Langmuir-Blodgett)법이 친양쪽성 분자들을 공기–물 경계면에 2-D 구조로 밀도있게 정렬하는데 보통 쓰이는 기술이다. 이 2-D 구조는 기판에 편리하게 천이된다. 이 방법은 5장에서 좀 더 다룰 것이다. 천이 과정을 반복하여 원하는 두께의 정돈된 3-D의 나노 구조가 얻어지게 된다. 조립 과정 중에 비대칭 구조의 배열이 유지된다면, 각 층이 나타내는 기능성이 더해진 효과를 얻을 수 있다. 3-D 물질에서 증강된 NLO 기능성을 얻기 위한 각각의 LB 층들의 더해진 효과와 관련한 아이디어는, 어떤 정도의 층간 혼합이 있다는 연구결과에 의해 중대한 문제점을 안게 된다. 층간 혼합은 발색단의 방향을 무작위로 만들어서 SHG의 세기를 약화시킨다. 우리는 큰 광학적 비선형성을 가진 비대칭 구조에 흥미가 많다. 이러한 타입의 막 부착은 보통 두 가지 다른 종류에 의해 행해진다(5장에서 추가로 논의). LB 조립된 물질에서의 무질서는 조립체 내의 꼬인 알킬기 꼬리 때문이며, 이로 인해서 패킹 밀도 저하가 발생된다. 또한 무질서는 바람직하지 않은 쌍극자–쌍극자 상호작용에 의해 면 내에서의 질서가 없기 때문에 발생하기도 한다. 보통의 LB 조립체는 두 가지 종류를 가지고 있는데, 주어진 막 부착 싸이클로부터의 두 물질 모두 결함을 가질 수 있다. 어느 종류의 물질이든 기판에 수직한 방향으로 퍼져나가려는 성향을 가지고 있어서, 2층으로 된 여러 겹의 균일한 두께에도 불구하고 층간 침투가 커진다. 즉, 여러 층들에서의 부착 물질의 양과 두께의 균일성이 각 층에서의 알짜 표면 조건이 비슷함을 의미하지만, 각 층들 내 분자 질서에서의 조화를 추측하는 '유사한 표면'의 개념을 사용할 경우에 주의가 필요하다. 무질서한 시스템이지만 규칙적 부착 패턴으로 보일 수 있다–분자 수준에서 무질서한 필름도 거시계에서는 확

실히 질서있는 것처럼 보일 수도 있다. 이러한 생각은 질서뿐만 아니라 분자 수준에서의 발색단 방향을 취급하는 분야에도 널리 적용되고 있다.

나노 물질로부터의 NLO 반응 측정뿐만 아니라 SHG는 조립 과정을 실시간으로 따라가는데 사용될 수 있어서 조립체 내에서의 NLO 활성 발색단의 밀도를 구하고, 나노 필름의 정렬된 도메인의 영상도 얻을 수 있다. s-와 p-편광으로부터 생성되는 SHG의 상대적 크기를 얻어서 표면에 수직한 방향에 대한 NLO-활성 발색단들의 방향도 계산할 수 있다.

4.7.3 합주파수 발생 분광학

다른 두 주파수(ω_1과 ω_2)를 가진 광자들은 결합하여 합주파수($\omega_{SFG} = \omega_1 + \omega_2$)의 빛을 발생시킬 수 있다. SHG와 유사하게 SFG는 비중심대칭 환경에서 발생된다. SFG는 일상적으로 경계면에 국한된 나노 필름의 구조에 관한 정보를 얻기 위한 적외선 분광법으로 사용된다. 이 방법에서 두 주파수 중 하나는 가시

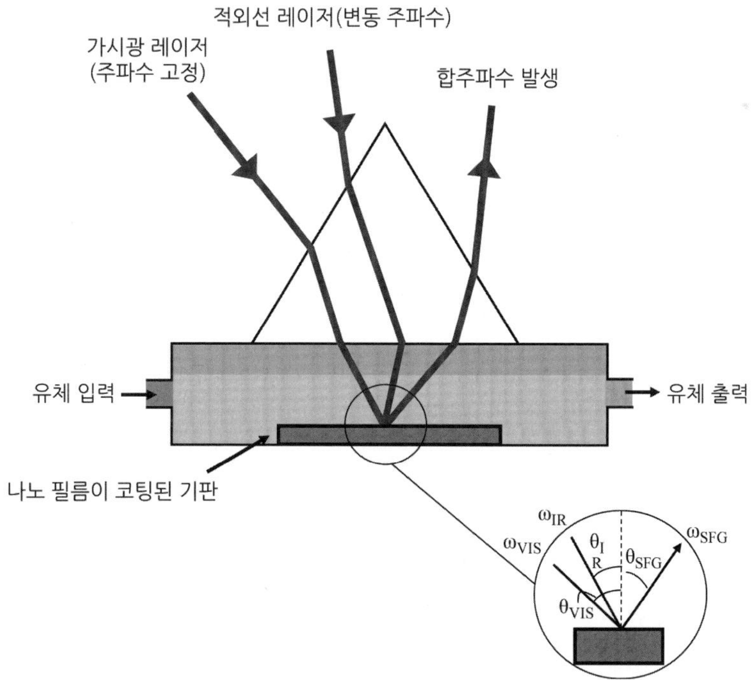

그림 4.33 프리즘이 표면의 레이저빔들을 결합하기 위해서 사용되는 보통의 SFG실험 구조. 원 내에는 다양한 각도의 IR, 가시광, 그리고 SFG 빔들이 나타나 있다.

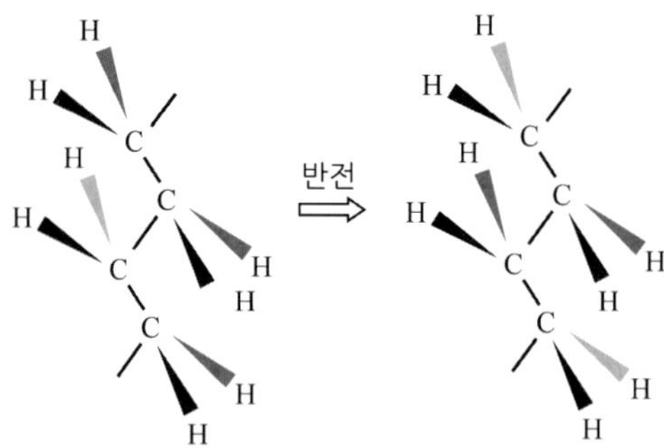

그림 4.34 전-트랜스 알킬 사슬의 일부분. 반전 작용 후에 모든 원자들의 위치가 변하지 않고 유지되므로 CH_2는 국소적으로 중심대칭이다. 따라서 이 구조를 가진 기들은 SHG나 SFG 빛을 발생시키지 못한다. 꼬임이나 불규칙한 결함이 CH_2기들의 비중심대칭을 일으켜서 이러한 기들이 SFG 활성화가 되게 한다.

광선, 보통 532 nm(ω_{vis})으로 고정된다. 다른 주파수는 적외선 영역(ω_{IR})에서 가변이다. 두 빔이 표면에서 겹쳐지고 SFG 빔의 세기가 측정된다. ω_{IR}이 표면에 있는 분자의 진동 모드와 공명일 때 이 SFG 빛의 세기가 크게 늘어남이 밝혀졌다. 따라서 ω_{IR}에 대한 SFG의 세기 분포로부터 표면에 있는 분자의 진동 스펙트럼을 알게 된다. ATR-FTIR 분광학과는 달리 SFG 분광학은 표면에 국한된 반면에 ATR법은 표면으로부터 수 마이크론 이내의 영역을 조사한다. SFG 신호의 크기에 대한 이론적 표현은 식 4.34로 주어진다.

$$I_{\text{SFG}} = 128\pi^3\left(\frac{\omega_{\text{SFG}}}{\text{hc}^3}\right)|K_{\text{SFG}}\,K_{\text{vis}}K_{\text{IR}}|^2|\chi_2|^2\left(\frac{I_{\text{vis}}\,I_{\text{IR}}}{AT}\right) \tag{4.34}$$

신호 세기 I_{SFG}는 레이저 펄스당 생성된 SFG 광자의 개수이며, 빔 세기(I_{vis}와 I_{IR}), 레이저 펄스 길이 (T), 빔 겹침 면적 (A), 여러 가지 기하학적 프레넬 요소들 (K), 2차 감수율에 관계한다.

실제로 SFG 빛을 발생시키기 위하여 고정 주파수의 가시광과 가변 IR광의 입사각이 정밀하게 조정되어야 한다. 또한 방출되는 SFG 빛은 정밀한 각도로 관측된다. 이것이 위상 정합으로 알려져 있으며, 식 4.35를 통해서 적절한 각도가 계산된다. 그림 4.33은 보통의 SFG 실험 구조이며, 식 4.35에 나타난 다양한 각도를 보여 주고 있다.

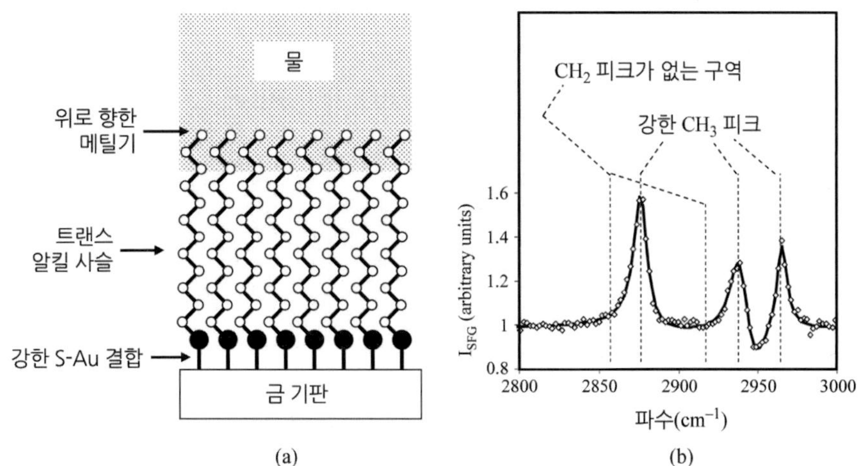

그림 4.35 (a) 금-물 경계면의 자기 조립된 DDT. 알킬 체인 사이의 강한 소수성 작용에 의한 전-트랜스 구조가, 액상을 가리키는 말단의 CH_3기들을 가진 조밀하게 조합된 구조를 생성한다. (b)의 SFG 스펙트럼은 비중심대칭CH_3기들에 의한 특성만 보여 준다. CH_2기들은 중심대칭이므로 SFG 스펙트럼에서 나타나지 않는다.

$$\omega_{SFG} \sin\theta_{SFG} = \omega_{vis} \sin\theta_{vis} - \omega_{IR} \sin\theta_{IR} \tag{4.35}$$

SFG 분광학은 표면에 조립된 단일층들 속의 알킬 사슬의 구조를 연구하는데 광범위하게 사용되어 왔다. 만약 알킬 사슬이 전-트랜스 구조라면 모든 CH_2기들은 그림 4.34에서 보듯이 국소적으로 중심대칭 상태이다. 불규칙적인 결합이 있으면 이 중심대칭이 깨어져서 CH_2 합주파수 발생이 활성화된다. SFG의 효용성은 다음 예에 나타난다. 물속 금의 표면(그림 4.35)에 화학적으로 흡착된 dodecane chiol (DDT)를 생각해 보자. 이러한 단일층에 대한 것은 5장에서 보다 자세히 논의된다. 이 단일층은 전-트랜스 구조를 가진 모든 CH_2기들에 강하게 둘러싸인다. 오직 끝의 CH_3기만 비중심대칭이다. DDT의 SFG 스펙트럼은 말단 메틸기 진동 모드에 기인된 특징들만 보인다. 이에 비해서 그림 4.36은 mercaptododecanoic acid(MDA)의 SFG 스펙트럼을 보여 준다. 이 분자는 CH_3기 대신 큰 카르복실 머리기를 포함한 것을 제외하면 구조적으로 DDT와 비슷하다. MDA의 SFG 스펙트럼은 CH_3의 특성을 보여 주지 않고 CH_2로부터 비롯되는 강한 진동 특성을 보여 준다. 메틸렌 특성의 존재는 MDA 단일층의 알킬 사슬 속에 있는 많은 양의 불규칙한 결합이 있음을 나타낸다. DDT에 비해서 MDA는 단일층이 단단하게 둘러싸이는 것을 방해하는 부피 큰 머리기를 가지고 있기 때문에 이는 놀라운 일이 아니

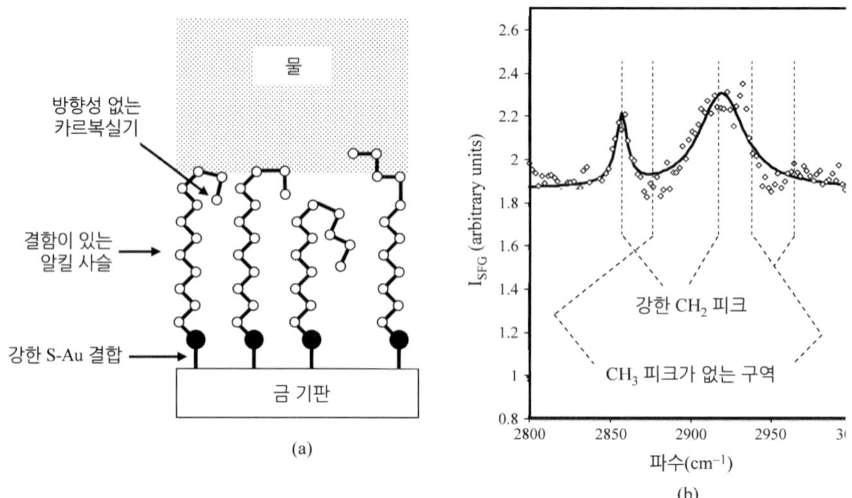

그림 4.36 금-물 경계면에서의 자기 조립된 MDA 단일층. 큰 음이온 머리기가 단일층이 강하게 결합되는 것을 방해하고 사슬이 꼬이게 하고, 불규칙한 결함을 생성시킨다. 이것이 머리기를 무질서하게 만든다. (b)의 SFG 스펙트럼은 오직 비중심대칭 CH_2 기들에 의한 것이다.

다. 이러한 특징은 알킬 사슬이 점유할 큰 여지를 주어서 그 결과 탄화수소 사슬에 비틀림이 발생한다.

SFG 분광학은 그 자체로 우수한 나노 특성화 방법을 정립하였다. 이 방법은 광학적 접근이 가능한 어떤 경계 물질도 탐사 가능하며, 부식, 표면 상변이, 세정, 세포막 구조 등과 같은 많은 경계면에서의 작용을 탐사하는 데 사용되었다.

4.8 X-선 분광

X-선 분광은 물질 속 분자들의 전자 구조를 탐사하기 위해 X-선을 사용하는 여러 방법들을 총칭하는 것이다. 이러한 방법들은 물질의 구성 성분, 결정 속 각 원자들의 질서도 혹은 나노 크기 분자의 작용 등을 결정하는 특별히 유용한 방법들이다. 각 방법들은 X-선에 의해서 일어나는 전자기 복사의 흡수, 방출, 산란에 기초를 두고 있다.

4.8.1 흡수

X-선이 얇은 층의 물질을 지나갈 때 흡수와 산란에 의해 X-선의 세기가 감쇠한다. 흡수가 크게 일어나는 파장 영역에서 산란 효과는 무시할 수 있다. 각 원소들은 각각의 잘 정의된 X-선 흡수 피크들을 포함한 흡수 스펙트럼을 갖고 있으므로 원소들을 확인하는 데 사용된다. 빛의 X-선 영역에서는 분자의 전자 준위에서 감지하기에 충분한 변화를 일으키는 에너지가 있다. 핵심(core) 전자들의 결합에너지에 해당되는 X-선이 입사했을 때 핵심 전자가 원자로부터 이탈된다. 이 결과 여기 이온이 생성된다. 핵심 전자의 결합 에너지와 같은 X-선이 사용되면 이러한 확률이 높다. X-선 에너지가 핵심 전자의 결합 에너지보다 더 커짐에 따라, 해당 파장의 빔 흡수 확률이 떨어져서 X-선 흡수량이 줄어든다. 만약 X-선 에너지가 매우 낮다면 뚜렷한 해당 파장이 없어서 핵심 전자를 이탈시킬 수 없게 된다. 이에 따라 X-선 빔의 흡수가 급격히 줄어든다. X-선 파장 영역은 10 − 10^{-6} nm이지만 보통의 X-선 분광에서는 일반적으로 2.5 − 0.001 nm 사이의 파장을 사용한다. 왜냐하면 이 영역의 X-선이 핵심 전자들의 결합 에너지에 해당되기 때문이며, 이 에너지들은 원소들마다 조금씩 다르다.

4.8.2 형광

X-선에 의한 핵심 전자의 방출에 의해 발생된 여기 이온이 높은 에너지 준위 전자들이 이탈된 핵심 전자들에 의해 발생된 빈자리로 천이함에 따라, 형광을 발생시킨다. 이 천이에 의해 여기 이온이 보다 안정된 바닥상태로 돌아온다. 이 형광은 측정이 가능하며, 다음 장에서 다루게 될 광표백 후 형광 복원(FRAP), 형광 공명 에너지 전달(FRET), 형광 간섭 대조 현미경(FLIC) 등과 같은 나노 과학 기술에서 종종 쓰인다. 보통 X-선 형광은 색소에서 많이 쓰인다. 이러한 형광 색소들은 가시광 파장에서는 유용하지 않은 조건의 색소들로서, 여기와 관측이 가능한 관심 대상 타깃 분자들에 부착될 수 있다. 이는 종종 관측자와 색소 분자 사이에 X-선은 투과하나 가시광선은 투과하지 못하는 층들이 있을 경우의 실시간 연구에 해당된다.

4.8.3 회절

X-선이 매질을 통과할 때 빛(광자)이 매질 속의 전자들과 작용하여 X-선의 경로가 바뀔 수 있다. 매질의 이러한 X-선 산란 효과가 회절로 알려져 있다. 결정체나 어떤 질서정연한 시료에서도 X-선이 산란되어 각각 보강 간섭과 상쇄 간섭이라 하는 밝은 영역과 어두운 영역이 발생된다. 이 밝고 어두운 영역을 비교하여 매질 내에서 나노 크기의 구조와 질서를 파악하는 것이 가능하다. 물론 이것은 실제론 약간 복잡하다. 왜냐하면 X-선이 여러 층의 원자로 이루어졌다고 생각되는 질서 정연한 결정체에 부딪혔을 때, 순차적으로 원자들이 빔을 산란시켜서 매질 속에 일부분이 남게 되기 때문이다. 따라서 이러한 회절은 그 매질의 구조와 매질 속 원자층들의 간격이 이를 탐사하는 빛의 파장과 똑같아야 한다는 것과 관련짓게 할 수 있고, 그 시스템을 구성하는 원자들은 결함이 거의 없이 잘 정렬되어야 한다.

질서 정연한 결정체를 X-선으로 조사한 결과 발생한 밝고 어두운 영역을 이용하기 위해서는, 이를 그 결정 구조와 관련시키는 방법을 알아야 한다. 다행히 1912년에 W. L. Bragg가 이 관계를 결정하였다. 보강 간섭에 대한 Bragg 방정식이 다음과 같다.

$$2d\sin\theta = n\lambda \tag{4.36}$$

이 식에서 d는 격자 간격 혹은 이웃층들 사이의 원자 간격이다. θ는 X-선의 입사각과 원자층과의 각도, λ는 X-선의 파장이다. 마지막으로 n은 반사의 차수와 관련한 정수이다.

4.9 나노 구조의 결상

지금까지 다루지 않았던 보다 직접적인 방법들 중의 하나가 바로 관심 나노 구조의 '사진'을 찍는 것이다. 소위 '나노 결상법'은 특정한 나노 물질을 연구하기 위해 종종 사용되는 방법들 중 첫 번째였다. 나노 결상법에는 여러 가지가

있다. 다음 몇 개의 절에서 근접장 스캔 현미경과 같은 준회절 한계의 광학적 방법에서부터 주사 탐침 현미경과 같이 개별 원자들을 분해할 수 있는 능력을 가진, 다른 현저한 메커니즘에 이르기까지 선별해서 다룰 것이다.

4.9.1 결상 타원분광법

4.9.1.1 기존 타원분광계를 사용한 결상

우리는 이미 수 Å 정도의 얇은 필름 두께를 측정할 수 있는 뛰어난 방법인 타원분광계에 대하여 논의하였다(타원분광계를 복습하려면 4.3절 참조). 이는 평면에서 반사되는 빛의 편광 상태 변화를 분석하는 방법이다. 감지된 이러한 편광 상태 변화로부터 기록된 타원편광계의 파라메터들이 적절한 수학적 모델에 의해 표면의 두께값으로 변환될 수 있다. 이러한 방법으로 얻어진 두께가 표면 위의 레이저 빔 내의 평균 두께라는 것 또한 알고 있어야 한다. 옆 방향(혹은 수평 방향)의 더 나은 해상도를 얻기 위하여 빛이 표면의 보다 작은 점에 집속되어야 한다. 따라서 타원분광계를 사용하여 표면의 영상을 얻기 위한 가장 직관적인 접근은 강하게 집속된 빛을 사용하여 수평방향의 해상도를 최대로 하고, 표면에 빔을 스캔하여 필름 두께를 결정하는 것이다. 그러면 표면 굴곡에 대한 3차원 영상을 얻을 수 있게 된다. 그러나 이러한 방법으로 시료를 스캔하기 위해 통상의 타원분광계를 사용하면 시간이 많이 소요되므로, 결상 타원분광계법이라 하는 빠른 방법들이 개발되었다.

4.9.1.2 현대 결상분광법의 원리

현대 결상분광법은 타원분광계와 현미경의 결합이라 생각할 수 있다. 강하게 집속된 빛으로 시료를 스캔하는 것 대신 현대 결상분광법은 전체 시료가 비추어지도록, 일반적으로 지름이 큰 빛(종종 수 밀리미터 정도)을 사용한다. 전체 물체의 반사된 상이 현미경 대물 렌즈에 의해 고분해 CCD 카메라에 집속되게 된다. 이 영상으로부터 시료의 타원분광학적 데이터(두께를 포함한)가 한 픽셀씩 얻어져서 시료의 표면 굴곡 지도가 만들어진다. 따라서 전체 시료에 대한 타원분광학적 데이터가 신속히 얻어져서 시료의 3차원 영상이 된다.

4.9.1.3 결상 타원분광법에서의 데이터 추출법

결상 타원분광기로부터 '한 픽셀씩(pixel-by-pixel)' 데이터를 얻는 데 여러 방법 중 한 가지를 사용한다. 가장 흔한 방법이 '오프-눌(off-null)' 모드 분석법이다. 보통의 타원분광기는 종종 영점 모드에서 작동한다고 한 4.4절에서의 타원분광학에 대한 논의를 기억하자. 영점 모드에서 반사광의 편광 상태 변화는 편광자, 보상판, 검광자의 변화에 의해서 측정되므로 영점 모드 조건이 얻어진다(즉, 아무런 빛도 검광자를 지나가지 못한다). 이러한 영점 조건을 얻기 위해 사용된 편광자, 보상판, 검광자의 값에 따라 서로 다른 타원분광 파라메터들이 계산된다. 오프-눌 모드에서 결상 타원분광계는 알짜 기판에 대해서 영점 조건들을 결정하여 '영'이 되게 된다. 이 조건들은 전체 시료에 대해 스캔할 동안 일정하게 유지된다. 일반적으로 시료 두께와 기판 굴절률이 같지 않으므로, 시료의 두께가 두꺼운 곳을 지나는 빛은 강한 세기로 검광자를 통과한다. 따라서 각 픽셀에서의 빛의 세기가 그 지점에서의 시료 두께와 관련될 수 있다. 그러나 이러한 타입의 오프-눌 모드 분석이 기판, 시료, 두께에 관계되므로 종종 두께를 이미 알고 있는 기준 물질과의 비교가 필요하다는 것을 염두에 두어야 한다. 예를 들어, 순수한 기판과 생물학적 시료에 대하여 오프-눌 조건에서의 세기 I는 필름 두께 d에 $I=kd^2$(k는 비례 상수)와의 관계가 있으며, 이 식은 $d \sim 5\ \mathrm{nm}$ 범위에서 2 % 오차 내로 유효하다.

아마도 타원분광 파라메터들을 '한 픽셀씩' 얻기 위한 보다 직관적인 다른 방법이 각 픽셀에 대하여 영점 조건을 결정하기 위하여 편광자, 보상판, 검광자를 연속적으로 조정하고, 통상의 타원편광계에서 해왔듯이 이러한 영점 조건들로부터 파라메터들을 추출하는 것이다. 이 방법이 시간은 약간 더 걸리지만, 기준 시료가 필요하다거나 '오프-눌'에서 요구하는 광세기-두께 가정들이 필요하지 않다.

4.9.1.4 영상 집속

결상 타원분광법에서의 중요한 장애물이 입사광의 큰 입사각 때문에 오직 중심부만 집속되는 것이다. 이러한 제한된 집속 영역을 보상하기 위하여 스캐너를 결상 타원분광 장치에 사용할 수 있다. 그러면 영상이 여러 다른 지점에서 얻어질 수 있으며, 컴퓨터 소프트웨어가 전체 시료에 대하여 하나의 집속된 영상으

로 조합하게 된다. 또 다른 방법이 Scheimpflug을 사용하는 것이다. 이는 렌즈를 Scheimpflug 선이라 하는 어떤 각도까지 기울여서 전체 시료에 집속되게 하는 광학적 방법이다.

4.9.1.5 결상 타원분광계의 해상도

결상 타원분광계의 측면 방향(x,y) 해상도는 앞에서 논의한 바와 같이 일반적으로 CCD 카메라의 분해능에 의해 제한되고, 보통 수 마이크론 정도된다. 하지만 깊이(z) 해상도는 보통의 타원분광기에 버금가서 수십 나노미터이다. 비파괴적 특성, 다양한 시료 타입과의 호환성, 우수한 시간 및 깊이 해상도로 인하여 결상 타원분광계는 나노 구조를 결상하기 위한 좋은 방법이며, 박막 분석에도 적합하다. 그림 4.37은 유리 표면에 달라붙은 단일 2층 인지질의 타원분광 두께 영상이다.

2층의 두께는 약 5 nm이다. 이 그림은 수화에 의해 발생된 2층 물질이 천천히 기판 위에 퍼지는 것을 결상 타원분광계가 어떻게 좇을 수 있는지를 보여 준다. 따라서 결상 타원분광계는 뛰어난 수직 해상도로 굴곡에 대한 자료를 제공한다. 그러나 수평 방향의 해상도는 마이크론 정도이므로 x－y 평면에서는 나노 구조가 구분되지 않는다. 전체 3차원에서 나노 구조를 원자 수준의 해상도로 영상화하기 위해서는 주사 탐침 현미경과 같은 방법들이 필요하다.

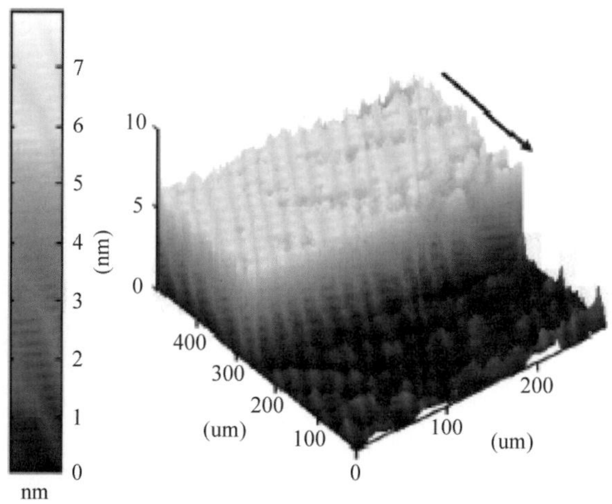

그림 4.37 단단한 표면에 부착된 2층 인지질의 높이를 보여 주는 타원분광 두께 영상(University of California Davis의 Atul Parikh 교수가 제공한 영상).

4.9.2 주사 탐침법

주사 탐침 현미경들은 매우 날카로운 팁이 표면을 가로질러 스캔하여 거의 원자수준의 해상도를 가진 영상을 얻는 강력한 결상 기술이다. 주사 터널링 현미경(STM)과 원자력 현미경(AFM)은 주사 탐침법의 가장 일반적인 예이다. STM과 AFM 모두 원자나 분자 수준의 해상도에 가까운 표면의 3차원 영상을 얻을 수 있으므로, 표면의 나노 구조를 연구하기 위한 이상적인 기술이다.

4.9.2.1 주사 터널링 현미경

STM은 날카로운 팁이 전기를 통할 수 있는 표면에 매우 가까울 때 발생하는 '터널링' 전류를 감지하여 동작된다. 팁이 표면에 다가가서 아주 가까운 위치에 유지할 수 있게 압전 변환기가 사용된다. 압전 변환기가 가해진 전압에 대하여 물리적으로 수축과 팽창을 한다는 것을 기억한다(보다 전적인 논의를 위해서는 4.3절 참조). 따라서 보통 백금으로 만들어지는 날카로운 STM의 금속 팁이 압전 스캐너에 부착되고, 그것이 x, y, z방향으로 조금씩 움직일 수 있게 된다. 실제로 스캐너를 만드는 압전 물질의 타입(보통 세라믹 형태)과 크기에 따라 물질의 수축과 팽창이 1볼트당 1 nm 정도로 작게 될 수 있으므로, 결상을 얻고자 하는 표면에 가까이 갈 수 있다. 초창기의 STM 모델에서는 그림 4.38에 나타난 바와 같이 압전 스캐너가 x, y, z방향으로 정렬된 변환기로 이루어져 있었지만, 보다 최근 모델은 보다 좋은 해상도를 얻기 위해 튜브와 같은 압전 변환기로 이루어져 있다.

압전 스캐너를 사용하여 STM 팁이 전도체 표면 가까이(1 nm 이내) 다가갈 수 있다. 작은 전압, 일반적으로 2 mV와 2 V 사이 값이 전도체 표면과 금속 팁 사이에 가해져서 전자가 팁과 표면 사이를 통과하여 전류가 발생된다. 이 터널링 전류의 크기는 전도체 표면과 STM 팁 사이 거리(h)에 지수함수적으로 관계한다. 일정한 인가 전압에 대해서 터널링 전류 I는 근사적으로 다음과 같이 주어진다.

$$I \approx e^{-2\kappa h} \tag{4.37}$$

식 4.37은 팁을 표면에서 멀어지게 하면 터널링 전류가 지수함수적으로 줄어드는 것을 말한다. 상수 κ는 전자의 전자적 감쇠 거리라 하며, 이는 속박된 전자

의 확률 밀도가 어떻게 감쇠되는지에 대한 척도 혹은 보다 자세히 전자 파동함수의 감쇄 거리이다. 명백히 κ는 전자가 전도체 표면에 얼마나 엄격히 속박되었는지, 즉 표면의 **일함수(work function)**에 관계한다. 전자가 가까운 두 전도체 사이의 비전도체를 통하여 움직이는 또는 '터널링' 능력은 엄격히 양자역학적인 효과이다. 이 효과에 대한 자세한 내용은 여기서 취급하지 않는다. 전자가 두 전도체 사이를 터널링할 수 있으며, 이 능력이 두 매질 사이 거리에 지수함수적으로 관계한다고 말하는 것은 충분히 납득할 수 있는 일이다.

STM 팁이 거친 표면을 스캔함에 따라 팁이 굴곡을 만나면 터널링 전류가 변하게 된다. 표면을 결상하는 두 가지 확실한 방법이 있다. '일정 높이' STM으로 알려진 첫 번째 방법에서 팁이 일정한 수직 점에 고정되고, 스캔된 x-y 영역의 함수로 터널링 전류가 그려진다. 터널링 전류가 팁과 표면과의 거리(h)에 관계하므로 표면이 영상화된다. 두 번째 방법은 '일정 전류' STM으로 알려져 있는 것으로 팁이 수직 거리를 변화시키며, 표면을 스캔할 때 일정한 터널링 전류를 유지한다. 표면을 스캔함에 따라 압전 변환기가 팁을 아래위로 움직이게 하여, 터널링 전류가 처음에 결정된 값을 확실히 유지하게 한다. 본질적으로 h가 스캐닝 과정 동안 일정하게 유지되므로 장치는 표면의 굴곡 영상을 제공하기 위해서 팁의 수직 위치 변화만 감지해야 한다. 실제로 이 두 번째 방법은 표면 영상을 얻기 위해서 일반적으로 쓰인다.

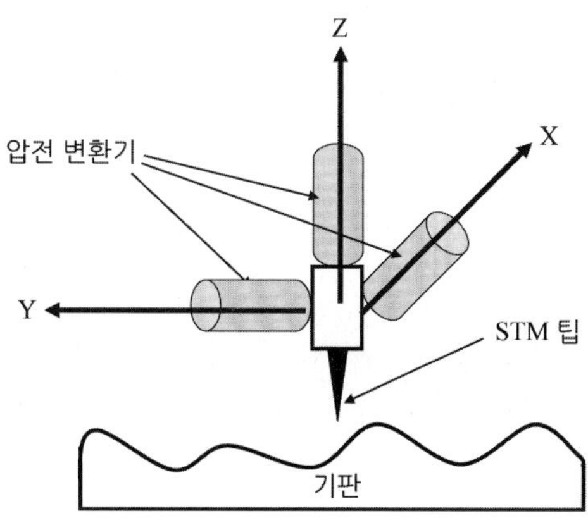

그림 4.38 시료 표면 가까이에 있는 STM 팁의 위치를 조절하는 압전 변환기의 개략도. 사용되는 많은 압전 변환기에서 1 nm 정도로 작은 거리는 가해진 전압의 영향을 받는다. STM 팁이 시료 표면에 충분히 가깝게 위치하고, 전기 퍼텐셜이 둘 사이에 가해지면 터널링 전류가 팁과 시료 사이에 유도된다. 이 터널링 전류가 STM 측정의 바탕이 된다.

대부분의 주사 탐침 현미경처럼 STM 표면 영상은 보통 사각형 격자를 만들기 위해서 팁을 **점 패턴(raster pattern)**이나 선 패턴으로 스캔하여 얻어진다. 몇몇의 STM 모델들에서는 일정한 터널링 전류를 유지하기 위하여 팁을 움직이지 않고 기판을 오직 수직 방향으로만 움직이게 터널링 과정이 조절된다.

예제 4.5 STM에서의 전류 변화

전자의 감쇠 길이 κ가 10 nm^{-1}인 금속 표면을 생각해 보자. 표면과 팁 사이 거리 h가 1.0 nm에서 1.1 nm까지 증가할 때 터널링 전류는 얼마만큼 변하는가?

풀이 : 식 4.37로부터 $I = \exp(-2\kappa h)$ 임을 알고 있다. 다음 비를 써서 터널링 전류의 근사적 요소를 결정할 수 있다.

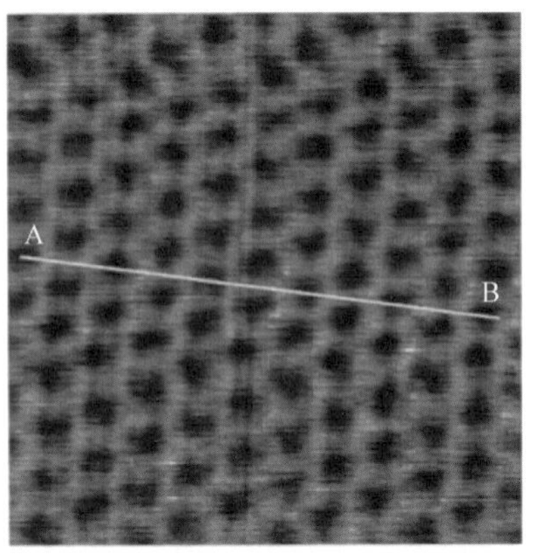

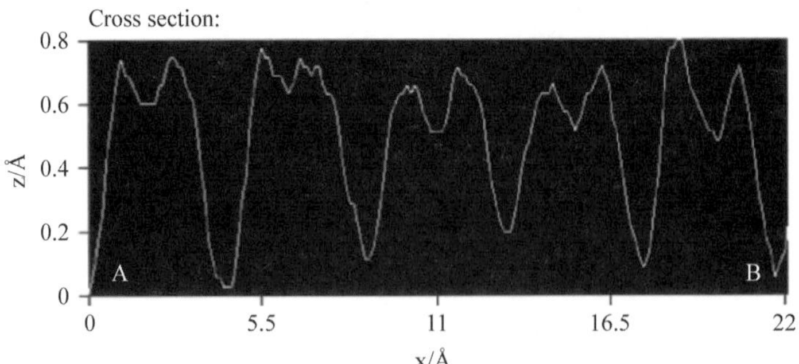

그림 4.39 그래파이트 표면의 STM 영상. STM의 특성인 옹스트롱 수준의 해상도를 유의하기 바란다(Atammy 등에 의한 영상, *Phys. Chem. Chem. Phys.*, 1999, 1, 4113-4118. PCCP Owner Societies의 승인에 의해 다시 구성됨).

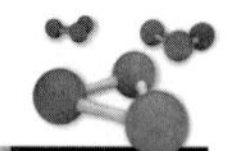

$$\frac{I_{1.0\,\mathrm{nm}}}{I_{1.1\,\mathrm{nm}}} \approx \frac{\exp(-2\times 10\,\mathrm{nm}^{-1}\times 1.0\,\mathrm{nm})}{\exp(-2\times 10\,\mathrm{nm}^{-1}\times 1.1\,\mathrm{nm})} \approx 8$$

따라서 거리 h가 0.1 nm 변할 때 전류가 거의 한 오더만큼 변하는 것을 알 수 있다.

예제 4.8은 높이 변화에 대한 감도를 강조한다. 사실 터널링 전류가 일정하게 유지된다면 높이는 10^{-3} nm 이내에서 일정하게 유지되며, 이는 원자 수준 해상도가 얻어짐을 의미한다.

이 정도의 해상도가 주된 성과이지만 STM은 전기를 전도하지 않는 표면에서는 불가능하다. 비전도성 표면은 전도성 기판으로 개질되거나 코팅되지 않으면 영상을 얻을 수 없다. 다음에서 논의할 원자력 현미경은 STM보다는 해상도가 낮지만 이런 불리한 점은 없다.

보통의 STM에서 측면 스캐닝 영역은 일반적으로 수십 옹스트롱에서 약 100 μm 정도이다. 가능한 높이는 수 옹스트롱에서 ~10 μm 범위이다. 일반적으로 팁은 수동으로 백금선을 자르거나 텅스텐 금속을 전기화학적으로 에칭시켜서 만들어진다.

STM 적용의 한 예가 그림 4.39에 나타난 바와 같이 그래파이트 표면의 원자 해상도 STM 영상이다. 이 영상에서 그래파이트 탄소 원자들의 육각형 배열 뿐만 아니라 인접한 탄소 원자들 사이의 골짜기도 선명하게 분별할 수 있어서, 전도체 표면 연구에서 STM의 유용성을 보여 주고 있다.

4.9.2.2 원자력 현미경

원자력 현미경 또는 AFM은 STM과 비슷한 원리로 동작된다. STM에서처럼 AFM도 영상을 만들기 위해서 날카로운 팁이 표면을 스캔하는 기능이 있다. 그러나 팁과 표면 사이의 터널링 전류를 감지하는 대신, AFM에서는 팁이 물리적인 일정한 힘으로 표면과 상호작용할 때 팁의 높이를 감지한다.

보통의 AFM 구조는 그림 4.40에 나와 있다. 종종 다이아몬드나 질화규소(silicon nitride)로 만들어진 팁이 캔틸레버 스프링에 부착되어 일정한 힘으로 기판과 물리적으로 접촉하게 되어있다. 팁의 위치는 캔틸레버 뒤에서 반사하는 레이저빔에 의해 감지되며, 팁이 표면을 스캔하는 동안 반사빔이 감지된다. 팁이 요철을

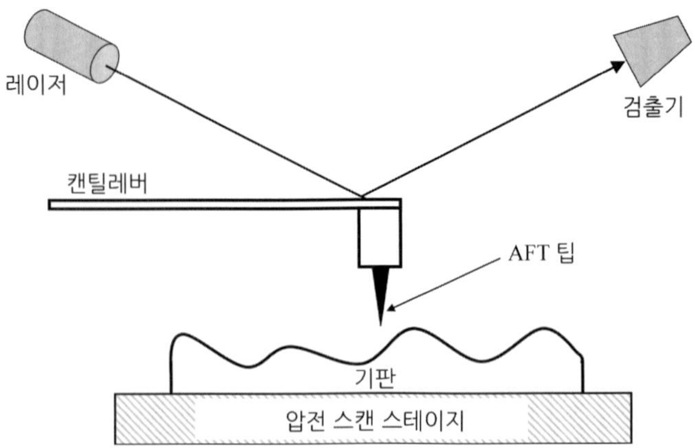

그림 4.40 원자력 현미경의 개략도. AFM 팁이 일정한 힘으로 시료 표면에 대해 캔틸레버에 붙어 있다. 팁의 높이를 감지하기 위해서 레이저빔이 캔틸레버 뒤에서 반사된다. 시료가 압전대에 의해서 AFM팁 바로 밑에서 스캔된다.

만나면 반사 레이저빔이 약간 변하여 검출기에 감지된다. 표면 스캔을 위해서 팁을 움직이기보다는 보통 기판이 압전 튜브 스캐너에 장착되어 표면이 팁 아래서 점 패턴으로 움직이게 된다. 캔틸레버 자체는 길이가 수십 마이크론, 폭은 10 μm 이하이며, 두께는 ~1 마이크론 정도이다. 팁은 늘 콘이나 피라미드 모양이며, 높이는 수 마이크론이고, 받침 폭도 수 마이크론이다.

STM과는 달리 AFM은 부도체나 도체 표면 모두를 영상화할 수 있다. 그러나 AFM에서는 팁과 표면의 물리적 접촉에 의해 표면이 손상되어 왜곡된 영상을 얻을 수도 있다. 이러한 결점은 누군가가 생물학적 막이나 계면활성제 필름과 같은 '부드러운' 표면 영상을 얻고자 하면 문제가 된다. 다행히도 이러한 표면 손상 문제는 기판을 **'태핑 모드(tapping mode)'**로 스캔함으로써 어느 정도 극복이 가능하다. 태핑 모드 AFM에서는 팁이 표면을 '태핑(살짝 두드림)'하고 짧은 시간동안 표면과 접촉하게 한다. 이러한 '태핑'은 늘 캔틸레버에 일정한 힘을 가하여 진동하게 하여 팁이 진동의 최저 부분에서 표면에 닿게 하는 것이다. 보통의 진동 주파수는 수백 kHz이다. 보통은 손상을 입는 표면도 태핑 모드 AFM에 의해 적절한 영상을 얻을 수 있게 된다.

AFM은 공기뿐만 아니라 물속에서도 사용될 수 있어서 표면-액체 경계면에서도 영상을 얻을 수 있다. 이러한 능력은 표면-공기 경계면에서 왜곡될 수 있는 생물학적 시료들에서 특히 중요하다. 표면 결상에서 AFM의 한 가지 응용은 화학

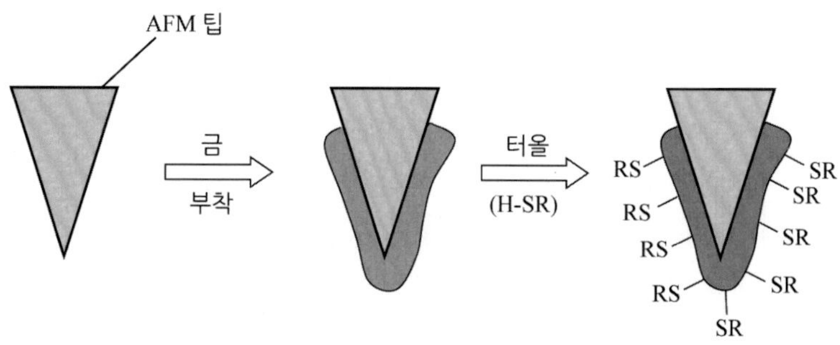

그림 4.41 CFM 팁을 만들기 위한 방법. AFM 팁이 금으로 코팅되고, 티올-금 화학 반응에 의해 기능화된다. 기능성기 R은 표면을 탐사하기 위해 쓰인다.

력 현미경(CFM)이라 하는 표면의 여러 다른 기능성기들의 검출이다. CFM에서 AFM 팁이 종종 금코팅되어 티올-금 화학 반응에 의해 자기 조립된 단일층으로 기능화된다(그림 4.4.1). 예를 들어, 금코팅된 AFM 팁이 11-mercaptoundecanoic 산에 의해 기능화되어 효과적으로 - COOH가 코팅된 AFM 팁이 된다(R은 그림 4.41에서 $-(CH_2)_nCOOH$기이다). 이러한 타입의 화학적 흡착은 5장에서 논의된다. 이렇게 화학적으로 기능화된 AFM 팁은 여러 기능성기들로 이루어진 표면을 스캔하게 된다. 표면에 속박된 기능성기와 AFM 팁에 있는 기능성기의 상호작용에 의해 다른 '높이'가 결정된다. -COOH가 코팅된 팁이 $-CH_3$기에 비해 표면에 속박된 -COOH기에 의해 더 큰 마찰력을 받게 되어, -COOH기가 $-CH_3$기들보다 더 높은 위치에서 나타나기 때문이다. 예를 들어, -COOH기가 코팅된 AFM 팁이 -COOH기와 $-CH_3$ 기들 모두가 포함된 표면을 스캔할 수 있다. 같은 표면을 $-CH_3$ 코팅된 AFM 팁으로 스캔하면 다른 영상이 얻어진다. 이 결과는 표면의 다른 기능성기들을 검출하는 CFM의 쓰임새를 뚜렷하고 중요하게 한다.

표면이나 표면에 속박된 물질의 영상을 얻기 위해 사용되는 것 외에 AFM은 다른 곳에도 응용할 수 있다. 한 가지 비결상에서의 비정통적 AFM의 응용은 최근에 개발된 세포나노 주사이다. 과거에는 물질을 생체세포에 넣기 위해서는 전류나 화학 약품이 세포에 침투가능하게 하거나, 마이크로피펫으로 주입할 수밖에 없었다. 이에 따라 세포막에 손상이 발생하여 바람직하지 않은 부수적인 효과가 발생하였다. 그러나 최근 과학자들이 '나노주사기'로 사용하기 위해, 전달자(탄소 나노튜브와 같은)를 AFM 팁 끝에 붙일 수 있게 하여, 팁의 작은 크기로 인해 세포막이 전혀 영향을 받지 않는다.

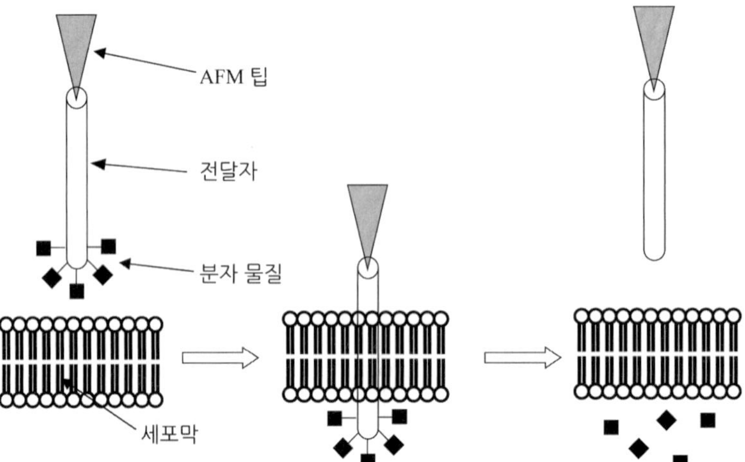

그림 4.42 AFM에 의해 작동되는 나노주사기의 개략도. 나노주사기가 이황화 결합에 의해 분자 물질과 붙어 세포막 상부에 위치하고 있다. 나노주사기가 세포막을 통하여 주입되고, 분자 물질은 이황화 결합이 환원됨에 따라 세포 내로 떨어져 나간다. 마지막으로 나노주사기는 세포로부터 회수되어 이상적으로 세포막에는 아무 손상이 발생되지 않는다.

세포에 주입하고자 하는 물질이 전달자에 화학적으로 부착된다(예를 들면, 이황화 결합에 의해). 전달자로서의 탄소 나노튜브는 '나노바늘'과 작용하여 AFM 팁에 붙었을 때 세포막을 통하여(분자 물질과 같이) 주입된다. 분자 물질과 탄소 나노튜브의 이황화 결합은 세포 내의 환원 분위기에서 환원되어 분자 물질이 세포 속으로 떨어져 들어간다. 그러면 AFM 팁이 세포 내부의 나노바늘을 회수한다. 나노바늘이 이와 같이 아주 작으므로 세포막이 크게 영향을 받지 않아서 세

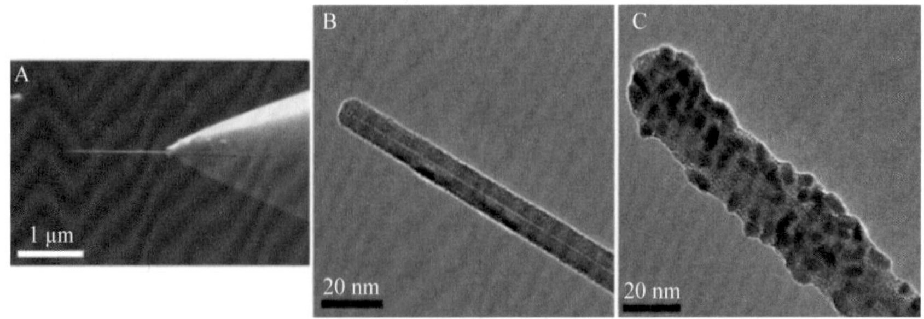

그림 4.43 분자 물질 부착 전후의 나노바늘의 영상. (a)는 AFM 팁에 부착된 탄소 나노튜브의 SEM 영상을 보여 준다. (b)는 (a)에 보여 준 탄소 나노튜브 SEM 영상의 TEM 영상. (c) 는 분자 물질이 부착된 후의 나노바늘의 TEM 영상을 보여 준다(이 경우엔 양자점이다). (영상은 Chen et al, 2007, PNAS, 104, 8218－8222로부터 얻어짐. Copyright 2007 National Academy of Sciences, USA. With permission).

포는 해가 없는 상태로 유지된다. 또한 AFM 기계를 사용함으로써 아주 뛰어난 정밀도로 분자 물질을 주입할 수 있다. 그림 4.42는 나노주사기의 개략도를 보여 주고 있고, 그림 4.43은 분자 물질 부착 전후의 나노바늘의 전자 현미경 영상을 보여 준다. AFM에 의해 작동되는 나노주사기가 한 번에 한 세포에만 분자 물질을 주입할 수 있다는 확실한 제한에도 불구하고, 아직도 광범위한 생물학적 연구에 유용한 도구가 된다는 희망을 주고 있다.

4.9.3 투과 전자 현미경

영상을 얻기 위해서 날카로운 팁과 표면과의 물리적인 상호작용을 이용하는 주사 탐침 현미경과는 달리, 전자 현미경들은 시료를 시각화하는데 빛 대신 전자를 사용한다. 전자는 가시광보다 매우 짧은 파장을 가지고 있으므로, 전자 현미경들은 광학 현미경보다 매우 높은 해상도를 얻을 수 있다.

주사 전자 현미경(SEM)은 흔히 사용되는 전자 현미경으로서, 시료와 상호작용 후에 후방 산란되는 전자를 감지하고, 이를 사용하여 시료의 영상을 재구성하는 기능을 가지고 있다. 한편으로 투과 전자 현미경(TEM)은 얇은 시료를 투과하는 전자들을 사용하여 영상을 구성한다. 현재의 논의에서는 나노 물질의 결상을 위한 도구로서 TEM에 초점을 맞춘다.

4.9.3.1 TEM의 원리

광학 현미경에 의한 영상의 해상도는 사용된 빛의 파장에 의해 제한된다. 만약 현미경에 적용되는 해상도에 관한 아베(Abbe)의 식을 쓰면 최고 해상도 δ는 근사적으로 다음과 같이 주어진다.

$$\delta \approx 0.619\left(\frac{\lambda}{n\sin(\beta)}\right) \tag{4.38}$$

여기서 λ는 사용된 빛의 파장이며, n은 조사 매질의 굴절률, β는 확대 렌즈의 특성으로서 집속 반각이라 한다. 또한 $n\sin(\beta)$는 종종 대물 렌즈의 수치동공 (NA)이라 한다. δ값을 대략적으로 추정하기 위하여 $n\sin(\beta) = 1 - 1.5$라 가정하자. 우리는 빛을 이용한 현미경의 해상도는 대략 사용된 빛 파장의 50 −

60%임을 알고 있다. 가시광선은 파장 범위가 ~ 350~750 nm이므로 보통의 광학 현미경은 수백 나노미터보다 작은 물체는 식별할 수 없다. 대부분의 관심 나노 물질은 수백 나노미터보다 훨씬 작은 구조를 가지고 있으므로, 광학 현미경은 오직 적당한 정도만 나노 물질의 결상에 유용하다. 이러한 나노 물질들을 시각화하기 위하여 가시광보다 훨씬 짧은 파장을 가진 무엇인가가 사용되어야 한다.

모든 소립자와 같이 전자들은 입자와 파동(특성 파장을 가진) 모두로 생각될 수 있다. 실제로 초창기 양자역학의 가장 큰 진보는 파동－입자 이중성 개념이었다－ 이것은 물질과 빛이 동시에 입자와 파동으로 취급될 수 있다는 것이다. 드 브로이 입자의 파장 λ와 운동량 p를 연결하는 유명한 식이 다음과 같다.

$$\lambda = \frac{h}{p} \tag{4.39}$$

여기서 h는 플랑크 상수로서 $6.626 \times 10^{-34}\,\mathrm{J \cdot s}$이다. 따라서 전자의 파장(전자 현미경의 최대 가능 해상도에 대한 아이디어를 얻을 수 있음)을 계산하기 위해서 전자의 운동량을 계산할 수 있어야 한다. 이러한 목표는 TEM의 기본 물리를 이해함으로써 달성될 수 있다.

전자 현미경에서 전자총에서 발생된 전자가 전기 퍼텐셜 V에 의해 연구 대상 시료를 향해서 가속된다. 이 가속도는 가속 퍼텐셜 혹은 전압과 같은 운동 에너지 K를 전자에 주게 된다. 따라서 고전물리를 시용하여 다음과 같이 쓸 수 있다.

$$V = K = \frac{1}{2} m_e v^2 \tag{4.40}$$

여기서 m_e는 전자의 정지 질량($9.11 \times 10^{-31}\,\mathrm{kg}$) 이며, v는 전자의 속도이다. 또한 고전물리로부터 $p = mv$를 알고 있으므로 식 4.40을 사용하면 다음과 같이 쓸 수 있다.

$$p = m_e v = \sqrt{2m_e \left(\frac{1}{2} m_e v \right)^2} = \sqrt{2m_e V} \tag{4.41}$$

그러면 이 식은 TEM에서 사용된 가속 전압을 알고 있으면, 전자의 운동량을 계산할 수 있다는 것을 보여 준다. 이 결과를 드브로이의 관계식에 접합하면 다

음과 같다.

$$\lambda = \frac{h}{p} = \frac{h}{\sqrt{2m_e V}} \tag{4.42}$$

따라서 전자 현미경에서 가속 전압으로부터 전자의 파장을 계산할 수 있다. 또한 가속 전압이 증가함에 따라 전자의 파장이 짧아지는 것도 알 수 있다. 다른 효과들을 무시하면 높은 에너지로 전자를 가속하면 보다 좋은 해상도를 얻을 수 있다. 그러나 전자 에너지가 증가함에 따라 전자가 조사 시료를 파괴하거나 손상을 입힐 수도 있다. 이것이 TEM에서 최대 해상도를 얻는데 하나의 제한이다.

대부분의 TEM에서 사용되는 가속 전압의 크기(수백 keV 정도)는 전자를 크게 가속(광속에 육박할 정도)시키므로 상대론적 효과가 고려되어야 한다. 이러한 상대론적 효과를 고려하면 식 4.42는 다음과 같이 되어야 한다.

$$\lambda = \frac{h}{\left[2m_e V\left(1 + \frac{V}{2m_e c^2}\right)\right]^{1/2}} \tag{4.43}$$

여기서 c는 진공에서의 광속이다. 이 식을 사용하여 100 keV로 가속된 전자가 갖는 파장이 ~3.7 pm임을 계산할 수 있다. TEM에서 식 4.43을 변형하여 최대 해상도를 다음과 같이 근사할 수 있다.

$$\delta \approx 0.61\left(\frac{\lambda}{\beta}\right) \tag{4.44}$$

이 경우에 β는 전자를 집속시키는 '렌즈'의 특성이다. 따라서 식 4.44를 사용하여, 100 keV 전자빔(λ~4 pm)으로 이론적 최대 해상도 (δ~수 pm)를 얻을 수 있으며, 이는 원자 지름보다도 작다. 완벽한 전자 렌즈를 만들 수 없기 때문에 이러한 최대 해상도를 얻을 수는 없지만, TEM으로 매우 높은 해상도를 얻을 수 있다는 것을 알게 된다.

4.9.3.2 TEM 장치

간단한 방법으로 투과 전자 현미경이 슬라이드 프로젝트처럼 작동된다. 슬라이드 프로젝터에서는 빛이 슬라이드를 투과한다. 약간의 빛이 슬라이드에 의해 반사되거나 흡수되므로 투과광이 스크린에 조사되면 영상이 생성된다. 본질적으로 TEM의 기능은 광학 현미경과 같으나 유일한 차이는 가시광선 대신 전자빔이 시료를 투과한다는 점이다.

그림 4.44에 나타난 바와 같이 전자총이 종종 표면으로부터 전자가 방출되는 높은 온도까지 금속(가장 일반적으로 텅스텐)을 가열하여 전자빔들을 발생시킨다. 이 방출된 전자들은 농축되고, 광학 렌즈와 비슷하지만 다른 원리에 의해 작용하는 전자기 렌즈에 의하여 집속된다. 집속된 전자빔들이 시료 표면에 조사되며, 투과된 전자들이 또 다른 렌즈에 의해 모아져서, 시료 영상을 만들기 위해 형광 스크린이나 다른 검출기에 쬐어지게 된다. TEM 구조는 변형될 수 있어서 시료 전체를 스캔 가능하며, 이 기술을 주사 투과 전자 현미경(STEM)이라 한다. AFM과 STM에서처럼 STEM은 영상을 얻기 위하여 보통 주어진 시료를 점패턴으로 스캔한다.

기기 속 기체들과의 상호작용에 의한 전자빔의 편향을 방지하기 위하여 TEM 내부가 고진공 조건에서 동작되어야 한다.

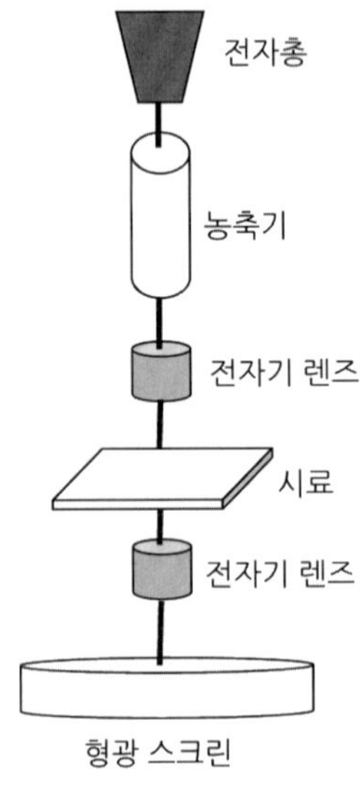

그림 4.44 투과 전자 현미경의 개략도. 전자들이 전자총에서 발생하여, 농축기에서 농축되어 전자빔이 된다. 이 전자빔은 전자기 렌즈에 의해 매우 얇은 시료에 집속된다. 투과된 전자들은 또 다른 전자기 렌즈에 의해서 모아져서 형광 스크린에 가시영상을 만들게 되며, 이는 직접 볼 수 있거나 컴퓨터에 의해 모니터된다.

이러한 요구 조건은 TEM의 주된 불리한 점이지만, 최근에는 TEM 환경에 대한 많은 발전이 있었기에 보다 낮은 진공에서도 동작될 수 있게 되었다. 보다 일반적인 고진공 TEM에 대하여 논의한다. 이 장치에서는 조사하고자 하는 시료가 고진공에서도 견딜 수 있어야 한다; 그렇지 않으면 보통 조건에서의 시료를 정확히 나타낼 수가 없다. 비고체 시료들에 대해서는 두 가지 주된 방법이 생겨났다. 이 방법들에 의해서 생물학적 시료의 결상이나 TEM으로는 얻을 수 없는 시료들의 결상이 가능하게 되었다. 첫 번째 방법은 시료를 탈수하고, 착색하거나 필요한 콘트라스트 얻기를 위해서 금속 코팅을 하는 것이다. 두 번째 방법은 시료를 저온으로 냉동시켜 언 시편의 영상을 얻는 것이다. 이 두 번째 방법에서 필요한 한 가지는 시료가 급속히 냉동되어 결정 상태로 재배열될 시간이 없어야 하는 것이다. 그렇지 않으면 질서 정연한 얼음 결정이 전자빔의 회절 무늬를 형성시켜서 시료 영상을 흐리게 만든다. 만약 시료가 충분히 빨리 얼게 되면 비정질 얼음이 생겨서 '자연' 상태의 정확한 시료의 영상을 얻을 수 있게 된다.

TEM의 두 번째 주된 어려운 점은 시료의 두께이다. 효과적으로 영상을 얻으려면 입사 전자빔에 대해 투명할 정도로 시료가 충분히 얇아야 한다. 일반적으로 시료 두께는 100 nm 이내이어야 하지만, 확실히 적절한 두께는 조사되는 물질과 전자의 에너지에 관계된다. 높은 에너지의 전자를 쓰면 두꺼운 시료도 조사할 수 있지만, 높은 전자 에너지에서 시료 파괴가 시작될 수 있다. 시료의 장착에 대해서 시료는 가끔 매우 얇고 전자빔에 대하여 투명한(대부분 투명한) 시료 홀더에 위치시킨다. 매우 작은 시편들을 위해서 얇은 시트, 비정질 탄소 필름들이 시편 홀더로 사용되어 왔다. 얇은 탄소 필름과 같은 시료들은 원자 한 층의 두께에서도 상당한 내구성을 가진 전자-투명 나노 물질이므로, 이러한 응용에 적합하다.

나노 물질들의 영상을 얻기 위한 TEM의 사용과 관련한 어려운 점들이 있지만, 인상적인 해상도를 가진 광범위한 응용과 장점이 있다. 보통 TEM은 연구하고자 하는 재료의 정확한 이해를 얻기 위해 다른 결상법과 관련지어서 사용되는 것이 권장된다.

그림 4.43은 나노주사기(나노주사기의 작용은 앞절에서 논의하였음) 역할을 위해 AFM 팁에 붙여진 탄소 나노튜브의 TEM 영상을 보여 준다. 나노튜브 표면에 붙여진 분자 물질이 뚜렷하게 보일 정도로 TEM의 분해능을 나타내고 있다.

4.9.4 근접장 주사 광학 현미경

TEM을 소개할 때 나노 구조의 영상을 얻을 경우에 기존 광학 현미경의 유용성의 한계에 대하여 논의하였다. 일반적으로 광학 현미경의 해상도는 확대 렌즈에 의해 집속될 수 있는 빛의 점 크기에 의해 제한된다. 이 제한은 종종 **회절 한계(diffraction limit)**라 한다. 해상도에서의 회절 한계는 아베(Abbe)의 식에 의해서 주어진 바와 같이 파장에 의존한다.

$$\delta \approx 0.61\left(\frac{\lambda}{NA}\right) \tag{4.45}$$

여기서 δ는 현미경의 해상도, λ는 사용된 빛의 파장, NA는 대물렌즈의 수치동공이다. 수성 물질 속의 시료를 관찰하기 위한 현대의 대물 렌즈에서 NA 는 보통 1.3 – 1.5 범위이다. 따라서 보통의 광학 현미경의 분해능은 근사적으로 입사광 파장의 절반 정도로 보통 가시광선에 대해서 ~200 nm 정도이다.

광학 현미경들의 회절 한계 때문에 수백 나노미터보다 작은 물체들을 관찰하기 위한 다른 방법들이 개발되었다. 앞에서 논의한 전자 현미경들(SEM과 TEM) 그리고 주사 탐침 현미경들(STM과 AFM)은 보통의 주요한 예이다. 예를 들어, 전자 현미경들은 초고진공에서 견딜 수 있는 시료를 요구하고, STM은 전도성 시료를 요구한다. 또한 이러한 대체적 방법도 광학적 방법으로 얻을 수 있는-분광학적 정보, 뛰어난 시간 분해능, 형광 검출 능력, 굴절률에 대한 정보, 시료의 반사율과 여러 착색제에 의한 콘트라스트 파워 등을 제공해 주지 못한다.

근접장 주사 광학 현미경(NSOM 혹은 SNOM)은 회절 한계 이하의 해상도로 동작되는 광학 현미경이므로, 실제로 나노 물질을 연구하는데 유용한 해상도를 가진 광학 현미경의 장점들을 제공해 줄 수 있다.

4.9.4.1 NSOM의 역사와 원리

NSOM의 기본 아이디어가 상대적으로 간단하더라도 이를 실제로 실행하는 것은 오히려 어려운 것으로 밝혀졌다. 최초의 아이디어는 Edward Synge에 의해서 만들어졌으며, 1928년부터 연속적으로 논문이 발표되었다. Synge는 빔이 집속될 때 실질적인 제한에 의해 회절 한계가 생기게 되면, 그 한계는 빛 파장보다

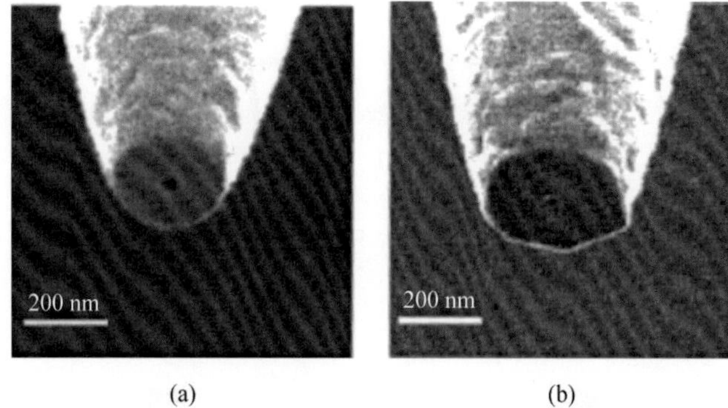

그림 4.45 광섬유 케이블을 늘여서 끝이 매우 미세한 점이 되게 하고, 끝의 작은 구경을 제외하고 알루미늄 코팅하여 만든 두 NSOM 탐침의 SEM 영상. 끝 부분 또한 집속된 이온빔으로 평평하게 하였다. 이러한 NSOM 탐침에서 구경은 근사적으로 (a) 120 nm와 (b) 35 nm이다(영상은 Veerman et al., 1998, *Appl. Phys. Lett.,* 72, 3115 – 3117의 허락으로 게재함. 이는 Dunn, *Chem Rev,* 1999, 99, 2891 – 2927에 나옴. Copyright 1998 American Institute of Physics).

더 작은 구멍(또는 구경)을 통하여 빛을 쪼임으로써 극복될 수 있다는 것을 알게 되었다. 만약 이 구멍이 시료에 가까우면 빛이 바깥으로 회절되어 영상의 해상도를 흐리게 할 기회가 없어진다. 따라서 회절 한계 이하의 해상도로 시료의 영상을 얻을 수 있게 된다.

20세기 초반 Synge의 NSOM 이론의 정립에도 불구하고 1972년에 Ash와 Nicholls가 금속 격자 시료를 결상하기 위해 마이크로파($\lambda \sim 3$ cm) NSOM 장치를 쓰기 전까지는 실행되지 못하였다. 그들은 자신들의 방법으로 입사 파장 크기의 1/60의 해상도를 얻을 수 있음을 보여 주었다. 그들의 결과가 Synge의 이론을 유용하게 하였지만, 1980년대 중반이 될 때까지 보다 짧은 파장의 가시광선을 사용한 NSOM의 개발을 위한 실제적인 시도가 없었다. 이 기간 동안 과학자들은 가시광선 NSOM 적용상의 기술적인 문제를 극복하였다. 그들의 실제적인 장치가 오늘날의 NSOM 장비의 기반이 되었다.

4.9.4.2 오늘날의 NSOM 장치와 여러 가지 NSOM 작동 모드

모든 NSOM 현미경의 주요 부품이 구경 팁 또는 NSOM 탐침이며, 다양한 NSOM탐침이 있다. 보통 사용되는 NSOM 탐침은 광섬유 케이블을 가열하고 늘여서 매우 미세한 끝점으로 만든 것으로, 맨 끝점을 제외하고는 가늘어진 끝부분이 광택의 금속으로 코팅된다. 이러한 타입의 NSOM 탐침이 그림 4.45에 나와

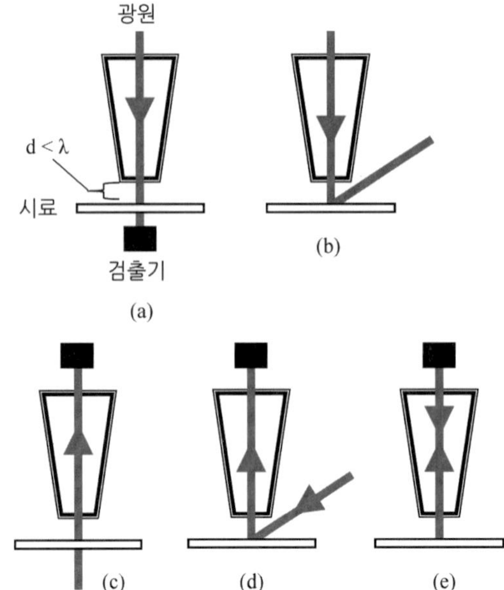

그림 4.46 NSOM의 다른 동작 모드들. (a) 투과 모드에서 빛이 탐침으로부터 나와 시료를 통과하여 뒤편의 검출기로 간다. (b) 반사 모드에서 탐침으로부터 나온 빛이 시료 표면에서 반사되고, 검출기에 모인다. (c) 투과-모음 모드에서 시료가 밑에서 조사되고 빛이 탐침에 모여서 검출기로 들어간다. (d) 반사-모음 모드에서 시료가 탐침 외부로부터 조사되며, 반사광이 탐침에 포획되어 검출기로 들어간다. (e) 조사-모음 모드에서 탐침이 시료를 조사하고, 시료 표면에서의 반사광을 모으는 역할도 동시에 한다.

있다. 광섬유에 조사된 레이저광 끝부분 구경에서 나오며, 지름이 빛의 파장보다 작다. 이러한 타입의 광섬유 NSOM 탐침에서 기본적인 최대 해상도는 ~ 12 nm이지만, 실제 한계는 보통 ~ 50 nm이다. 또 다른 보통의 NSOM 탐침은 실리콘이나 다른 금속에 나노미터 크기의 구경을 만들고, 새기기 위해서 전자빔 리소그래피로 만들고 레이저빔을 이 나노미터 구경에 조사한다.

이 탐침은 둘 다 구경이 ~ 50 - 100 nm가 되도록 만들어진다. 최근에는 구경이 없는 NSOM 탐침이라 불리는 것이 개발되었다. 이 탐침들은 준회절 한계보다 더 나은 해상도를 보여 준다.

NSOM 장치는 다음과 같이 최소 5가지 모드로 동작된다(그림 4.46)

1. 투과 모드. 빛이 NSOM 탐침을 통하여 조사되고, 시료의 뒷면에서 빛이 감지된다.
2. 반사 모드. 빛이 NSOM 탐침을 지나서 시료에서 반사된다. 이 반사광이 감지되고 변환되어 영상이 구성된다.

3. 투과-모음 모드. 빛이 시료 밑에서 조사되고, 투과된 빛이 NSOM 탐침 내에서 모아져 검출기에 도달한다.
4. 반사-모음 모드. 빛이 시료 위에 조사되고, 반사된 빛이 NSOM 탐침 내에서 모아져 검출기에 도달한다.
5. 조사-모음 모드. NSOM 탐침이 광원과 광집속기로 사용된다.

조사하고자 하는 시료의 타입과 연구의 성격에 따라 다양한 NSOM 동작 모드가 선택될 수 있다.

적절한 NSOM 탐침의 제작과 관련한 사항은 차치하고, NSOM 개발에서의 두 번째 주된 어려운 점은 탐침의 위치를 정하는 것이다. 정확하게 동작되게 하려면 NSOM 탐침은 연구하고자 하는 시료에 가깝게 위치해야 하며, 보통 수 나노미터 이내이다. 이렇게 정밀한 위치 선정은 쉬운 것이 아니며, 특히 탐침이 '거친' 시료 표면을 스캔할 때 그렇다. 또한 팁이 표면에 강하게 닿으면 탐침 또는 시료가 손상을 입을 수 있다. 따라서 시료 위의 올바른 거리에 탐침이 있는지를 확인하는 피드백 메커니즘을 개발하였다. 전단-응력 피드백 메커니즘과 태핑(두드림) 모드 피드백 메커니즘이 가장 흔한 피드백 메커니즘들이다. 각 피드백 메커니즘에 대한 자세한 것은 이 책의 범위 밖이지만, 각 메커니즘 뒤의 핵심 아이디어는 탐침이 특정한 주파수로 진동하고, 탐침이 표면에 접근할수록 탐침에 작용하는 힘이 감지되는 것이다. 연속적인 피드백 순환에 의해서 탐침이 시료 위의 올바른 위치에서 진동하게 할 수 있다. 또한 x-y 평면에서 시료가 스캔될 때 팁 위치가 감지된다면 광학적 정보에 덧붙여서 시료의 굴곡에 대한 정보가 얻어질 수 있다(AFM과 STM과 아주 유사). 결국 정확한 탐침 위치 선정을 보증하기 위해 전체 NSOM 장치가 보통 진동 차단 테이블 위에서 작동된다.

오늘날의 보통 NSOM 현미경의 개략도가 그림 4.47에 나와 있다. 이 장치는 투과 모드로 작동되는 광섬유 탐침이 있는 NSOM 현미경이다. 파장과 편광을 조절하기 위하여 처음에 레이저빔이 대역 투과 필터와 반파장판 및 1/14파장판을 각각 지나가게 한다. 그리고 빛이 광섬유 케이블을 통하여 탐침 팁까지 가서 시료 표면에 조사된다. 투과광은 검출기에 모아지고, 영상으로 변환된다. 탐침 팁은 피드백 메커니즘에 의해 조절되며, 탐침의 수직 위치는 굴곡에 대한 정보를 생성하기 위해 감지된다. 시료 자신은 x-y 방향으로 움직일 수 있는 압전대 위에 위치

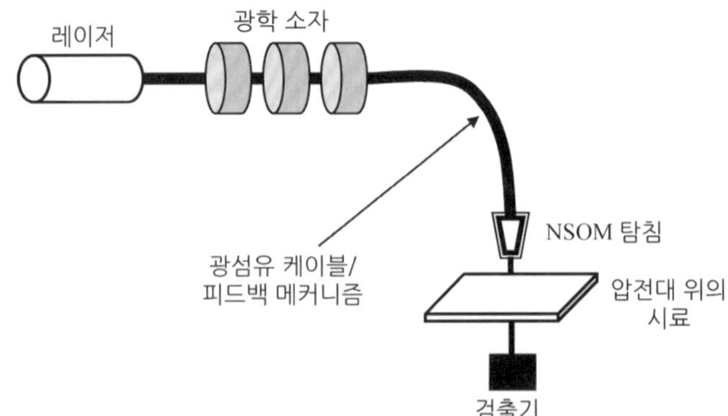

그림 4.47 투과 모드로 작동하는 근접장 주사 광학 현미경의 개략도. 레이저빔이 광섬유 케이블로 들어가서 시료 표면에 매우 가까이 위치한 NSOM 탐침으로 나온다. 투과광이 검출기에 모아져서 영상을 만든다. 시료는 압전 주사대에 의해 스캔되고, NSOM 탐침의 높이가 감지되고 피드백 미커니즘에 의해 조절된다.

하여 AFM 혹은 STM과 아주 유사하게 점 패턴으로 스캔될 수 있게 한다.

NSOM 영상의 한 예가 그림 4.48에 나와 있으며, 폴리머에 떠 있는 구형과 토로이드(도넛 모양) 액정의 굴곡과 교차 편광 광학적 NSOM 영상을 보여 주고 있다. 액정들은 액체와 고체의 중간적 성질을 가지고 있다. 분자들의 방향에 기초한 많은 타입의 액정들이 있지만, 현재 목적을 위해서 방울들의 일반적 형태가 굴곡 영상에서 선명하게 보이고, 결정의 방향도 교차편광 영상에서 볼 수 있다는 것만을 염두에 두자.

NSOM 장치는 종종 상보적인 정보를 제공하기 위하여 다른 표면 영상 장치와 결합되어 사용된다. 예를 들어, NSOM 현미경들은 통상의 현미경들과 같이 사용되고 표면 증강 라만 NSOM 장치 또한 같이 쓰인다.

NSOM이 연구되는 나노 물질에 대한 풍부한 정보를 제공할 수 있는 유용한 결상법이다. 최대 해상도(종종 ~ 50 nm)가 지금까지 논의한 다른 결상법들에 비해서 충분치는 않지만, '보통'의 조건에서 다양한 시료들의 영상을 얻을 수 있는 융통성과 이 방법이 제공하는 정보의 풍부함이 낮은 해상도를 상쇄한다.

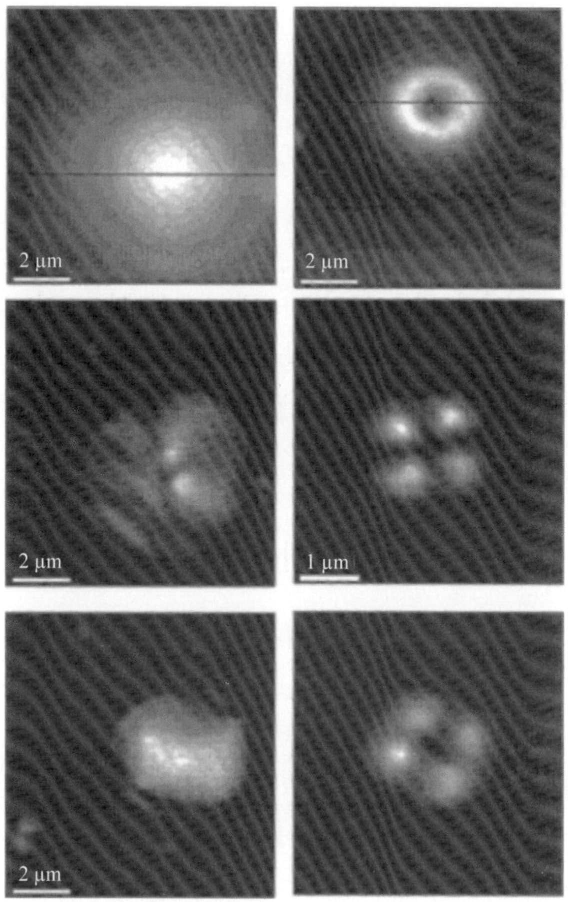

그림 4.48 폴리머 속에 떠 있는 구형과 토로이드형 액정의 NSOM 영상(Mei et al, *Langmuir,* 1998, 14, 1945－1950으로부터의 영상이며, 허락으로 게재함. 이는 Dunn, *Chem Rev,* 1999, 99, 2891－2927에 나옴).

4.10 광산란 방법

공기－물 경계면에서의 계면활성제 단일층의 형성을 연구하기 위해서 표면 장력 측정이 쓰일 수 있다. 교질(콜로이드)의 임계 농도(CMC) 바깥에서는 이러한 용액들의 표면 장력이 일정하며, 이는 교질 상이나 나노 입자들과 같이 복사, 특히 X-선이나 중성자빔들을 산란시키는 강한 성향을 가진 콜로이드 입자가 형성되었음을 가리키는 것이다. 입자들이 에너지 전달 없이(탄성 광산란) 빛을 산란시키는 방법에는 세 가지가 있다: 레일리 산란, 미(Mie) 산란 그리고 기하학적 산란이다. 산란 타입은 전자기파와 상호작용하는 입자들의 크기와 관계된다. 다음과 같이 정의된 무차원의 파라메터 α를 생각해 보자.

$$\alpha = \frac{\pi D}{\lambda} \tag{4.46}$$

여기서 πD는 입자의 원주 그리고 λ는 입사광 파장이다. 레일리 산란은 $\alpha \ll 1$ 혹은 광파장에 비해서 입자가 작을 때 발생한다. 미 산란은 입자 크기가 빛 파장과 같을 때(즉, $\alpha \approx 1$) 그리고 기하학적 산란은 입자가 상대적으로 클 때(즉, $\alpha \gg 1$) 일어난다.

4.10.1 산란광 측정: 교질 입자의 뭉침 입자수 결정

산란광의 세기, 각 분포, 편광 등은 입자들 사이의 상호작용 뿐만 아니라 입자들의 모양, 크기에도 관계된다. 따라서 광산란 실험은 유용한 구조적 정보(입자 모양과 크기)와 콜로이드 계에서의 입자 사이의 상호작용에 관한 정보를 제공해 줄 수 있다. 측정은 일반적으로 순간적이고 비침습적이며, 잘 분산된 시료를 필요로 한다. 그러나 시료 입자에 특히 빛을 산란하는 경향이 있는 불순물이 있으면 중대한 오차가 발생할 수 있다.

실제로 주어진 파장(λ)과 세기(I_0)의 평행광이 분산된 나노 입자들을 포함한

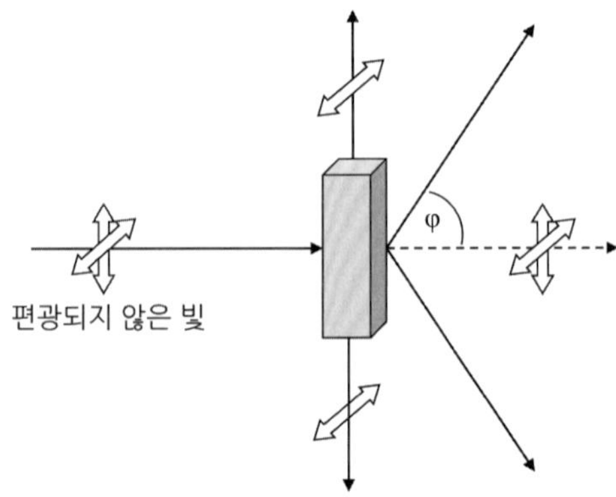

그림 4.49 시료를 통하여 편광되지 않은 빛이 산란된다. 산란광의 세기는 입사빔과 산란빔 사이각(ϕ)의 함수로 측정된다.

용액을 지나간다(그림 4.49). 그러면 산란광의 세기는 입사빔과 산란빔 사이각 (ϕ)의 함수로 측정된다.

어떻게 광산란이 뭉침 입자수를 결정하는지에 대해서 논의해 보자. 교질 입자들의 지름이 대략 수 나노미터이다. 가시광선의 파장은 대략 수백 배 더 크다. 가시광선이 구형 입자들을 포함한 용액을 지나간다고 하자. 용액은 두 굴절률, 무작위로 분산된 구형 입자들의 굴절률($n_{입자}$)과 연속적인 용매의 굴절률($n_{용매}$)로 표현할 수 있다. 이 두 굴절률들은 서로 다른 값을 가지고 있으며, 용액의 평균 굴절률은 이론적으로 입자의 국소 농도에 따라 바뀌게 된다. 이러한 변화가 빛이 산란되게 한다. 산란광 세기는 입사광의 세기와 파장, 용액 굴절률의 증가량(즉, 농도에 따른 n의 증가분인 dn/dc) 그리고 용액 속 입자의 개수 농도(N)에 관계된다. 이 파라메터들은 실험적으로 결정될 수 있으며, 광학적 상수 Ko를 구하는데 사용된다(식 4.47).

$$Ko = 2\pi^2 \frac{n^2}{\lambda^4 N}\left(\frac{dn}{dc}\right)^2 \tag{4.47}$$

산란광 세기가 어떻게 산란각 ϕ에 따라 변하는지를 이해하기 위해서는, 편광되지 않은 입사광이 서로 수직한 두 편광으로 구성된 것으로 나타낼 필요가 있다(그림 4.49). 작은 산란각($\phi \sim 0$)에 대해서는 이 두 성분들이 산란광 세기에 동일하게 기여한다. 매우 큰 산란각에서는 두 편광 성분 중 하나가 산란에 매우 크게 기여한다. 실제로 $\phi = 90°$일 때 산란빔 방향의 편광 성분은 산란광 세기에 기여하지 않는다. 산란광 세기를 ϕ의 함수로 측정함에 따라 레일리 비(식 4.48)라는 양을 결정할 수 있다.

$$R_\phi = \frac{d^2}{1+\cos^2\phi}\frac{I}{Io} \tag{4.48}$$

이 식에서 d는 시료와 검출기 사이의 거리이다. 교질 용액의 레일리비는 순수 용매와 비교하면 다르다. 사실 이 두 레일리비의 차이는 식 4.49에 의해 주어진다.

$$\Delta R_\phi = \frac{2\pi^2 n^2}{\lambda^4}(\frac{dn}{dc})^2 RTc\sqrt{\frac{d\Psi}{dc}} \tag{4.49}$$

$RTc\sqrt{d\Psi/dc}$ 항은 농도 요동(concentration fluctuation) 요소로 알려져 있으며, 교질 입자 농도에서의 비균질성 발생에 필요한 자유 에너지를 나타낸다. 교질 입자 시스템에 대하여 농도 요동 요소는 단량체에서 현저한 교질 용액으로 갈수록 산란광 세기에 급격한 변화를 야기시킨다. 따라서 ΔR_ϕ는 계면활성제의 CMC와 계면활성제 단량체의 농도(c_m)와 관계된다는 것을 짐작할 수 있다. 정확한 관계는 식 4.50에 나와 있다.

$$\Delta R_\phi = \frac{Ko(c_m - CMC)}{10^3/M + 2B(c_m - CMC)} \tag{4.50}$$

M은 교질 입자의 분자량, B는 2비리얼(virial) 계수로 알려진 상수이다. B의 부호는 교질 입자 분자들 사이의 상호작용에 대한 정보를 제공한다. 음의 값은 교질 입자들 사이의 알짜 인력 그리고 양의 값은 알짜 척력을 나타낸다. 영의 값은 그 속에 교질 입자 사이의 상호작용이 있는 '이상적' 교질 입자 용액을 나타낸다.

예제 4.6 교질 입자의 뭉침 입자수 결정

계면활성제 단량체의 농도 함수로 기록되어 있는 $K_o/\Delta R_\phi$값을 생각해 보자. 어떻게 교질의 뭉침 입자수를 결정하는가?

풀이 : 식 4.50을 다시 정리하면 다음과 같다.

$$\frac{K_o(c_m - CMC)}{\Delta R_\phi}10^{-3} = \frac{1}{M} + 2\times 10^{-3}B(c_m - CMC)$$

따라서 이 식의 좌변을 $(c_m - CMC)$에 대하여 그리면 y-절편이 $1/M$이고 기울기가 $2\times 10^{-3}B$인 직선이 된다.

4.10.2 동적 광산란

광자 상관 분광법으로도 알려져 있는 동적 광산란(DLS)은 용액 속의 입자의 크기 분포를 결정하는 데 사용되는 방법이다. 이는 유용한 기술로서 여러 오더

에 걸쳐서 입자들의 크기를 정확하게 측정할 수 있으며, 측정이 매우 쉽다. 이러한 이유로 DLS가 교질 입자와 다른 나노 입자들의 크기를 농도의 함수로 측정하는 것에서부터 입자가 뭉쳐있는 단백질 용액의 분석에 이르기까지의 많은 응용에서 DLS가 이상적인 방법이 되었다.

DLS는 시료 용액에 레이저빔을 비추어 산란광을 관측하는 것이다. 만약 용액 속 입자들이 빛 파장보다 작다면(파장이 입자보다 10배 이상 크다면) 이 현상은 주로 레일리 산란이 된다. 이 과정에서 입자들이 광자를 흡수한 직후에 재방출된다. 그러나 방출된 광자들은 임의의 방향으로 퍼져간다. 따라서 전체 입사광이 한 방향에서 오더라도 방출광은 모든 방향으로 퍼진다(산란된다). 이것은 탄성 과정이며, 특정 파장의 빛이 흡수되면 산란광은 정확히 같은 파장을 갖는다는 것을 의미한다. 이를 염두에 두면 관심 있는 용액에 632 nm의 He－Ne 레이저 빛을 비추는 실험을 할 때, 산란광이 그림 4.50(a)에 나타난 바와 같이 보이게 됨을 확실히 예상할 수 있다. 이 그림은 모든 산란광이 정확히 632 nm에서 검출됨을 보여 준다.

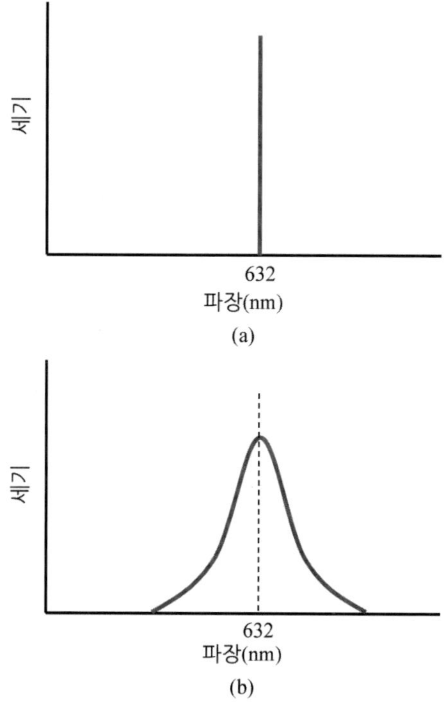

그림 4.50 (a) 극단적으로 단순한 모델에서 모든 산란광이 단일 파장(입사광의 파장)에서 검출된다. (b) 실제로 관측된 산란광. 입자들의 브라운 운동에 따른 도플러 편이에 의해서 산란광 파장이 예상 파장 주위에 분포한다.

그러나 실제로 산란광은 예상 파장을 중심으로 한 분산된 형태로 관측된다(그림 4.50(b)). 이러한 이유는 용액 속 입자들이 브라운 운동을 하기 때문이다. 이는 어떤 주어진 순간에 어떤 입자들이 검출기를 향해 움직여서 입사광에 비해 청색-편이된 빛을 방출하는 것을 의미한다. 비슷하게 또 다른 입자들은 검출기로부터 멀어지며, 적색 – 편이된 빛을 방출한다. 그러나 평균적으로 입자들은 검출기에 대하여 상대적으로 움직이지 않은 것이므로 분포의 중심이 입사광의 파장에 있게 된다.

브라운 운동의 영향만 받는 것이 관측된 빛의 파장 뿐만은 아니다. 관측된 빛의 총 세기도 시간에 따라 변한다. 이는 브라운 운동에 의해 인접한 입자들 간의 거리가 시간에 따라 달라지기 때문이다. 이러한 원자들로부터 방출된 빛이 서로 간섭을 일으킨다. 원자들 사이 거리가 보강 간섭인지 상쇄 간섭인지를 결정한다. 따라서 어떤 원자들 쌍의 이 거리가 변함에 따라 그들로부터 방출된 순수 빛의 세기가 요동치게 된다. 용액 속에 많은 입자들이 있으므로 알짜 밝기는 근사적으로 고르게 되어 평균 밝기에서 멀어지지 않는다. 그러나 완전히 평균되지는 않고 용액으로부터의 신호의 순수 밝기는 변동되는 것으로 보일 수 있다.

결정적으로 주어진 점에서의 시간에 대한 밝기는 용액 속 모든 입자들의 위치에 관계된다. 따라서 시각 0에서 측정값을 취한 후 매우 빠르게 또 다른 측정값을 취하면, 두 번째 측정된 밝기는 처음 위치에서 멀어질 수 있는 충분한 시간을 갖지 못하는 한 첫 번째와 아주 비슷할 것이다. 한편으로 입자들이 충분히 움직일 수 있는 시간을 가졌다면 밝기는 본질적으로 무작위적이 될 것이다. 이러한 개념을 상관으로 표현할 수 있다. 두 번째 측정이 평균치보다도 첫 번째 측정에 더 가깝다면 양의 상관이다. 만약 두 번째 측정이 평균치보다도 첫 번째 측정에 덜 가깝다면 음의 상관이라 한다. 영의 상관은 측정값들 사이에 상관이 없어서 첫 번째 밝기가 관측자에게 두 번째 밝기에 대하여 아무런 정보도 줄 수 없다는 것을 의미한다. DLS 실험에서 두 밝기 측정 사이의 시간 지연이 영에서 무한대까지 증가할수록 상관은 1(완전 상관)에서 영(무상관)으로 떨어진다.

이 데이터를 가지고 다른 입자 용액들에 대하여 시간에 대한 상관관계를 나타낼 수 있다(그림 4.51). 이 그래프가 주어진 입자가 얼마나 빠르게 확산되는지에 대한 시간 스케일을 나타낸다. 빠르게 확산될수록 보다 빨리 영의 상관에 도달한다. 왜냐하면 입자들이 출발점으로부터 다른 위치로 이동하는데 시간이 덜 필

요하기 때문이다. 실제로 이러한 상관 그래프는 확산율 D를 계산하는 데 쓰일 수 있으며, 이는 부가적인 계산을 필요로 한다.

입자가 확산하는 곳에서 앞에서 말한 확산률은 식 4.51에서 입자의 유체역학적 반지름을 계산하는 데 쓰일 수 있다. 이 식에서 d_{H}는 유체역학적 지름, k_B는 볼츠만 상수, T는 온도, η는 용액 점도, 그리고 D는 확산률이다(병진 확산 계수라 한다).

$$d_H = \frac{k_B T}{3\pi\eta D} \tag{4.51}$$

예상할 수 있듯이 그림 4.51에서 나타난 바와 같이 입자가 클수록 느리게 확산된다. 이것이 확산율과 입자 지름이 왜 역의 관계에 있는지를 말한다. 각 지름에 대한 관측된 입자의 개수는 그림 4.52와 같은 그래프를 얻기 위해서 입자 지름에 대하여 나타낼 수 있다. 이 그림은 두 개의 뚜렷한 지수함수적 영역을 가진 복합 상관 곡선이 어떻게 해당 입자의 두 크기에서 피크를 가진 해석이 쉬운 그래프로 변환되는지를 보여 준다.

입자 크기 뿐만 아니라 확산 속도에 영향을 미칠 수 있는 조절이 필요한(최소한 고려되어야 함) 여러 가지가 있다. 그 첫째가 각 입자들 주위의 수화막(hydration shell) 크기이다. 이것은 측정되는 각 입자들의 유체역학적 반지름이므로, 두 입자의 크기가 같지만 한쪽이 보다 강하게 주변 물질과 결합한다면 그 입자는 보다 느리게 확산되므로 보다 크게 인식(기록)된다. 두 번째는, 용액의 이온 강도가 입자와 용액의 결합에 영향을 미치므로 이온 강도가 표준 레벨로 세팅되어야 한

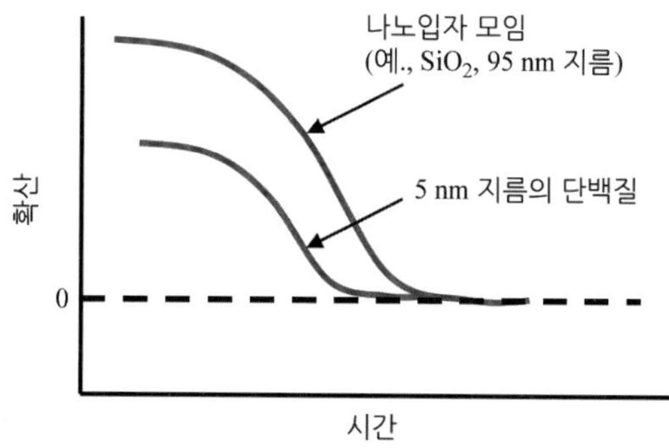

그림 4.51 두 종류의 입자에 대하여 연속 측정의 시간 지연에 따른 상관 그래프. 예측과 같이 큰 입자들은 긴 시간동안 상관 상태에 머무르며, 이는 매우 느리게 확산됨을 나타낸다.

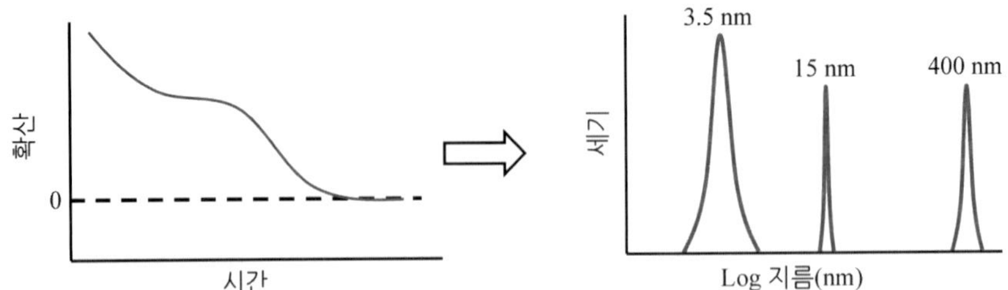

그림 4.52 상관 그래프와 이로부터 유도된 입자 크기에 대한 신호 세기 그래프.

다. 세 번째는 입자의 표면 굴곡이 확산 속도에 영향을 미치는 것이다. 만약 입자가 표면에 빗과 같은 길쭉한 형상들을 갖고 있다면 이것이 확산을 느리게 하여, 같은 크기의 매끈한 구보다 크게 보이게 한다. 마지막으로 입자 형상의 변화가 확산 속도에 영향을 준다. 만약 입자가 보다 밀집된 구의 형태에서 보다 늘어진 구조로 변경되면, 확산 속도가 떨어져서 질량 변화가 없음에도 불구하고 다시 크게 인식된다. 이 마지막 효과가 단백질 분석에서 흥미롭다. 왜냐하면 간혹 단백질 표면 굴곡 변화를 감지할 수 있기 때문이다.

DLS에서의 한 가지 중요한 한계는 주어진 입자로부터 받는 신호 크기가 입자 지름의 6제곱에 비례한다는 것이다. 따라서 10 nm 입자와 100 nm 입자를 몰농도 1:1로 섞은 용액이 있다면 용액에 같은 수의 입자가 있음에도 불구하고, 큰 입자에 대한 피크값은 작은 입자보다 수백만 배 더 크다. 입자 크기 차이가 커질수록 이 문제가 악화될 뿐이며, 정확히 분석 가능한 한 용액 속 입자 크기 범위를 제한한다.

동적 광산란은 용액 속에 있는 입자들의 크기를 결정하는 탁월한 방법이다. 이 방법으로 입자 크기가 광범위하게 변하지 않는 한 나노미터 크기로부터 마이크론 이상의 크기까지의 입자 크기를 정확히 측정할 수 있다. 이 기술은 콜로이드과학에서부터 프로테오믹스에 이르기까지의 응용에서 유용하며, 많은 나노 과학 연구실에서 필수불가결한 부분이다. 이처럼 사용이 쉽고, 감도가 넓어서 매력적인 다른 입자 크기 측정법은 없다.

참고문헌과 권장도서

- Evans, D. F. and Wennerström, H. 1999. *The Colloidal Domain*, 2nd ed. New York: Wiley-VCH. 2장이 AFM과 STM에 대하여 가볍게 읽을 수 있는 자료를 제공함.
- Tompkins, H. G. 2006. *A User's Guide to Ellipsometry*. Dover Publications, Mineola, NY. 타원분광계 이론을 자세히 취급하고, 이 기술의 많은 흥미로운 응용 사례를 제공하는 대학원 수준의 책임.
- Vickerman, J. C. 2003. *Surface Analysis-The Principal Techniques*. John Wiley & Sons, Chichester, West Sussex, UK. 이 책은 표면 과학 기술을 제공하며, 많은 부분들이 이 장에서는 취급되지 않았음. 이 책은 표면에서의 진동 분광학과 주사 탐침법을 보다 잘 이해하고자 하는 학생들에게 권장됨.
- Boyd, R. W. 1992. *Nonlinear Optics*. Academic Press, San Diego, CA. 이 책은 2차 조화파 발생과 합주파수 발생과 같은 비선형적 방법에 흥미를 가진 고급 수준의 학생들에게 권장됨. 이 책은 비선형 광학의 유용한 기본적 취급에 대해 논함.
- Bonnel, D. 2000. *Scanning Probe Microscopy and Spectroscopy: Theory, Techniques, and Applications*, 2nd ed. Wiley-VCH, New York. 이 책은 주로 STM에 초점을 맞추고 있으며, 이 방법에 대하여 매우 관심있는 학생들에게만 권장됨.
- Berne, B. J. 2000. *Dynamic Light Scattering: With Applications to Chemistry, Biology, and Physics*. Dover Publications, Mineola, NY. 이 책은 DLS를 설명하고, Maxwell 방정식들이 어떻게 산란광의 세기로 진행되는지를 설명한다. 이 책은 고급 대학원 수준의 교재임.

연습문제

1. 식 4.1은 액체가 모세관을 얼마나 높이 올라갔는지를 측정하여 액체의 표면 장력을 결정하는 데 사용될 수 있다. 물은 반지름 1 mm인 모세관에서 얼마나 올라가겠는가? 물의 관 표면 접촉각이 영 도라 가정하시오.

2. 폭 10 mm, 두께 1 mm인 종이판이 계면활성제 용액에서 꺼내지고 있다. 용액 표면에서 분리되기 바로 직전에 측정된 힘이 0.77 mN이다. 계면활성제 용액의 표면 장력을 추정하시오.

3. QCM 실험에서 다음 주파수 값들(3배 주파수, $n = 3$)은 포유류 DNA 나노 필름이 수정 결정에 흡수될 때 실시간으로 측정된 것이다. 이때 Sauerbrey 상수 $C = 17.7\ \mathrm{ngHz^{-1}cm^{-2}}$이다.

시간(min)	0	5	10	15	20	25	30	35	40	45	50	55	60	65
ΔF(Hz)	0	0	−2	−5	−7	−15	−25	−42	−55	−60	−63	−64	−65	−65

Sauerbrey 식을 사용하여 시간에 대한 흡수 질량 그래프를 구하시오. 흡수가 1차 동력학, 즉 [흡수 DNA 질량] = $(1 - Ae^{-kt})$에 따른다고 가정하시오. 여기서 A는 상수, k는 1차 비율 상수이다. 이 식을 사용하여 k값을 구하시오.

4. BSA(bovine serum albumin) 용액을 생각해 보자. 이는 보통 쓰이는 혈액 단백질로서 pH 3, 5, 7로 만들어지며, DPI 실험에서 실리콘 도파관 위로 흘러가게 된다. pH 5는 BSA의 등전기점(혹은 알짜 전하가 없는 pH)에 가까우며, 여기서는 각 BSA 단백질이 pH 5의 이웃한 단백질들과 정전기적 척력을 느끼지 못할 것으로 예상된다.

   (a) 어떤 pH에서 BSA의 최대 흡착이 일어나는지 예측하시오. 예측된 답에 대해 설명하시오.

   (b) 벌크 용액에서 BSA가 크기 140 Å × 40 Å 의 타원체를 이루고 분자량이 66.43 kDa가 된다. DPI 질량값과 관련하여 이 정보를 사용하여 각 pH에서 도

파관 표면에서 각 단백질 분자가 차지하는 면적을 어떻게 계산할 수 있는가?

(c) 만약 BSA 단백질이 도파관 표면에 평행하게 흡착되어 포화된 단일층을 이루고 흡착 때 비틀리지 않았다고 가정한다면, 나노 필름의 두께를 계산하기 위해서 BSA의 벌크 상 크기(그것은 ~40 Å이며, pH 5에서 각 분자들이 ~5600 $Å^2$ 차지함)를 적용할 수 있다. pH 3과 7에서 나노 필름층의 두께는 BSA 단백질보다 훨씬 얇으며, 분자당 면적은 예측보다는 훨씬 크다. 따라서 pH 3과 7에서 BSA 분자들이 도파관 표면에서 매우 얇게 퍼지고, 더 많이 비틀린다고 추측할 수 있다. 실리콘 표면에서의 pH에 따른 BSA의 상대적 흡착률은 pH 3> pH 5 > pH 7이다. 각 pH에서 도파관 표면에 BSA의 흡착에 관계되는 힘은 어떤 것인가? 다른 pH에서 관측된 흡착률의 상대적 순서에 대하여 어떤 설명이 가능하겠는가?

5. 다음 표는 폴리에틸렌이민(PEI)의 농도에 따른 굴절률을 보여 준다. DPI 도파관 표면에서의 PEI 필름의 굴절률은 1.55이다. 이 필름이 순수 수용액 아래에 있다고 가정하여 필름의 밀도를 추정하시오. 별도의 실험에서 타원분광법으로 이 필름의 두께가 1 nm인 것으로 결정되었다. 이 필름의 질량은 얼마인가?

농도(mM)	1.0	5.0	10	15	20
굴절률	1.44	1.45	1.46	1.47	1.48

6. ATR-FTIR에 보통 사용되는 물질들은 ZnSe와 Ge이다. 과학 문헌에 나와 있는 값들을 사용하여 여러 입사광 파장에 대하여 ZnSe와 Ge의 굴절률(RI)을 구할 수 있다. 이미 알려져 있는 다른 실험적 파라메터들을 사용하여 감쇄파가 연구 대상 시료에 침투하는 깊이를 계산할 수 있다. 예를 들어, IR 주파수가 ~1700 cm^{-1}(보통 C＝O 결합의 수축 주파수)일 때 ZnSe의 굴절률은 ~2.35인데 비해서 Ge의 굴절률은 ~4.0이다. ATR-FTIR의 IRE에서의 입사각이 45°라 가정하고, 1700 cm^{-1}인 IR 광이 사용되었을 때 ZnSe와 Ge로 각각 만들어진 수용성 시료(RI ~1.5)에 대한 감쇠파의 침투 깊이를 비교하시오.

힌트 : 침투 깊이를 계산하기 위한 유용한 식을 부록에서 찾아보시오.

7. 색소 분자와 같은 분리된 층들로 이루어진 나노 필름을 생각해 보자. 타원분

광법으로 이러한 필름의 두께를 측정할 수 있다. 분자의 몰흡수도를 알고 있다면 필름 질량을 결정하는데 식 4.23이 어떻게 쓰이는지 보이시오.

8. Sauerbrey 식이 액체 속 결정 표면에 흡착된 질량을 과소평가한다. 왜냐하면 그것은 원래 공기 중에서의 진동을 위해 만들어졌으며, 점도 변화에 의한 공명 주파수를 설명하지 못한다. 다음 식에 의한 점도 효과의 수정에 따라 액체 속에서의 질량을 정확히 측정하기 위해서 Sauerbrey 식을 수정할 수 있다.

$$\Delta f = -f_0^{3/2}\sqrt{\left(\frac{\eta_l \rho_l}{\pi \rho_q \mu_q}\right)}$$

여기서 f_0는 공명 주파수, ρ_l은 액체의 밀도, η_l은 액체의 점도이다. ρ_q는 수정의 밀도(2.648 g/cm^3) 이다. μ_q는 AT-절단된 수정 결정의 강성률(2.942×10^{11} g/cm s^2)이다. 물과 산화중수소(deuterium oxide) 중 어떤 액체에서 기본 공진 주파수에서 QCM-D 장치의 검출 한계가 더 민감하겠는가? 그들 감응도(sensitivity)의 비는 얼마인가? (관심 있는 학생들은 보다 자세한 내용을 다음 참고문헌에서 확인할 수 있다. K. K. Kanazawa and J. G. Gordon, II, 'The oscillation frequency of a quartz resonator in contact with a liquid,' *Anal. Chimica Acta*, vol. 175, pp 99–105, 1985).

9. (a) 여러 문헌들에서 많은 방법들이 그 자체로는 굴절률, 필름 두께, 밀도와 같은 성질들의 절댓값을 측정하지 못한다고 한다. 이 장에서 논의한 두 가지 비분광학적 방법을 선택하고, 이를 결합하여 사용한 것이 각각 하나씩만 사용한 것보다 어떻게 더 많은 정보를 제공해 주는지 설명하시오. SDS(혹은 혼합물)와 같은 특별한 필름-생성 물질에 대하여 가능한 많은 것을 알기 위하여 수행해야 하는 실험들에 대해서 요약하시오.

   (b) IR과 같은 분광학적 방법을 선택하고 이 방법이 어떻게 물질과 그 흡착성에 대한 이해를 도울 수 있는지 설명하시오.

10. 여러 데이터에 대하여 분자 형광 분광학에 대한 주어진 정보를 사용하여 어떻게 Φ_f를 계산할 수 있는지를 설명하시오(**힌트 :** 적절한 식을 사용하고 식을 결합하여 g_x를 구하고 Φ_f를 계산한다).

11. 주사 터널링 현미경이 전자의 감쇄 길이가 5 nm^{-1}인 금속 표면의 영상을 얻기 위해 사용된다. 만약 터널링 전류가 5배 증가한다면 높이는 얼마나 변하겠는가? 이 높이가 무엇에 참고가 되는지 설명하시오(**힌트 :** 예제 4.8 참조).

12. 다음 구조로 된 표면을 지나갈 때 $-COOH$로 기능적으로 코팅된 AFM 팁의 높이를 가장 높은 곳에서 가장 낮은 곳까지 순위를 매기시오.

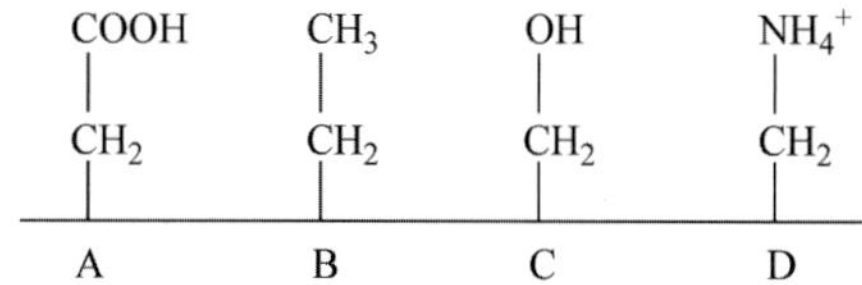

13. 말라리아에 감염된 인체의 적혈구 막 속의 말라리아 유발 병원체(Plasmodium) 단백질의 합체를 검출하기 위하여 NSOM을 사용하고 있다. 시료를 NSOM 탐침으로부터 300 nm 거리에 두었지만 얻어진 영상의 해상도는 좋지 않았다. 그런데 레이저로부터의 광파장이 150 nm인 것을 알게 되었다. 해상도를 올리기 위해서는 어떻게 해야 하는가?

14. 매우 큰 분자량을 가진 교질 입자를 이루는 계면활성제의 농도가 요동치게 하는 요소는 무엇인가?

15. (a) 레일리 산란광의 분포가 좁은 신호 대신 넓은 피크인지를 말로써 설명하시오.

    (b) 만약 700 nm의 레이저광이 분산을 통하여 보내지고 레일리 산란광이 640 nm를 중심으로 분포한다면, 용액 속의 입자들 운동방향으로부터 무엇을 알게 되는가?

    (c) (b)에서 논의된 편이가 적색 편이 혹은 청색 편이에 해당되는가?

16. (a) 입자의 유체역학적 반지름이 두 배로 된다면 확산 속도에는 어떤 변화가 발생되는가?

(b) 만약 반지름이 반으로 줄어들고, 반지름이 4배가 되고, 용액의 점도가 절반이나 늘어난다면, 어떤 요소에 의해 확산 속도가 변하겠는가?

(c) 헥산 용액에서 다중 신호의 관측을 예상할 수 있는가? 그렇다 혹은 그렇지 않다를 설명하시오.

17. 왜 접촉 리소그래피의 최대 해상도가 $\lambda/2$ 인지를 설명하시오(5.9절 참조).

18. 이 문제는 SFG 분광법에 관한 것이다. 고체 표면에서의 두 광의 중첩을 생각해 보자(하나는 파장이 523 nm인 가시광선이고, 다른 하나는 파장이 2.2 μm인 IR이다). 가시광선의 입사각이 30°이고, IR의 입사각은 40°이다.

(a) 방출된 SFG 빔의 각도를 계산하시오.

(b) 방출된 SFG 빔의 파장은 얼마인가?

(c) SDS, CTAB, hexnol 그리고 decanol의 SFG 스펙트럼간의 차이를 CH_2와 CH_3 밴드로 정성적으로 설명하시오. 이러한 분자들의 단일층이 소수성 표면과 수성상(aqueous phase) 사이에 있다고 가정하시오.

19. 동경공대(Tokyo Institute of Technology)에서 수행된 연구에서 QCM이 대장균주 박테리아(*Escherichia coli*) DNA 촉매효소 I의 Klenow 조각의 반응을 직접 감지하기 위해서 사용되었다. 반응은 $(TTTTC)_3$ 혹은 $(TTTTC)_{10}$ 주형과 폴리머라제(촉매효소)의 결합에 필요한 뇌관(primer)을 포함한 DNA 올리고 뉴클레오타이드에서 일어나며, QCM에 움직이지 못하게 고정되어 있다. 이러한 효소는 용액으로부터 제 2의 사슬로의 dATP와 dGTP 단량체들의 상보적인 기본 결합을 위한 촉매로 작용한다. 초기 조건이 $(TTTTC)_3$ 주형을 사용한 두 번의 시도 결과가 아래에 나와 있다.

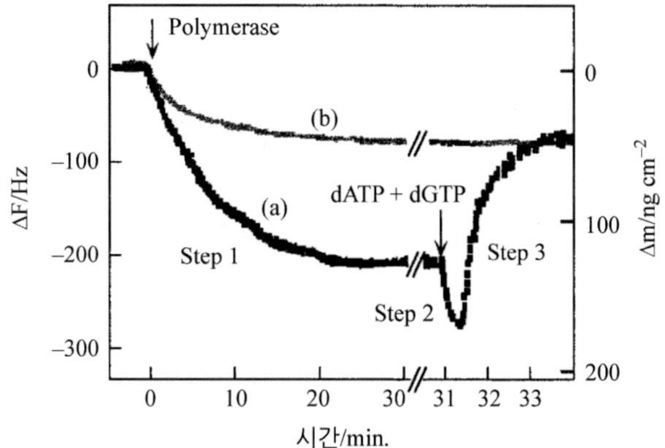

(a)에서 폴리머라제가 처음에 첨가되고, 30분 후에 여분의 단량체들이 첨가된다. (b)에서는 폴리머라제가 여분의 단량체가 존재할 때 첨가된다.

(a) (a)의 1, 2, 3단계에서 생물학적 반응 성분에 의해 물리적으로 일어나는 것이 무엇인가? 다른 곡선을 나타내는 (b)에서는 무엇이 물리적으로 발생하는가? 주파수에서의 마지막 변화들이 동일하다는 것이 왜 이해 가능한가?

힌트 : (a)의 1단계에서의 주파수 변화는 (a)의 3단계에서의 주파수 변화와 대략적으로 같은 크기이며, (a)의 2단계에서의 주파수 변화는 대략적으로 (b)에서의 전체 주파수 변화와 같다.

(b) 위의 데이터를 벗어난 DNA 폴리머라제 반응 메커니즘에서의 세 단계 각각의 속도 상수들의 상대적 크기에 대하여 어떤 말을 할 수 있는가?

(c) 만약 $(TTTTC)_3$ 주형 대신 $(TTTTC)_{10}$ 주형을 쓴다면 주파수, 결합된 질량, 속도 상수에서의 예상되는 상대적 변화가 얼마인가?

CHAPTER

05

나노 물질들의 형태와 쓰임새

개관

이 마지막 장은 학생들이 기초적인 교과서 스타일의 자료에서 첫 번째 과학적인 문헌으로 옮겨가는데 도움을 주기 위한 나노 물질들의 과학적 재검토와 아주 유사하게 쓰였다. 이전 장들에서는 학생들에게 필요한 과학적인 배경과 이 장에서 나오는 물질들을 이해하기 위한 용어들을 사용하였다. 이 장은 두 개의 부분이 분리된 것으로 생각될 수 있다. 광학적 그리고 활동적인 물질들의 성질을 나노 물질들을 사용하여 조율하고(5.1절에서 5.4절), 나노 물질들을 사용하여 표면을 기능화하여(5.5절에서 5.9절) 나노 기술을 사용하기 위한 유용한 방법을 정의한다. 많은 다른 잠재적인 나노 물질들의 응용들이 있지만, 여기서는 어떻게 기능적으로 나노 과학의 수준을 일정하게 발전시키는 여러 기술들을 사용하는지에 대하여 조망한다.

5.1 초분자 기계

모든 자기 조립 과정에서 분자 크기의 뭉침에서 나노 스케일 물체로의 천이를 조절하는 매우 선택적인 상호작용들이 일어난다. 분자 수준 요소들의 조립과 특성 조사가 발전할수록 단순한 일을 수행하기 위한 잠재적 나노 스케일 시스템의 기능화가 현실화되기 시작하고 있다. 초분자 화학이 이러한 상호작용의 기본적인 양상의 연구와 특별히 고안된 비자연적 시스템에서 이를 수행하는 것에 관계된다. 이러한 모든 나노 조립의 넓은 범주를 초분자 기계라 한다. 이 기계들은 협동하는 분자들의 조직화된 시스템으로 이루어져 있으며, 센서, 수행 장치, 주문형 촉매와 같은 기능을 할 수 있게 신중하고 명확하게 만들어진다. 흥미를 유발하는 초분자 제작의 한 분야는 조립을 통한 에너지 전달의 특별한 프로그래밍으로서, 이는 상호작용하는 색소 분자들로서 이루어진다. 이 절에서 나노 필름 조립체에서 상호작용하는 색소 분자들의 몇 가지 시스템에 대하여 다루고, 특정 필름의 기능을 위한 주개와 받개 형광쌍이 작용하는 방향에 대한 몇 가지 응용에 대하여 논한다. 이 절은 이 물질을 훌륭하게 취급한 Kuhn과 Försterling의 교재,

*Principles of Physical Chemistry: Understanding Molecules, Molecular Assemblies, Supramolecular Machines*의 영감을 받았다. 학생들이 이 책의 22장과 23장을 읽기를 권장한다.

5.1.1 모델 색소 시스템

분자 조립체가 일을 수행하기 위한 유용한 시스템이 되기 위해서는 기계를 통한 효과적인 에너지 전달 수단을 만드는 것이 필요하다. 에너지원의 파장(색)의 조율 가능성, 최소 침습성, 조립체의 여러 부분들을 선택적으로 여기시킬 수 있는 가능성 등을 포함하는 여러 가지 이유에 의해, 광자 에너지가 가장 좋은 방법이다. 나중에 화학 에너지로 사용하기 위하여 빛에너지를 사용하는 과정이 자연에서는 풍부하므로, 이러한 장치들을 이해하고 만드는 것은 중요한 일이다.

분자 시스템에 의해 이용될 수 있는 광자 에너지에 의한 가장 기본적인 방법이 색소 분자의 특정 흡수-형광 특성의 이용을 통한 것이다. 상호작용하는 두 색소 분자의 모델 시스템을 생각해 보자. 그림 5.1에 나타난 바와 같이 주개(D)와 받개(A) 색소들이다. 주개 D는 파장 450 nm(파란색)의 빛에 의해 쬐어질 수 있고, 그 결과 여기되어 550 nm(초록색) 형광을 방출한다. 다른 색소인 받개 A는 비슷하게 행동하여 550 nm 파장의 빛에 쬐어져서 이를 흡수하여 620 nm의 빨간색 형광을 방출한다. 간단한 분자 기계를 조립하기 위해서 D의 형광 및 A의 흡수의 중첩을 이용할 수 있다. 확실히 그들 사이의 간격 d를 결정하기 위하여 지방산 전 단계 물질의 단일 색소층과 스페이서(spacer)로부터의 형광 세기 I를 감지할 수 있다. 이러한 필름들은 랭뮤어 블로지트(뒤에 논의)에서의 소수/친수 작용을 통하거나 정전 자기 조립(ESA)에 의한 부착 과정에 의해 쉽게 조립될 수 있다. 그림 5.2에서와 같이, 친수 지방산 머리기가 유리 기판과 부착되고, 분자의 소수성 꼬리 부

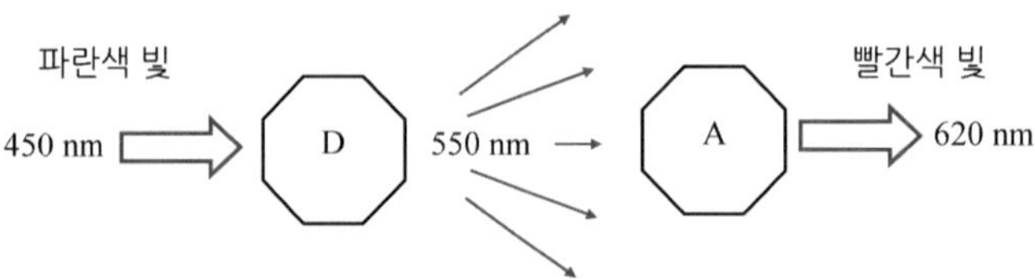

그림 5.1 파란색 빛(450 nm)에 의한 주개 분자(D)의 여기와 그 결과로 발생하는 초록 형광(550 nm). 방출된 초록광이 받개 분자(A)에 의해 흡수되고, 마지막으로 빨간색(620 nm)이 방출된다.

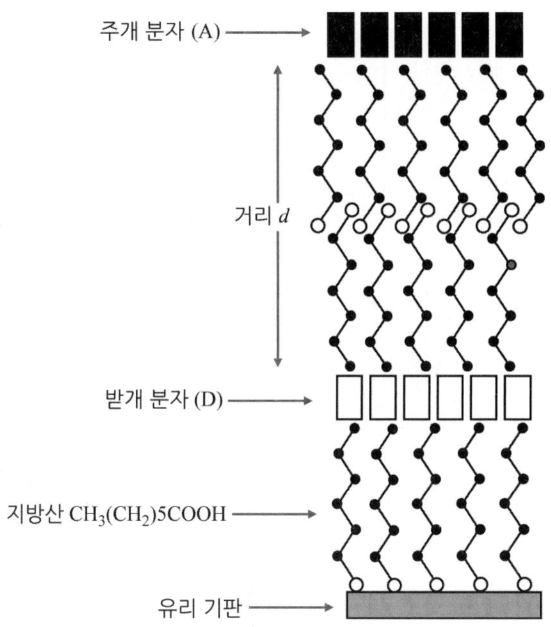

그림 5.2 층층 조립체 속에 단일층 주개 분자가 '불활성' 지방산 다층막에 의해 받개 단일층 분자와 분리되어 있다. 거리 d는 A와 D 단일층 사이의 불연속 지방산 단일층의 수에 의해 결정된다.

분이 노출된다. 계속적인 색소 분자 D의 부착, 몇 개의 지방산 스페이서들 그리고 A의 분자들이 결과적으로 간단한 분자 기계를 구성한다. Drexhege 등에 의해 유도되고(1963) 뒤에 Mobius에 의해 이 시스템에 적용된 광 소멸식(1969)을 사용하여 어떤 분리된 거리 d에서의 초록(D)과 빨간(A) 형광의 세기 I가 계산될 수 있었고, 분광학 실험에서 I를 감지함에 의해 검증되었다.

그림 5.3(a)는 d가 무한대로 크거나 혹은 A가 없을 때($I_{\infty.D}$)의 세기에 대한 A가 거리 $d(I_{d.D})$에 있을 때 D로부터의 초록 형광 세기의 비로서, 양자 이득(수율)을 나타낸다. 이 값은 두 색소의 분리 거리 d의 함수이며, d_0는 D로부터의 형광의 절반이 A에 의해 소멸된 거리이다. 반대로 그림 5.3(b)는 d가 무한대로 클 때의 빨간색 형광의 세기($I_{\infty.A}$) 에 대한 D가 거리 $d(I_{d.D})$에 있을 때 A로부터의 초록 형광 세기의 비를 d의 함수로서 나타낸다. 왼쪽에서 I_d/I_∞인 주개의 형광을 d에 대하여 나타내었다. 예상대로 초록 형광이 d에 따라 증가하였다. 왜냐하면 d가 증가함에 따라 받개 색소 A가 덜 가까워지므로 보다 많은 초록 형광이 투과하기 때문이다. 그림 5.3(b)에서는 받개 형광에 대한 I_d/I_∞가 d에 대하여

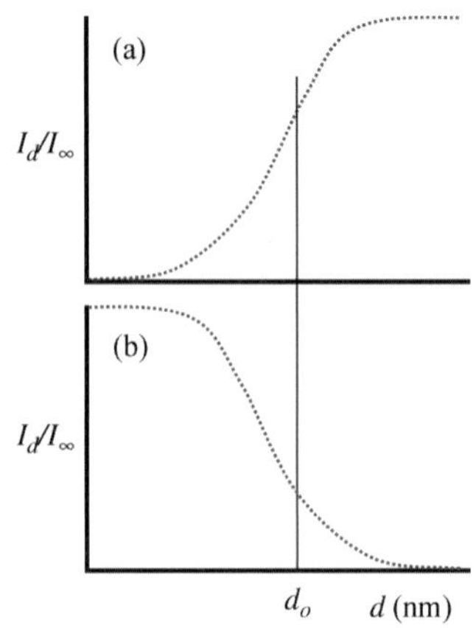

그림 5.3 D로부터 A로의 에너지 전달을 나타내는 양자 이득 형태. (a) 거리 d의 함수로 나타낸 D로부터의 초록 형광 이득, (b) 거리 d의 함수로 나타낸 A로부터의 빨간 형광 이득 d가 증가할수록 A로의 에너지 전달이 감소하여 D로부터 많은 형광이 발생하고 A로부터는 적은 형광이 발생한다.

나타나 있다. 예상한 대로 빨간 형광은 d에 따라 감소한다. 왜냐하면, A가 엑시톤(exciton: 조립체의 여기된 영역)으로부터 멀어지므로 보다 적은 효율로 여기되기 때문이며, 이는 A로부터의 형광이 발생하는 데 필요하다.

이러한 결과들 자체로는 색소들 사이의 에너지 전달에 관한 이론적 모델이 정당하다는 것 외에는 많은 정보를 얻지 못한다. 그러나 Lehn(*Supra-molecular Chemistry*, VCH Weinheim, 1995)이 색소 조립체에서의 이러한 거동에 대한 강제적 적용을 보여 주었다. 항원의 다른 곳에 각각 붙어 있는 두 개의 항체를 생각해 보자. A와 D 색소를 두 개의 다른 항체에 결합함으로써 색소들이 에너지 전달이 가능하게 충분히 가까워진다. 과잉의 변화된 색소를 첨가함으로써 간단한 면역학적 검정법을 시행하기 위한 분광학적 분석이 쓰일 수 있다. 서로 직접 상호작용하는 항원으로부터 분리된 변경된 항체들로부터의 배경 형광을 고려한 후, 받개 A로부터의 형광이 감지될 수 있으며, 이는 문제 항원의 특정 농도를 가리키게 된다.

5.1.2 광완화

앞에서 말한 색소 조립체들의 기능성은 흡수도와 방출 스펙트럼의 차이 혹은 두 물질(물체)의 스톡스 편이(Stokes shift: 라만 스펙트럼에서의 스톡스 편이와 혼동하지 않도록)에 좌우된다. 분자들이 에너지를 받게 됨에 따라 광자로부터의 에

너지 여기상태, 즉 양자화된 전자 준위로 올라간다. 이 여기상태는 유지되지 못한다 – 실제로 엑시톤의 수명은 약 10나노초이다 – 그리고 분자는 빠르게 바닥상태로 복귀한다. 바닥 전자 상태로 돌아오면서 분자는 초기의 여기로부터 여분의 에너지를 가지게 되고, 이는 여러 가지 형태로 방출된다. 색소에서는 에너지가 광자의 방출을 통해서 없어지게 된다. 가시광색은 에너지 밴드갭 혹은 바닥과 여기상태의 에너지 차이가 가시광 파장을 가진 광자로부터 얻어지는 에너지들 사이에 있는 특수한 경우에 색소의 광완화(photorelaxation)로부터 발생된다. 밴드갭과 여기된 분자로부터의 광자 방출이 다음과 같이 표현되므로,

$$E_{\text{밴드갭}} = E_{\text{광자}} = \frac{hc}{\lambda} \tag{5.1}$$

여기서 $h = 6.62606896 \times 10^{-34}$ J·s와 $c = 2.998 \times 10^{8}$ m/s이다. 색소가 가시광 양자를 방출하기 위해서는 에너지 밴드갭이 2.64866×10^{-28} J보다 크고, 5.22762×10^{-28} J보다 작아야 (1.65316×10^{19} – 3.26282×10^{19} eV)한다고 결정할 수 있다. 전자적으로 여기된 상태를 유도하는데 필요한 여기 광자 파장과 이어서 방출되는 광자 파장의 차이가 스톡스 편이로 알려져 있다. 스톡스 편이는 거의 대부분 양의 값이다. 즉, 여기 도중에 여기 광자의 에너지가 부분적으로 다른 비복사 에너지 손실 과정을 통하여 없어지며(그림 5.4 참조), 방출 광자의 에너지는 작다(긴 파장).

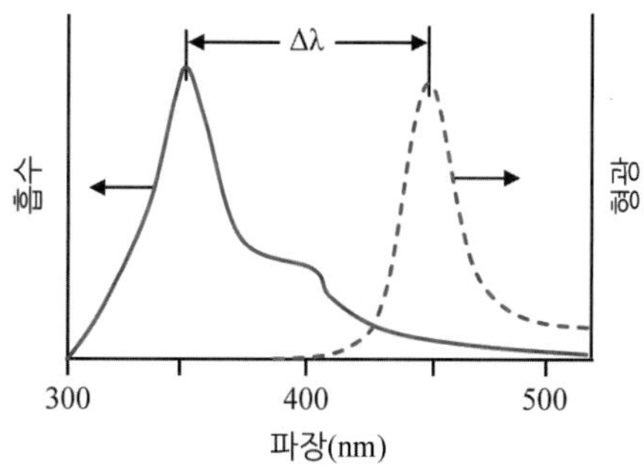

그림 5.4 색소 분자의 보통의 여기(흡수)와 방출(형광) 스펙트럼. 차이인 $\Delta\lambda$가 스톡스 편이값이다.

예제 5.1 스톡스 편이

그림 5.4에 나타난 스펙트럼에서 스톡스 편이를 kJ/mol로 추정하시오.

풀이 : $\Delta\lambda$가 약 100 nm이다. 식 5.1에 따라서

$$E=\frac{hc}{\lambda}=\frac{(6.62\times10^{-34}\,\mathrm{J\,s})(2.998\times10^{8}\,\mathrm{m/s})}{100\times10^{-9}\,\mathrm{m}}\approx2\times10^{-18}\,\mathrm{J}$$

이다. 1몰에 대해서는 아브가드로수($6.022\times10^{23}\,\mathrm{mol}^{-1}$)를 곱하고 1000으로 나누면 1200 kJ/mol이 된다.

그러나 어떤 물질들에서는 반스톡스 편이가 일어난다. 처음에는 반스톡스 편이가 자연의 기본적 법칙을 위배하는 것처럼 보인다. 낮은 에너지의 광자가 높은 에너지 광자로 옮겨간다. 이 에너지는 어디서 오는 걸까? 이 질문에 대한 답은 분자들이 자체적으로 열을 제거할 수 있다는 데 있다. 반스톡스 편이를 나타내는 물질에서 광자 에너지가 흡수된다. 그러나 바닥상태로 복귀하기 전에 엑시톤 또한 양자화된 진동 모드를 흡수한다. 이 특별한 에너지 흡수에 의해 높은 에너지의 광자가 방출된다. 그러나 이 진동 에너지 손실에 의해 분자의 열손실이 발생된다. 이와 같은 방법으로 반스톡스 편이 물질들이 광완화 때 냉각된다.

5.1.3 엑시톤의 형성과 특성

색소 분자 2가 색소 분자 1 위에 입혀져서 상호작용하는 것을 조사할 때, 흡수스펙트럼이 각 개의 합과는 다른 것을 알 수 있다. 특히 낮은 파장에서 흡수하는 색소 1이 더 낮은 파장(높은 에너지)으로 옮겨가고, 높은 파장에서 흡수하는 색소 2는 높은 파장(낮은 에너지)으로 옮겨간다. 이러한 차이를 설명하기 위하여 입사광의 진동에 노출된 진동 전하에 의해 색소 분자의 거동을 근사할 수 있다. 시스템 전체를 고려할 때 여기되는 전자들 사이의 상호작용들을 이해해야 한다. 이 시스템에 입사광이 도달함에 따라 각 π-전자 시스템은 이웃한 시스템과 같은 위상이거나 반대 위상이 된다. 같은 위상 진동은 강한 흡수밴드를 보인다. 왜냐하면 각 진동 전하가 엑시톤의 전기장에 의해 가속되기 때문이다. 반대 위상 진동에서는 약한 흡수 밴드가 나타난다. 왜냐하면 한 전하가 가속되지만 그 이웃은 반대의 전기장을 받아서 감속되기 때문이다.

그러나 색소 D와 A의 집합된 시스템을 고려해야 한다. 집합층에서 색소 분자를 나타내기 위하여 사용하는 진동자는 시스템이 단단히 뭉쳐져 있으므로, 다른 분자(진동자)들에 강하게 결합되어 있다. 즉, 여기되는 각 분자들의 π-전자들은 모든 다른 전자들과 가깝게 닿아 있어서 그들의 진동은 동일 위상이다. 입사광이 색소 경계면에 쬐이면 입사 광자로부터 에너지를 흡수하여, 모든 층들의 진동자들이 동일 위상으로 진동하고, 여기 구역이 형성되는 것을 의미한다. 이러한 여기된 구역을 엑시톤이라 한다.

우리의 모델 시스템에서 엑시톤의 근사적인 수명을 정량화할 수 있다. 진동자 모델에 의해 단량체의 형광 수명 τ_0을 다음과 같이 나타낼 수 있다.

$$\tau_0 = \frac{3m\epsilon_0 c_0^3}{2Q^2 \pi \nu_0^2 \mathrm{n}} \tag{5.2}$$

여기서 m, Q, ν_0는 각각 질량, 전하량, 진동자의 주파수, ϵ_0는 진공의 유전율, c_0는 진공에서의 광속, n은 굴절률이다. 집합체에서 N개의 진동자가 동일 위상으로 진동하며, 여기 구역에 기여한다(영향을 미친다). 따라서 m을 Nm으로, Q를 NQ로 바꾸어서 다음을 얻게 된다.

$$\tau_{agg} = \frac{3(Nm)\epsilon_0 c_0^3}{2(NQ)^2 \pi \nu_0^2 n} = \frac{1}{N}\tau_0 \tag{5.3}$$

여기된 구역이 동일 위상으로 진동하는 쌍극자(여기된 부분)와 이 구역을 흩트리려는 열운동과의 균형을 통해 유지되어야 한다는 사실을, 여기 구역이 기여하는 분자 개수 N을 구하는데 이용할 수 있다. 한쌍의 진동자에서 결합 에너지 ($-\Delta E/N$)가 여기 준위의 에너지를 감소시켜서 보다 바람직하게 한다는 것이 밝혀졌다. 열에너지(kT)는 앞의 양에 반대로 작용하여 덜 일어나게 하여 진동자들이 반대 위상이 되게 한다. 따라서 다음과 같다.

$$\frac{-\Delta E}{N} = kT \tag{5.4}$$

$\Delta E = -0.24$ eV 로 밝혀졌다. 식 5.4를 다시 정리하면

$$N = -\frac{\Delta E}{kT} = \frac{0.24\ \text{eV}}{k} \cdot \frac{1}{T}, \tag{5.5}$$

가 되며, 실온에서는

$$N = \frac{3000\,\text{K}}{300\ \text{K}} = 10 \tag{5.6}$$

이 된다.

식 5.3으로부터 형광 수명을 근사하기 위하여 식 5.6에서 푼 여기 구역에 기여하는 분자 개수 N을 이제 사용할 수 있다.

$$\tau_{agg} = \frac{T}{3000\ \text{K}} \tau_0 \tag{5.7}$$

$m = m_e$, $Q = e$, $n = 1.5$, $\nu_0 = 0.75 \times 10^{15}\ \text{s}^{-1}$일 때 식 5.2를 풀면 $\tau = 5 \times 10^{-9}\ \text{s}$을 얻게 된다. 따라서 다음과 같다.

$$\tau_{agg} = \frac{300\ \text{K}}{3000\ \text{K}} \times 5 \times 10^{-9}\ \text{s} = 5 \times 10^{-10}\ \text{s} \tag{5.8}$$

또한 단일층을 지나가는 엑시톤의 속력 v를 근사할 수 있다. 이를 위하여 τ_{agg} 동안 폭 L인 엑시톤에 의해 점유되는 면적 A를 고려해야 한다.

$$A = L_{exciton} \cdot v \cdot \tau_{agg} \tag{5.9}$$

주개 광자가 받개 분자에 도달할 확률이 50%인 상황을 생각해 보자. 이 조건에서 면적 A는 한 개의 받개 분자가 있는 면적과 같아야 한다. 따라서 A를 Za로 다시 정의한다. 여기서 a는 받개 분자가 점유하는 면적이며, Z는 받개 1개당 주개의 개수이며, 다음과 같다.

$$v = \frac{A}{L_{exciton} \cdot \tau_{agg}} = \frac{Za}{L_{exciton} \cdot \tau_{agg}} \tag{5.10}$$

주개가 과잉일 때 $Z = 10{,}000$, $a = 1500 \times 400\ \text{pm}^2$, $L_{\text{exciton}} = 5\ \text{nm}$ (300 K에서), $\tau_{agg} = 5 \times 10^{-10}\ \text{s}$와 같은 변수들을 넣으면 $v = 2.4\ \text{km s}^{-1}$을 얻게 된다. 보

다 많은 정보를 얻기 위해서는 Kuhn과 Försterling의 책 *Principles of Physical Chemistry: Understanding Molecules, Molecular Assemblies, Supramolecular Machines*의 23장을 참고하라.

실험적 관찰이 이렇게 빠르게 움직이는 엑시톤의 계산을 뒷받침한다. 가장 중요하게도 이러한 이론적 수치가 어떻게 여기된 구역이 형광을 방출하거나 다른 색소 분자를 여기시키는지를 설명하는데 도움이 된다. 이러한 진동 모델에서 여기된 구역의 전하들이 동시에 변하고, 가장 이웃한 전하들은 항상 반대가 된다. 따라서 가장 이웃한 전하들의 인력이 발생하여 여기 구역의 압축이 일어난다. 이러한 압축에 의해 엑시톤을 전달하는 파동이 발생하며, 이는 받개에 의한 흡수나 형광을 통한 소멸이 되기까지는 형상이 변하거나 에너지를 잃지 않는다. 이것이 어떻게 엑시톤 혹은 에너지가 매질을 통하여 이동할 수 있는지에 대한 하나의 가능한 설명이다.

5.2 나노와이어

나노와이어는 나노미터 스케일의 지름을 가지며, 길이에는 제한이 없는 나노구조를 말한다. 나노와이어의 한 예가 그림 5.5에 나와 있다. 나노와이어는 1 mm (10^{-3} m) 정도로 만들어지지만, 보통은 1 μm 정도로 만들어진다. 보통의 나노와이어의 폭－길이 비가 1:1000이나 그 이상임에 상관없이 1차원(1-D)으로 보이는 구조로 취급된다. 상대적으로 작은 크기들의 나노와이어가 결합된 1-D 구조가 보통의 (3차원) 와이어와는 확실히 구분되는 독특한 특성을 가진다.

나노와이어의 잠재적 응용 가능성은 무한하다. 기술이 계속 진보해감에 따라 산업의 경향이 이전에 시장에서 거래되던 것보다 작지만 더 효율적인 전자 소자를 만들어내려고 한다. 그 결과 저항, 캐패시터, 회로들과 같은 컴퓨터 부품들의 크기가 점점 줄어들고 있다. 상대적으로 전지산업에서 벌크상 금속보다 표면적이 늘어난 고체 나노와이어가 양극과 음극 설계의 미래가 될 정도로 나노와이어가 큰 관심을 끈다. 산업계에서는 화학적 복합재, 전계 방출자(field emitter), 생물분자의 나노센서 리드선과 같은 응용에서 나노와이어의 잠재력을 알고 있다.

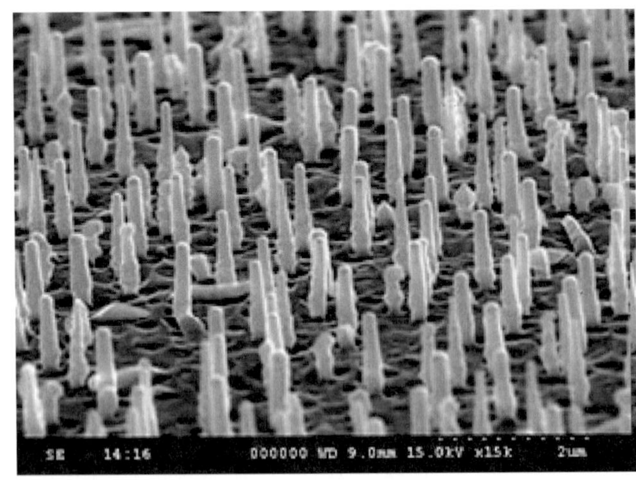

그림 5.5 실리콘 기판 위의 수직한 실리콘 나노와이어 배열(London South Bank University의 Hari Reehal 교수로부터 제공받은 영상).

또한 나노와이어의 전도도는 많은 물질들 중의 어떤 것으로 합성되어졌는지에 의해 조절되며, 보다 특별한 기능을 가질 수 있게 된다. 그 결과 나노와이어들은 (전도성이 증가하는 순서로) 절연체(SiO_2, TiO_2), 반도체(Si, GaN, InP) 혹은 금속체(Au, Cu, Pt, Ni 등)으로 분류된다. 이러한 주된 응용과 더불어 나노와이어의 일반적인 특성 및 합성 전략과 관계되는 연구들이 활발히 되고 있다.

5.2.1 나노와이어의 기초 양자역학

에너지가 양자화되었다는 것은 잘 알려져 있다. 이는 어떤 경우에라도 물질들이 띄엄띄엄한 양의 에너지를 가지도록 제한되었다고 하는 것이다. 허용된 에너지 준위들 간의 에너지 차이가 작으므로, 큰 물질들은 양자역학 효과를 무시할 수 있다. 그러나 소자의 크기가 작아질수록 양자역학의 역할이 점점 더 커진다. 나노와이어의 크기가 작으므로 양자역학이 그 거동과 성질에 큰 효과를 미친다. 이는 양자역학에서 물질들이 특정한 에너지값만 흡수 혹은 방출하여 허용된 전체 에너지값을 유지하게 하기 때문이다. 반도체와 절연체는 에너지 준위들의 차이가 종종 크고, 전자가 못 흐르게 하여 전도도가 낮다. 금속들은 절연체나 반도체와는 다르다. 왜냐하면 금속에서는 에너지 준위차가 종종 무시할 수 있을 정도이기 때문이다. 이러한 금속에서는 전자가 금속 분자와 분자 사이를 거의 자

유롭게 옮겨 다닐 수 있다.

나노와이어의 대부분의 응용은 전자와 관련되어 있으므로, 나노와이어의 전도도에 대한 양자 효과가 특히 중요하다. 양자역학은 나노와이어 분자 고유의 띄엄띄엄 에너지 효과를 나노와이어의 전체 전도도와 관련시킬 필요가 있다. 전도도를 띄엄띄엄한 에너지 준위와 관련시키는데 사용되는 식이 von Klitzing 식(Klitzing 등, 1980)이다.

$$R = \frac{h}{ne^2} \tag{5.11}$$

여기서 R은 저항으로서 옴(Ω) 단위로 측정되고, h는 플랑크 상수, e는 전자의 전하량, n은 정수($n = 1, 2, 3 \cdots$)이다. 전도도는 단순히 저항의 역수이다. 따라서 나노와이어는 $n = 1$에서 전도도 0.0387/kΩ을 갖는다.

5.2.2 전도도

이미 얘기했듯이 양자역학이 전도도를 관장한다. 아직도 전도도는 나노와이어의 성분과 물리적 성질(폭과 길이)에 의해 현저히 변한다. 나노와이어의 극단적으로 큰 길이-폭비에 의해 저항이 크다. 이 저항은 같은 물질로 이루어졌지만 매우 작은 길이-폭비 때문에 저항이 아주 작은 벌크상 와이어와 비교된다. 나노와이어의 좁은 폭에 의해 저항을 증가시킬 여러 가지 방법들이 있다. 그 하나가 줄어든 폭이 와이어 표면 분자의 상대적인 효과를 증가시키는 것이다. 와이어 표면의 분자들은 와이어 내부 분자들보다는 보다 느슨하게 결속되어 있다. 또한 표면 분자들은 내부 분자들보다 매우 적게 와이어 분자들과 접촉한다. 그 전체 결과로 와이어 표면의 분자들은 전자들이 다른 와이어 분자들로 이동하는 것을 매우 어렵게 한다. 따라서 높은 표면적-부피비가 저항을 증가시키는 경향이 있다. 저항에 미치는 폭의 영향에 대한 기본적인 개념은 평균 자유 행로로 알려진 것과 관련된다.

평균 자유 행로는 전자가 움직이는 다른 입자들과의 충돌과 충돌 사이에 움직이는 거리와 관련된다. 나노와이어에서 전자들의 충돌은 바람직하지 않다. 왜냐하면 전자가 어느 방향으로든 굴절할 수 있고(그림 5.6), 나노와이어의 순방향

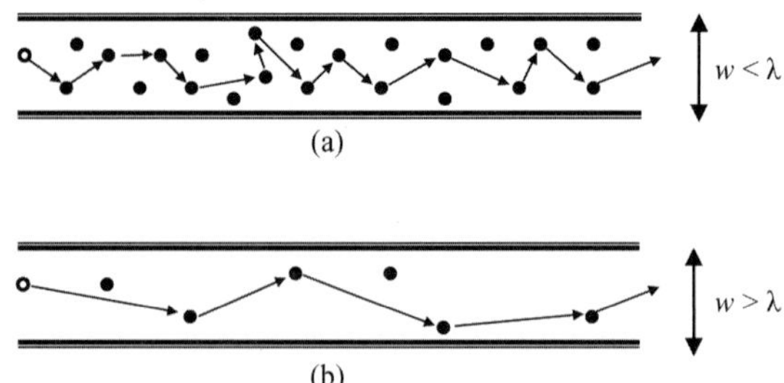

그림 5.6 평균 자유 행로 효과에 대한 개략도. 흰 동그라미는 전자를 나타내며, 검은 동그라미는 큰 원자를 나타낸다. w는 와이어의 폭, λ는 전도 전자의 평균 자유 행로이다. (a) 와이어 폭이 전자의 평균 자유 행로보다 작을 때 확산 전달이 발생한다. (b) 와이어 폭이 평균 자유 행로보다 클 때 충격전달이 발생한다.

전자 흐름에 영향을 미치기 때문이다. 나노와이어의 폭이 평균 자유 행로보다 좁을 때 충돌이 보다 자주 발생한다. 그 결과 잦은 충돌과 줄어든 전도도가 발생한다. 반대의 경우로 평균 자유 행로가 폭보다 짧을 때 나노와이어는 '충격 전달자'라 한다. 그 결과 전자가 항상 순방향으로만 진행한다. 충격 전달자(보통 금속 나노와이어)는 와이어 폭이 평균 자유 행로보다 작은 나노와이어들에 비해 매우 높은 전도도를 가진다(Takayanagi 등, 2001).

5.2.3 나노와이어 제작

나노와이어 제작에 관해서 두 가지 일반적인 개념이 있으며, 둘 다 각자의 독특한 전략(방법)을 가지고 있다. '탑-다운(top-down)' 접근법이 이러한 개념 중 하나이다. 이 접근법에서는 벌크 물질을 나노와이어가 남을 때까지 조각하여 만든다. 나노리소그라피와 일렉트로포리시스(electrophoresis)가 그 예들이다. 탑-다운 기술에 대한 이론은 확고하지만 현재의 수단으로는 한계가 있다. 현재의 장치를 사용하여 이상적인 나노와이어를 만드는 것은 어렵다. 현재의 장비와 기술은 기판 위에서 사용될 때의 일반적인 정확도뿐만 아니라 제작하려는 나노와이어의 길이와 폭에 의해 제한을 받는다. 이와 같은 이유로 탑-다운 접근법은 현재로 다른 방법에 비해 별로 사용되지 않고 있다.

'바틈-업(bottom-up)' 접근법은 속박된 분자들로 이루어진 실을 계속적으로 늘이는 방법으로 나노와이어를 만든다. 진공 속에서 나노와이어를 늘이는 현탁액 기반 기술, 화학적 부식 혹은 이온 충격법, 나노와이어가 촉매 아래 증기에서

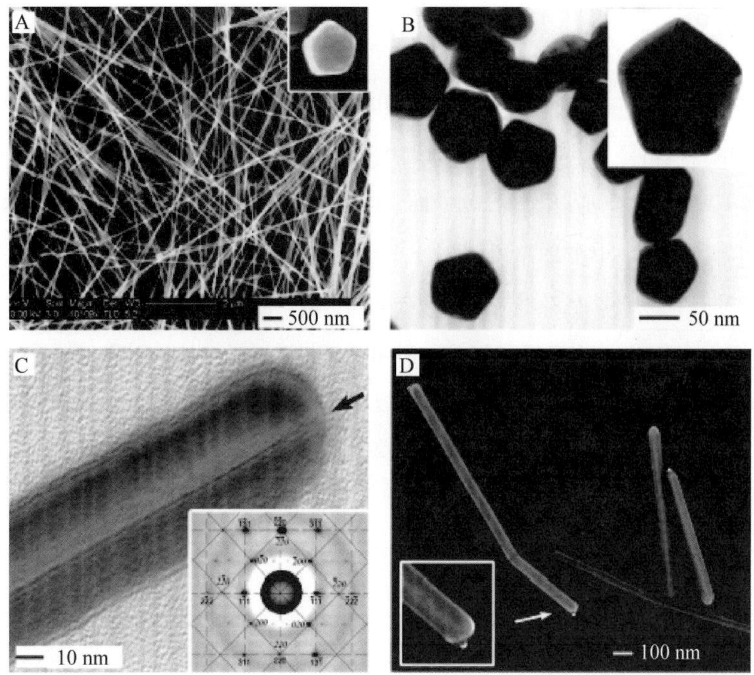

그림 5.7 공중합체 주형을 이용한 용액 기반 바틈-업 방법으로 금 나노와이어가 제작된다. 영상들은 주사 전자 현미경에 의해서 촬영되었다(Chen, Jingy, Benjamin J. Wiley, and Younan Xia.의 허락에 의해 재 인쇄됨. "One-Dimensional Nano struxtures of Metals: Large-Scale Synthesis and Some Potential Applications." *Langmuir* 8, 2007: 4120-4129. © 2007 American Chemical Society).

고체로의 촉매 변환을 통하여 연속적으로 고체 분자 사슬을 늘이는 증기-액체-고체(VLS)법(Crossland 등, 2007)을 포함한 바틈-업 접근법을 사용하는 여러 가지 방법들이 개발되었다. 용액 기반 바틈-업 방법은 특별한 장점을 갖고 있다. 왜냐하면 다른 방법들보다 과학자들이 더 많은 개수의 나노와이어를 만들 수 있기 때문이다. 한 가지 재미있는 용액 기반 기술은 공중합체를 사용하여 주형을 만들고, 그 안에 나노와이어가 생성되게 하는 것이다(그림 5.7). 어떤 공중합체는 주형 형성에 이상적이다. 왜냐하면 정확한 온도와 전기장 크기에서 균일한 간격의 육각형 구멍들을 만들기 때문이다. 기판이 더해지면 이 구멍들이 나노와이어가 생성되는 곳이 된다. 부드러운 시약을 사용하여 주형과 나노와이어를 분리시킨다.

5.2.4 요약

나노와이어는 큰 잠재력을 가지고 있다. 이 분야가 성장할수록 잘 늘여진 대량의 나노와이어를 만드는 새로운 방법을 알기 시작할 것이다. 이 방법들은 나노와이어 제작 전반에 걸쳐서 형상과 기능이 유지될 수 있을 정도로 매우 정교할 것이다. 나노와이어 연구가 계속 발전함에 따라 나노와이어 제작 기술과 병행하여 새로운 영상 소자가 개발될 것이다. 이 새로운 소자들은 나노와이어가 보다 높은 배율과 해상도로 보이게 하여 실험 결과를 보다 정확하게 분석되게 될 것이다. 제작된 나노와이어가 나노 입자의 특정한 성질을 규명하는데 도움을 주기 위한 연구가 계속되어서, 전지, 컴퓨터, 화학적 복합재를 포함하는 산업체 생산품에 잘 적용될 수 있을 것이다.

5.3 탄소 나노튜브

탄소 나노튜브는 지름이 수 나노미터이고, 길이는 매우 길게 만들 수 있는 탄소 조립체이다. 이들은 매우 강하다. 단일벽 탄소 나노튜브의 인장 강도는 강철의 몇 배이다. 또한 이들은 독특한 전기적·광학적 특성을 가지고 있으며, 효과적인 열전도체이다. 이러한 특성들 때문에 최근에 탄소 나노튜브 연구가 급성장하였다(Dai 등, 2001).

5.3.1 탄소 나노튜브 구조

탄소 나노튜브는 탄소 구조 플러렌 족의 일원이다. 그들은 순수 탄소의 육각형, 오각형, 때로는 칠각형 고리를 포함한다. 이러한 고리들의 평평한 '시트'가 말려져서 단일벽 나노튜브가 된다고 상상하면 도움이 된다. 고리 내의 탄소 개수에 상관없이 각 탄소들은 세 개의 인접한 탄소들과 결합을 공유한다. 이에 따라 튜브 내의 모든 탄소들은 sp^2 혼성 결합된다. 탄소 나노튜브 끝은 종종 고리에서 sp^2 혼성 결합된 탄소 반구(hemisphere)로 씌워진다. 탄소 나노튜브는 단일벽 혹은 다중벽 형태가 될 수 있다. 다중벽 나노튜브 구조는 동심 단일벽 나노튜브

들이 서로를 둘러싸고 있는 것으로 생각될 수 있다.

다른 종류의 탄소 나노튜브가 비슷한 sp^2 혼성 결합된 탄소들로 이루어질 수 있으므로, 그들은 비슷한 특성을 가질 것으로 가정할 수 있다. 이는 틀린 가정이다. 탄소 원자가 구조적으로 배열되는 방식의 차이가 탄소 나노튜브의 성질을 결정하는 중요한 역할을 한다. 예를 들면, 탄소 배열의 한 방법에 의해 나노튜브가 금속의 전도성을 가지게 되는 반면, 다른 배열 양상에 의해 반도체가 되기도 한다. 이런 이유로 나노튜브의 원자 구조를 종종 나노튜브의 비대칭성(chirality)에 의해 나타내기도 하며, 이는 비대칭성 벡터 C_h와 비대칭 각 θ로 분석될 수 있다(그림 5.8).

비대칭성 벡터의 길이는 나타내려는 나노튜브의 지름에 관련되며, 탄소 원자들 사이의 간격이 알려져 있으면 쉽게 결정될 수 있다. 탄소 원자들 사이 간격은 종종 알려진 파라미터이다. 왜냐하면 비슷한 격자나 펼쳐진 고리 '시트'를 가지고 있는 모든 나노튜브에서 똑같기 때문이다. 비대칭성 벡터를 표현하기 위한 식이 식 5.12(Thostenson 등, 2001)에 주어졌다.

$$C_h = na_1 + ma_2 \tag{5.12}$$

이 식에서 n과 m은 펼쳐진 탄소 고리 시트를 가로 질러서 각각 단위 벡터 a_1과 a_2의 방향으로 몇 단계 움직여 갔는지를 나타내는 숫자이다. 그림 5.8은

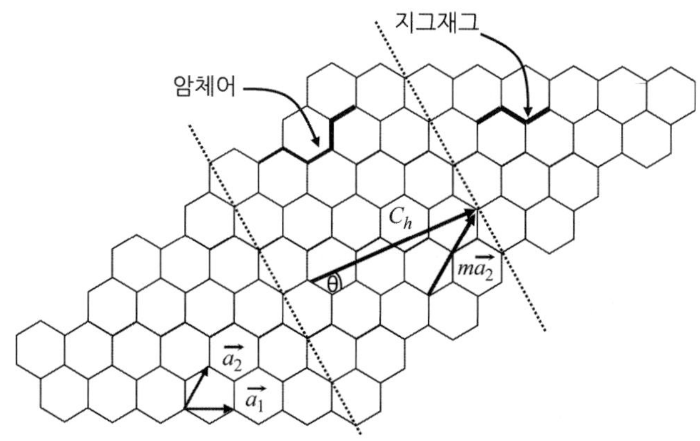

그림 5.8 육각형 시트로 된 그래파이트가 말려서 어떻게 탄소 나노튜브가 될 수 있는지를 보여 주는 개략도. 나노튜브의 성질은 비대칭 벡터와 비대칭 각에 관계된다. 단위 벡터들이 그림 왼쪽 아래에 보인다.

이를 오직 육각형으로만 배열된 탄소 원자로 이루어진 그래핀 시트를 따라서 그래프로 나타낸 것이다. 비대칭성 각 θ는 '말려진' 나노튜브에서 꼬임의 정도를 나타내는 양이며, 비대칭성 벡터와 단위 벡터 a_1 과의 사이각으로 정의된다. 이 각은 식 5.13에서 보인 바와 같이 단계의 수 n 및 m과의 관련에 의해 결정될 수 있다(Saito 등, 1998).

$$\cos\theta = \frac{(2n+m)}{[2(n^2+m^2+nm)]} \tag{5.13}$$

비대칭성 벡터 단계 $n=m$을 가진 나노튜브는 '암체어(arm-chair)' 나노튜브로 알려져 있으며, 비대칭 각이 30°이다. 단계를 나타내는 두 숫자 중 하나가 영인 나노튜브를 '지그재그(zig-zag)' 나노튜브라 하며, 비대칭각 0°를 가진다. 이 두 가지 모두 대칭성 나노튜브이다. 왜냐하면 그들의 거울에 비친 상이 원래 구조와 똑같기 때문이다. 모든 다른 경우인 $n \neq m$에서 나노튜브가 비대칭 각이 0°와 30° 사이인 비대칭이기 때문이다.

5.3.2 나노튜브의 몇 가지 특성

흥미롭게도 단계의 수 n과 m의 관계가 나노튜브가 전도체인지 반도체인지를 결정하는 데 쓰일 수 있다. $n-m$이 3의 양의 배수이거나 영이면 그 나노튜브는 밴드갭을 갖지 않아서 전도체가 된다. $n-m$가 3의 양의 배수이거나 영이 아니면 그 나노튜브는 작은 밴드갭을 가져서 반도체가 된다.

탄소 나노튜브의 열전도 능력은 온도에 관계되며, 다이아몬드나 그라파이트 시트에 필적한다. 100 K 부근에서의 단일벽 나노튜브의 피크 열전도도 값은 약 37,000 $Wm^{-1}K^{-1}$이다. 그 값에서부터 온도가 증가함에 따라 감소하기 시작하여 온도가 400 K일 때는 3,000 $Wm^{-1}K^{-1}$정도가 된다.

탄소 나노튜브들의 정밀한 기계적 특성과 탄성은 현재로서는 천차만별이다. 이들은 인장 강도와 탄성 계수에 의해 인류에게 알려진 가장 강하고 딱딱한 물질들이다. 이들은 강철보다 몇 배나 강하고, 굽혀진 후에도 원래 상태로 돌아올 수 있다는 것이 이미 알려졌다. 진공 속에서는 3000 K 그리고 공기 중에서는 700 K에 가까운 매우 높은 온도에서도 나노튜브는 안정적이다.

5.3.3 나노튜브 성장법

나노튜브 제작에는 세 가지 주된 방법이 있다. 아크 방전법, 레이저 어블레이션(laser ablation)법, 화학 기상 증착법이 그것들이다(Baddour 등, 2005). 아크 방전법은 탄소를 증기화시키기 위하여 고전압 아크를 사용한다. 이러한 자유 탄소들이 성장 챔버 속에 쌓여서 나노튜브를 이룬다. 축적 후에 나노튜브가 모아지고 정제된다. 레이저 어블레이션법은 아크 방전과 비슷하지만, 탄소를 증기화하기 위하여 전류 대신 고에너지 레이저를 사용한다. 화학 기상 증착법은 탄소 축적과 나노튜브 성장이 쉽게 되도록 도와주는 철, 코발트 혹은 니켈과 같은 금속 촉매가 있을 때, 탄소가 함유된 기체의 분해와 관련된다. 각 방법들은 사용법을 선택할 때 고려되어야 하는 각자의 장단점과 관련한 변수들을 가지고 있다.

5.3.3.1 아크 방전법

두 개의 탄소 막대가 양과 음의 전극으로 밀폐된 챔버 안에 설치된다. 챔버는 헬륨, 질소와 같은 불활성 완충 기체나 수소 등으로 채워지며, 상대적으로 낮은 압력을 유지한다. 흥미롭게도, 챔버 내의 불활성 기체가 성장되는 나노튜브의 지름 크기에 영향을 미치지만, 챔버 내부 압력은 그렇지 않다는 것이 밝혀졌다. Keider와 Waas(2004)는 헬륨과 아르곤 혼합 기체가 챔버에 채워져서 사용될 때, 아르곤의 몰비가 나노튜브 지름을 결정한다는 것을 밝혀내었다. 챔버가 기체로 채워지면 탄소 막대 사이에 안정적인 전기장이 형성될 때까지 직류를 흘린다. 양극이 임계 온도에 도달하면 증기화되어 기체 상태의 탄소가 된다. 챔버 내의 기체는 탄소가 증착되도록 한다. 이러한 증착 물질에서 발견된 구조가 나노튜브이며, 축적 후에 정제가 필요하게 된다. 이 방법은 단일벽과 다중벽 나노튜브 둘 다를 얻는 데 사용되었다. 많은 양의 단일벽 탄소 나노튜브를 얻기 위해서는 전극에 금속 촉매를 첨가시킬 필요가 있다.

유감스럽게도 탄소 나노튜브가 한 번 축적되면 다음 사용을 위해서 기판 위에서 취급되어야 한다. 따라서 이러한 작은 기판 구조 위에서 많은 양을 다루는 것은 어렵다. 또한 아크 방전은 대용량의 전력을 요하고, 고온에서 동작되므로 대량의 나노튜브를 생산하기 위해서는 적합하지 않다.

5.3.3.2 레이저 어블레이션법

레이저 어블레이션법은 탄소 소스를 증기화시키기 위하여 고에너지 레이저빔을 사용한다. 탄소는 석영관 속에서 밀봉되어 섭씨 수 백도에서 천도 이상의 범위까지 가열된다. 석영관은 불활성 기체로 채워지며, 이는 끝 부분의 차가운 콜렉터 쪽으로 흘러가게 된다. 레이저빔이 탄소를 증기화시킴에 따라서 기체의 흐름에 의해 탄소가 관 아래쪽에 운반되고 증착된다. 그러면 나노튜브가 축적되고 정제된다.

두 방법 모두에서 기화된 탄소가 낮은 분자량의 탄소로 방출되며, 이것이 모여서 큰 분자량의 구조를 이룬다. 탄소는 기화 후에 매우 빠르게 응집되기 시작한다. 탄소 소스에 금속 촉매 입자들을 도핑하면 탄소가 새장 구조를 형성하는 것을 방해하고, 탄소가 빠르게 뭉쳐져서 비나노튜브 형태를 이루는 탄소의 양을 감소시킨다. 금속 촉매를 사용한 이러한 결과로 보다 많은 단일벽 나노튜브가 생성된다. 탄소 나노튜브의 길이는 성장 챔버의 고온 부분에서 탄소를 소비하는 시간을 변화시키면서 조절하며, 이는 무겁거나 가벼운 가스를 사용하거나 가스 공급률을 변화시키면서 조절한다. 성장 조건을 변화시키는 연구가 진행 중이며, 이것이 레이저 어블레이션이 대규모의 나노튜브 생산을 위한 실용적인 선택이 되게 할 것이다.

5.3.3.3 화학 기상 증착법

화학 기상 증착법은 메탄, 에탄, 벤젠, 아세틸렌, 에틸렌 등과 같은 탄소 함유 기체들의 분해와 관계되며, 이들은 촉매나 기판 위에 축적되어 나노튜브가 된다. 연구에 의하면 포화된 탄소 결합을 가진 기체들에서는 포화되지 않은 기체들에서 성장된 것보다 많은 벽을 가진 구조가 생성된다. 따라서 메탄과 에탄이 단일벽 탄소 나노튜브의 성장에 적합하며, 에틸렌, 벤젠, 아세틸렌은 다중벽 탄소 나노튜브 성장에 적합하다. 고온에서 결함이 줄어들고 결정화도가 상승하여 보다 고급 결정이 생성되므로, 소스 기체는 비정질 탄소로 열분해되어 나노튜브의 순도를 떨어뜨리지 않아야 한다. 비정질 탄소는 모여서 축적되어 나노튜브로의 형성이 활발하도록 한다. 뭉쳐지는 곳은 보통 기판 위 금속 촉매가 있는 곳이지만, 만약 원 물질이 기판 위에 있지 않으면 먼지나 가스로 될 수도 있다. 기판 위

촉매의 크기가 성장되는 나노튜브의 지름을 결정한다.

이 나노튜브들은 다른 방법들로 성장된 것들과 비슷하다. 그러나 탄소가 이미 기체상이므로 레이저 어블레이션이나 아크 방전법과 같이 탄소 소스 크기가 제한적이지는 않다. 탄소 나노튜브가 성장되는 뭉치는 곳은 보다 잘 제어되고 있으며, 이는 원물질로나 기판 위에 성장될 수 있다는 것을 의미한다. 유감스럽게도 저온 화학 기상 증착에 의해서 생성된 나노튜브는 레이저 어블레이션과 아크 방전법에 의해 생성된 것만큼 고급 결정질이 아니지만, 이러한 결점을 극복하기 위한 방법들이 고안되어서, 이 방법이 대규모의 고급 나노튜브를 얻기 위한 실용적 방법이 되었다.

5.3.4 촉매 유도 성장 메커니즘

탄소 기체가 금속 촉매에 닿은 후에 곧 바로 나노튜브의 성장이 시작되지는 않는다. 먼저 탄소가 분해되어 금속 촉매 입자로 들어간다. 입자가 포화되면 탄소 원자들이 활성도 낮은 표면에서 sp^2 혼성 결합으로 뭉쳐진다. 그리고 탄소가 금속의 바깥으로 나오며, 입자 가장자리의 활성도 낮은 표면에서의 나노튜브 성

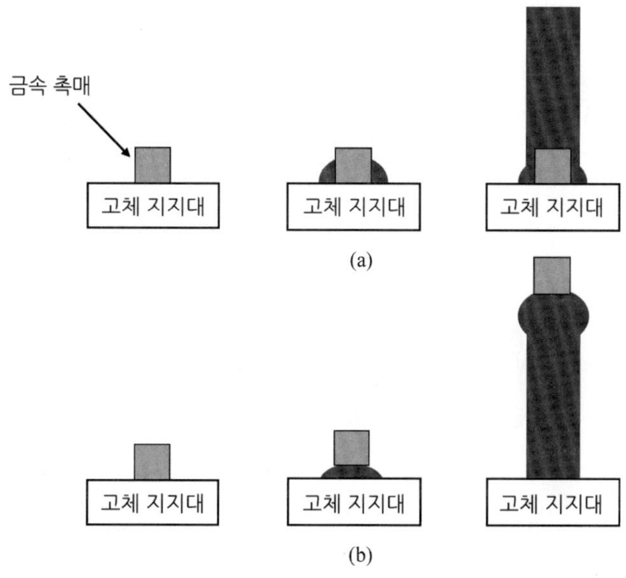

그림 5.9 화학 기상 증착을 통하여 금속 촉매 위에 탄소 나노튜브를 성장시키기 위해 제안된 두 가지 모델. 두 방법 모두에서 탄소가 금속 촉매 가장자리 주변에서 성장된다.

장에 보다 많은 탄소 원자들이 달라붙게 된다. 이것이 금속 입자의 지름에 의해 나노튜브의 지름이 결정되는 이유이다.

금속 촉매로부터의 나노튜브 성장에는 두 가지 제안된 메커니즘이 있다. 첫 번째 방법이 뿌리 성장으로서 나노튜브가 금속 촉매 입자로부터 위로 성장하는 것이며, 기판에 부착된 상태이다. 두 번째로 제안된 성장 메커니즘은 끝(tip) 성장으로서 나노튜브가 촉매로부터 아래 기판 쪽으로 성장하는 것이다. 이는 촉매를 위로 밀어서 기판으로부터 떨어지게 한다(Sinnot 등, 1999). 두 메커니즘이 그림 5.9에 나타나 있다.

5.4 양자점

양자점(quantum dots)들은 무기 반도체 나노 입자들이며, 크기가 보통 2－10 nm이다. 양자점의 엑시톤(전자－홀 쌍)들은 3차원에 국한된다. 양자선(quantum wires)은 2차원, 양자우물(quantum wells)은 1차원에 국한되어 있다. 구속 범위가 한계까지 줄어듦에 따라 에너지 갭이 변하기 시작한다. 이는 나노 스케일에서 일어나는 경향이 있으므로, 작은 크기의 양자점들은 벌크 반도체와 불연속 분자들 사이의 광학적, 전자적 성질들을 가진다(Brus, 2007). 각 양자점들은 개별 특성을 가진 중시계 물체들로서 콜로이드 입자들과는 구별된다.

양자점들은 그림 5.10과 같이 보통 코어, 껍질, 마지막 외막으로 이루어진다.

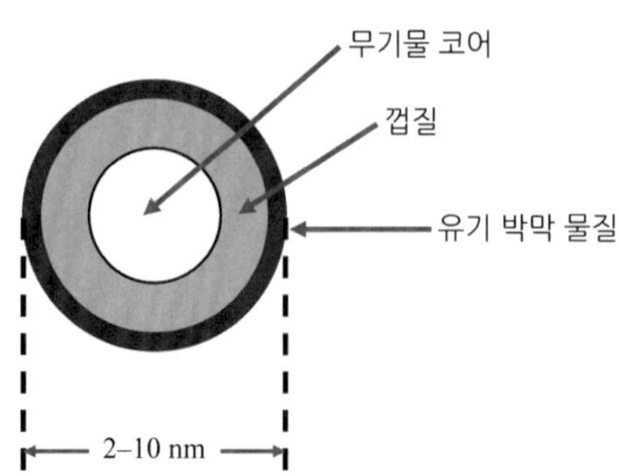

그림 5.10 양자점의 구조. 무기물 코어의 크기와 성질, 껍질을 형성하는 물질은 변할 수 있다. 양자점들은 종종 유기 박막으로 둘러싸여진다.

그들은 이 층들 각각의 성질, 크기, 가로 세로비, 광학 물질 속에서의 양자효율 그리고 자성 물체 속에서의 보자력에 따른 특징을 갖는다. 양자점 집합체의 특성들은 입자 크기 분포와 집합체 내에서의 굴곡에 의해 추가적으로 결정된다.

5.4.1 광학적 특성

양자점들은 양자적 구속에 의해 신호 잡음비를 최적화하는데 필요한 특성화된 광학적 성질을 갖게 된다. 몰 소멸 계수($0.5-5\times10^6 M^{-1}cm^{-1}$정도 크기)가 커서 매우 강한 빛이 산란과 흡수에 의해 크게 감쇠되므로, 양자점은 밝은 탐침으로 쓰일 수 있다 – 같은 광자 소멸에서의 유기 색소보다도 흡수되는 속도가 빠르다. 양자점의 늘어난 광방출률과 큰 흡수 단면적에 의해 유기 색소보다 10–20배나 더 밝은 것으로 확인되었다.

또한 양자점의 넓은 흡수 밴드에 의해 여러 파장에서 동시에 여기가 일어날 수 있다. 따라서 분자와 셀들에 다양한 색상의 타깃을 붙일 수 있다. 형광 방출 파장은 400에서 2000 nm 사이에서 입자 크기와 화학 조성을 변화시키며, 연속적으로 조정할 수 있다. 예를 들어, 쥐의 피부와 양자점의 방출 스펙트럼을 같은 감쇄 조건에서 비교하면, 양자점으로부터의 신호가 신호 잡음비를 향상시키기 위해서 자체형광이 줄어드는 스펙트럼 영역으로 이동하는 것을 알 수 있게 된다.

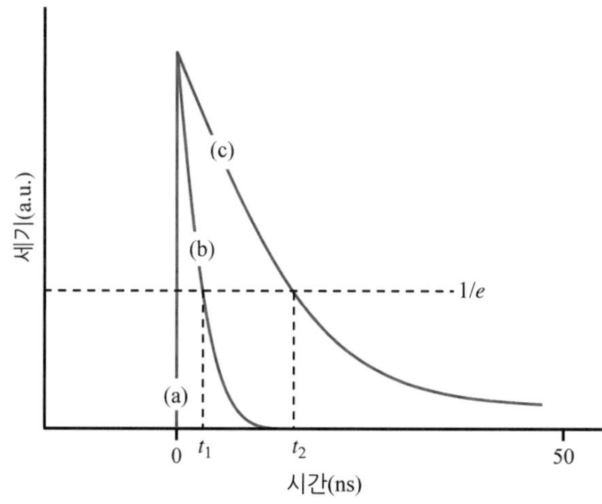

그림 5.11 양자점과 보통의 유기 색소 여기상태 소멸 곡선의 비교(단일 지수함수 모델). 곡선(a)는 여기, 곡선 (b)와 (c)는 각각 유기 색소와 양자점의 감쇄 곡선이다. 형광 수명 측정값은 시간 t_1(색소)과 t_2(양자점)로 나타내었다.

또한 양자점은 광표백에 대하여 저항력이 매우 크므로, 장기간의 연속적인 추적 연구에 적합하다. 신호 잡음은 양자점이 여기상태에 오래 머물기 때문에 양자점 형광을 배경 형광으로부터 분리하는데 사용되는 시간축에 의해 더욱 더 향상될 수 있다(그림 5.11).

양자점은 스톡스 편이 -그림 5.3에서 보았듯이 어떤 파장에서 광이 흡수되어 약간 낮은 에너지를 방출하는-를 보인다. 여기와 방출 피크 사이의 이러한 차이는 300-400 nm 정도로 크기 때문에 양자점으로부터의 신호를 배경 잡음으로부터 쉽게 구분할 수 있게 해 준다.

5.4.2 양자점의 합성

5.4.2.1 급한 침전법

이 방법은 용액의 내부에서 초포화(supersaturation) 후에 결정화가 일어나는 콜로이드 합성과 비슷하다. 보통의 화학 공정처럼 콜로이드 모양의 반도체 나노 결정들이 용액 내부에 녹아 있는 전물질(precursor) 화합물들로부터 생성된다. 전물질들은 단량체로 변환될 정도로 충분히 높은 온도로 가열된다. 단량체들이 초포화 상태에 다다르면 응집 과정에 의해 나노 결정 성장이 시작된다. 결정 성장에서 온도는 최적 조건을 정하는 결정적인 요소이다-합성 과정에서 원자의 재배열과 풀림이 일어나도록 온도는 충분히 높아야할 뿐만 아니라 결정 성장을 촉진하기 위하여 충분히 낮아야 하기도 한다. 또한 결정의 크기가 온도에 관계된다. 즉, 온도가 높을수록 결정이 커진다. 또 다른 결정적 요소가 단량체의 농도이다. 농도가 높은 단량체에서는 결정이 시작될 때의 크기가 상대적으로 작아서, 그 결과 거의 대부분의 입자들이 성장되어 단일 분산이 쉽게 된다. 성장 도중에 단량체의 농도가 떨어지면 결정이 시작될 때 크기가 평균보다 커지게 된다.

CdS 양자점을 만들려면 묽은 황산카드뮴과 황산암모늄 수용액 속의 CdS의 응고를 조절할 필요가 있다. 용매화된 이온과 스틸렌이나 말레익 무수 공중합체가 있을 때 용매인 아세토니트릴 속의 고체 CdS 사이의 종적 평형에 의해 안정적인 CdS 나노 입자(평균 크기 3.4-4.3 nm)가 생성되게 한다. 높게 단일 분산된 나노 입자들을 얻기 위해서 크기 배제와 같은 후예비 분리법이나 젤 전기 이동법이 사용된다.

Weller 등(1985)은 Zn_3P_2와 Cd_3P_2와 같은 입자들을 생성시키기 위하여 포스핀

(수소화인 : PH_3)을 금속 산을 포함한 용액에 주입시켰다. 입자 크기는 온도와 포스핀 온도 변화에 의해 조절될 수 있다. 이 방법이 저렴할지라도 여러 가지 불리한 점들이 있다. 대규모 합성에서 문제가 되는 반응 조절이 안되며, GaAs나 InSb와 같은 중요한 반도체들은 이러한 방법으로는 얻을 수 없다. 왜냐하면 이들은 공기와 수분에 민감하기 때문이다.

5.4.2.2 고비등점 용매 속 반응법

120 – 300°C에서, $(CH_3)_2Cd$ (tri-n-octylphosphine, TOP에서)와 tri-n-octylphosphine oxide(TOPO) 속의 tri-n-octylphosphine selenide(TOPSe) 용액들로부터 TOPO가 붙여진 CdSe의 나노 결정들이 생성된다. TOPO와 같은 소수성 유기 분자가 반응 매질로 작용하며, 양자점 표면에서 불포화 금속 원자들과 어울려서 벌크 반도체의 생성을 저지한다.

TOPO 방법은 양자점 합성에서 가장 널리 쓰이는 방법들 중의 하나이다. 왜냐하면 다른 방법들보다 많은 장점이 있기 때문이다. 양자점들의 크기가 온도에 의해서 조절될 수 있다 즉, 고온에서는 크며, 단일분산이 쉽게 얻어질 수 있다. 또한 반응 이득(효율)이 늘 높아서 한 번 실험에서 수백 밀리그램이 생성된다. 그리고 이 방법은 높은 양자 효율을 가진 물질로 이루어진 코어 셸 구조의 생성에 쉽게 적용될 수 있다.

5.4.2.3 반도체 나노 입자의 기상 합성

이 방법은 대기나 저압에서 이미 생성된 반도체 입자들의 증발이나 두 원소 화합물(Zn 금속과 황처럼)의 동시 증발을 포함한다. 이는 큰 입자(10 – 200 nm)들의 분산과 표면을 덮는 약품(수단)이 없기 때문에 아주 바람직한 방법은 아니다.

5.4.2.4 구조적 매질에서의 합성

반응 공간을 확보하기 위한 주형이 사용된다 – 결정이 어떤 크기까지만 성장되게 하는 중시계 반응 챔버를 제공한다. 시스템의 특성이 나노 입자의 성질과 크기를 조절한다. 주형으로 사용되는 물질들은 보통 층상 고체, 교질 입자/미세유제, 젤, 고분자, 유리들이다. 이 방법은 종종 생물학적으로 관련된 공정에서 쓰인다. 이 방법의 한 예가 CdS-페리틴 생무기 나노 입자의 합성 때의 철 함유 단백질인 페리틴 내의 비어있는 폴리펩티드 틀을 사용하는 것이다.

5.4.3 생체 내 분자와 세포 결상

앞에서 논의한 바와 같이 그 광학적 성질에 의해 양자점이 생체 내에서의 분자와 세포의 결상을 위해서는 유기 색소보다는 더 낫다. 과학자들이 양자점을 사용하여 단일 생체 세포 속의 단일 분자 운동을 실시간으로 가시화하였다. 그들의 높은 전자 밀도가 세포 구조의 광학 그리고 전자 현미경의 상관 연구가 가능하게 하였다. 양자점의 생체와의 접합이 그림 5.12와 5.13(Gao 등, 2005)과 같이 수동적 흡수, 다원자가 킬레이트화 혹은 공유 결합 형성에 의해 이루어졌다.

스트렙타비딘-코팅된 양자점이 K_D를 함유한 비오틴과 약 10^{-14} M 정도로

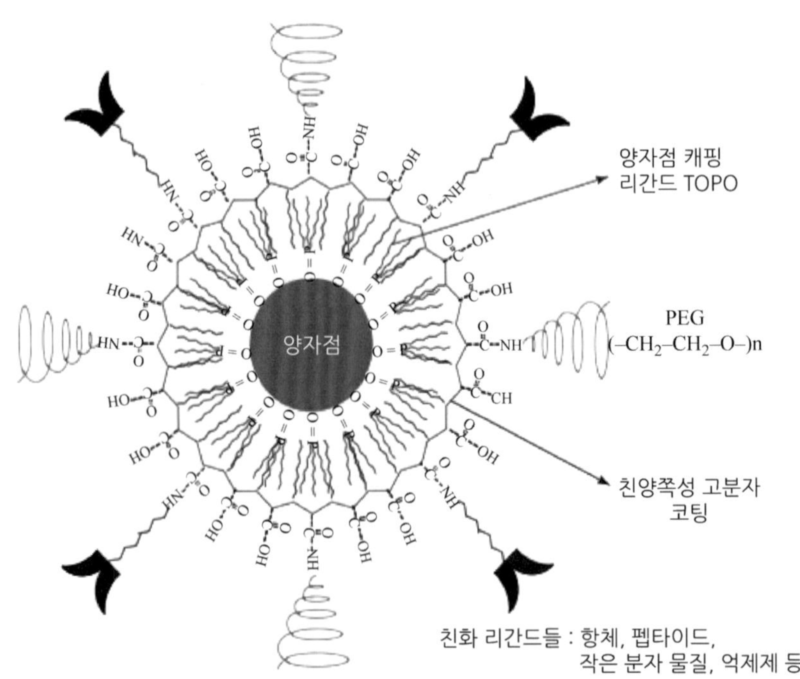

그림 5.12 다기능 양자점 탐침의 구조. 이 개략도에서 캐핑 리간드 TOPO, 캡슐에 들어있는 공중합체층, 종양-타깃 리간드(펩타이드, 항체 혹은 작은 분자 억제제와 같은) 그리고 폴리에틸렌글리콜 등을 보여준다(Gao, X.; Yang, L.; Petros, J. A.; Marshall, F. F.; Simons, J. W.; Nie, S. *In vivo* Molecular and Cellular Imaging with Quantum Dots. *Current Opinion in Biotechnology* 2005, 16, 63-72. Elsevier로부터의 승인에 의해 다시 그려짐.)

잘 결합되며, 이는 자연계에서 알려진 가장 강한 공유 결합들 중의 하나이다. 이와 같은 생체와의 결합이 분자와 세포의 영상을 얻기 위해서 널리 사용되고 있다. 이는 근사적으로 한－비드 한－화합물 스크리닝에 의한 β-시트 집합－결합 리간드(배위자)를 확인하기 위한 실험에서 볼 수 있다. 연구 대상 리간드들은 각각 비드에 달라붙는다. 비오틴화한 펩타이드로 처리했을 때 세 리간드 중 오직

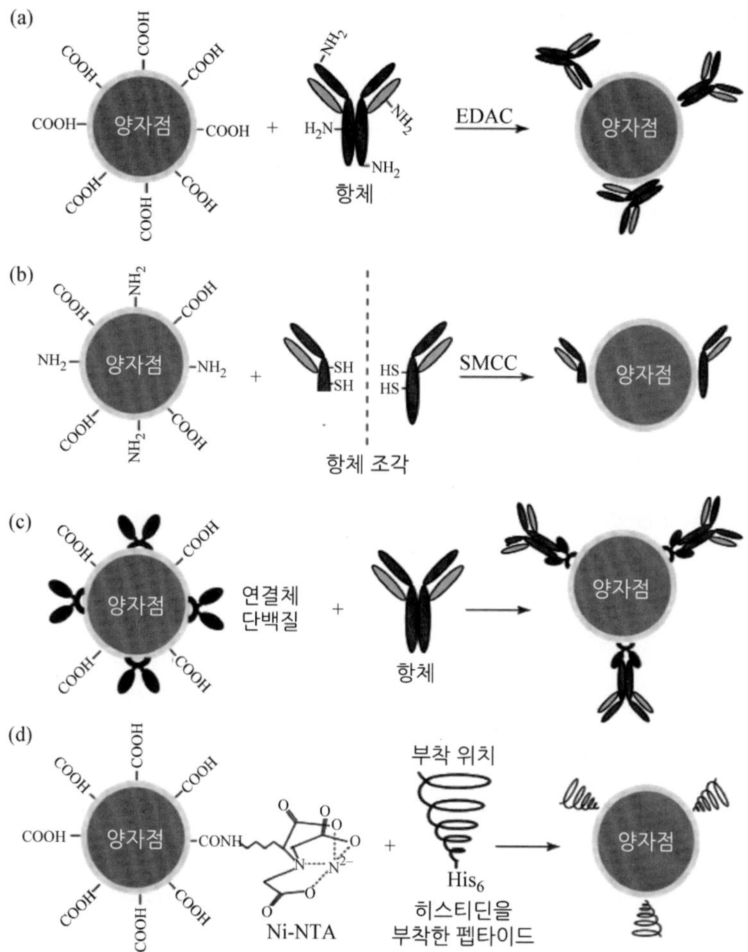

그림 5.13 QD들을 생체 분자와 접합시키기 위한 방법. (a) EDAC(ethyl-3-dimethyl amino propyl carbodiimide)를 촉매로 사용한 보통의 공유 가교 화학. (b) 환원된 sulfhydryl-amine 결합을 통하여 항체 조각을 QD에 접합. (c) 연결체 단백질을 통하여 항체를 QD에 접합. (d) 부착 위치와 QD: 리간드 몰비의 잠재적 조절에 의해 히스티딘을 부착한 펩타이드와 단백질을 Ni-NTA-변형된 QD에 부착.(Gao, X.; Yang, L.; Petros, J. A.; Marshall, F. F.; Simons, J. W.; Nie, *S. In vivo* Molecular and Cellular Imaging with Quantum Dots. *Current Opinion in Biotechnology* 2005, 16, 63－72. Elsevier로부터의 승인에 의해 다시 그려짐.)

하나만 달라붙는다. 스트렙타비딘-코팅된 양자점들은 이 펩타이드-리간드 조합에 잘 달라붙으므로 리간드가 양자점에서 발생하는 형광에 의해 쉽게 검출된다. 분광법에 의한 분석이 리간드의 정체를 밝힌다.

5.5 랭뮤어-블로지트 필름

1934년에 Katharine Blodgett(Blodgette, 1935)에 위해 처음으로 알려진 랭뮤어-블로지트(LB)법은 유기 나노 필름을 생성하기 위한 방법 중 지금까지 가장 오래되고 널리 쓰이는 방법이다. 특히 공기-물 경계면에서의 단일층(랭뮤어 필름)이 기계적으로 고체 기판으로 이동되어 LB 필름을 형성한다. 1970년대까지는 관심이 적었지만, 광학과 재료 과학 분야에서 LB 필름의 잠재적 응용 가능성이 LB의 연구를 부활시켰다. 이는 색소로 이루어진 LB 필름이 비선형 광학(NLO) 효과를 얻을 수 있는 첫 번째 다층필름이라는 것을 보인 결과들로부터 탄력을 받게 되었다. 최근에는 내부 비선형 감수율을 가진 맞춤형 분자들의 합성과 그들의 LB 필름과의 합체에 대한 연구가 각광을 받고 있다.

5.5.1 랭뮤어 필름

LB 다층 조립을 위한 첫 번째 단계가 계면활성제나 친양쪽성 화합물들과 같은 표면-활성 유기 분자들을 비극성 휘발성 용매에 녹이고, 그 용액을 보통 물과 같은 극성 액체에 분산시켜서 랭뮤어 필름을 만드는 것이다. 휘발성 용매가 증발하면 남아있는 친양쪽성 분자들이 공기-물 경계면에서 정렬하게 되어 친수성 머리기들은 벌크 수용액상에 묻히지만, 소수성 꼬리기들은 위로 공기 쪽을 향한다. 그러나 이러한 정렬이 일어나려면 두 가지 조건이 만족되어야 한다. (1) 소수성 꼬리가 충분히 길어서 수용성 물질에 녹지 않아야 하며, (2) 머리기의 친수성이 충분히 강하여 경계면에서의 두꺼운 다층필름의 형성이나 계면활성제의 증발을 방지해야 한다. 양쪽의 움직이는 장벽들이 물의 표면을 쓸면서 친양쪽성 화합물들이 뭉쳐서 질서정연하고, 압축된 단일층 랭뮤어 필름이 된다(그림 5.14).

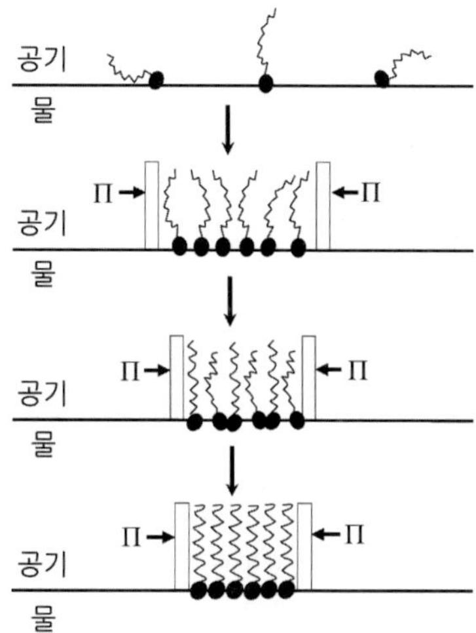

그림 5.14 랭뮤어 필름. 클로로포름 용매 속의 친양쪽성 분자들이 수면에 붙어 있다. 움직이는 장벽으로 친양쪽성 물질들을 가두어서 랭뮤어 필름이 형성된다.

랭뮤어 필름의 집적 밀도는 LB 필름의 마지막 구조를 결정하는데 매우 중요하다. 이미 보았듯이 계면활성제의 존재 때문에 표면 압력이 순수 액체의 표면 장력 변화의 척도이다. 기본적으로 이것은 순수한 물의 표면 장력과 친양쪽성 용질을 포함한 수용액의 표면 장력 차이로 정의된다. 특히 이러한 현상은 랭뮤어 필름에서 중요하다. 만약 랭뮤어 필름을 구성하는 분자 개수를 알고 있다면 각 분자가 점유하는 면적의 함수로 표면 압력을 연구할 수 있다. 그 결과를 나타낸 그래프가 압력－면적($\Pi-\mathrm{A}$) 등온선으로 알려져 있으며, 그 형태는 필름을 이루는 분자에 따라 결정된다. 그림 5.15는 공기－물 경계면에서의 긴－사슬 카르복실산[$CH_3(CH_2)_nCOOH$]의 보통 등온선이다. 온도가 일정할 때 $\Pi-\mathrm{A}$ 등온선은 단일층의 압축에 따른 표면 장력의 변화로 나타난다.

분자들은 늘 일부분만 나타내지만, $\Pi-\mathrm{A}$ 등온선은 여러 영역으로 구성될 수 있다. 분자들이 필름에 처음 부착되었을 때 식 5.14에 나타난 것처럼 단일층이 2-D 기체(G)와 같이 거동한다. 왜냐하면 외부 압력이 작용하지 않기 때문이다.

$$\Pi \mathrm{A} = k_{\mathrm{B}} T \tag{5.14}$$

이 식에서 Π는 표면 압력, A는 분자 면적, k_{B}는 볼츠만 상수 그리고 T는 온도이다. G상에서 물과의 모든 상호작용은 인력이므로 소수성 꼬리라 하더라

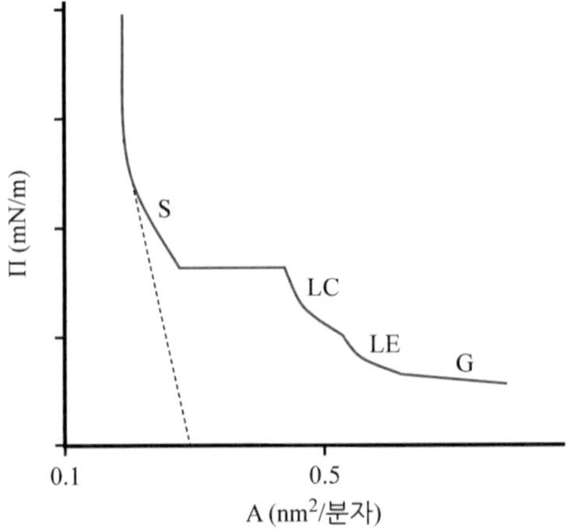

그림 5.15 간단한 긴-사슬 지방산의 단순화된 $\Pi - \mathrm{A}$ 등온선. S상의 기울기를 압력 0까지 외삽하면 압력이 0일 때의 분자 면적을 얻을 수 있다.

도 물과 친밀하게 접촉되어 있다. 단일층의 압축이 시작되면서 액체-확장(LE)상으로 천이되고, 꼬리들이 표면으로부터 솟아올라서 멀어진다. 천이 상태가 평평한 모양을 이루는데 이는 두 상이 존재하여 단일층이 오직 한 개의 자유도만 가져서 일정 온도에 의해 일정 압력 Π가 형성되기 때문이다(Knobler 1990).

좀 더 압축하게 되면 액체-응집(LC)상이 형성된다. 반데르발스 작용에 의한 원-거리 질서를 의미하는 탄화수소 사슬이 잘 형성되고, 많은 개수의 trans 구조가 나타난다. 마지막으로 높은 외압이 가해져서 정렬된 고체(S)상이 형성되고, 분자당 면적이 친양쪽성의 3-D 결정이 촘촘히 모인 사슬에 필적할 정도가 된다. 더 압축하면 필름으로부터 분자들이 무작위로 방출되는 붕괴 압력 Π_c에 도달한다.

분자의 크기는 압력 0에서의 분자당 면적 A_0를 구하기 위해 $\Pi - \mathrm{A}$ 등온선 S상의 기울기를 압력 0까지 외삽시켜서 구할 수 있다. A_0는 탄화수소 사슬 단면적의 이론적 값과 비교될 수 있으며, 밀접한 상관관계를 보이면 탄화수소 꼬리가 표면에 수직한 방향으로 정렬되어 촘촘하게 뭉쳐진 단일층이 형성된 것을 의미한다. 또한 $\Pi - \mathrm{A}$ 등온선은 고압에서 단일층의 안정도에 관한 정보를 제공한다.

예제 5.2 분자당 표면적의 한계치 결정

그림 5.15를 사용하여 등온선에 나타난 친양쪽성 물질의 분자당 면적을 결정하시오.

풀이 : S상이 기울기를 압력 0까지 외삽시켜서(그림 5.15의 접선) 각 분자당 0.2 nm^2임을 구한다.

5.5.2 랭뮤어 – 블로지트 필름

LB 필름은 랭뮤어 필름을 쪼개서 단일층이 기판 위로 옮겨가도록 기판을 물 속에 잠기게 하면 형성된다. 추가로 기판을 계속 담그면 다층 필름이 형성되며 그 두께는 대부분 분자 사슬 길이와 잠긴 횟수에 관계된다. LB 부착 방법을 그림 5.16에 나타내었다.

한쪽 면만의 분자 방향이 기판에 수직한 방향인 단단하게 결합한 분자의 단일층이 어닐링에 의해 생성될 수 있다. 어닐링은 랭뮤어 필름의 반복적인 압축과 팽창에 의해 이루어진다. $\Pi - A$ 등온선으로부터 얻어진 분자당 계산된 면적이 실제로 이러한 어닐링에 의해 감소하고, 조밀하게 결합되어 잘 정렬된 단일층을 형성한다는 것이 연구 결과 밝혀졌다.

친수성이나 소수성 기판 위에 필름이 부착되는 것은 고체 – 액체 경계면에서의 운동 방향이 초승달 모양 곡선과 일치할 때만 일어난다. 만약 소수성 기판이 사용되면 초승달 모양이 아래로 구부러져서 반위상이 잠기게 되어 그 결과 아래 방향으로 부착되어 꼬리가 소수성 표면에 붙게 된다. 만약 이것이 처음 잠기는 것이라면 후속적인 단일층 부착 거동이 LB 필름 타입을 결정하게 된다. 후속 층

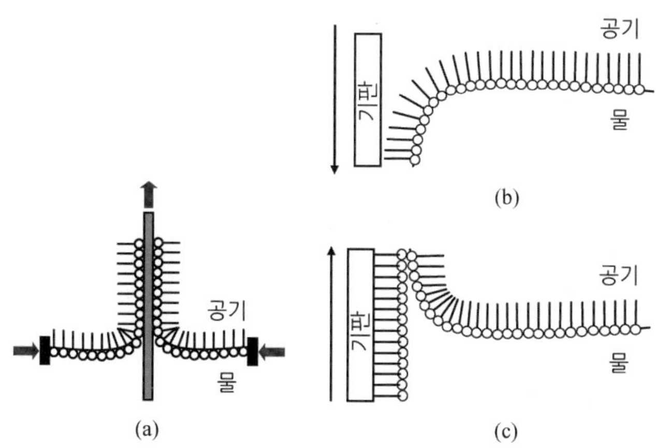

그림 5.16 (a) LB법이 공기 – 물 경계면에서 필름을 고체 기판으로 옮기는 데 사용된다. (b) 하향 운동 결과 단일층이 소수성 기판으로 옮겨간다. (c) 기판을 치우면 Y-타입의 2층 필름이 형성된다.

형성 시에 머리－to－머리 형태에서 기판을 치우면 Y-타입의 LB 필름이 형성된다. 이 파는 별도로, 단일층 천이가 오직 소수성 기판 위쪽으로만 발생한다면 X-타입의 LB 필름이 생성된다. 세 번째 타입의 LB 필름인 Z-타입은 친양쪽성 머리 그룹이 붙어있는 친수성 기판에 형성되며, 기판을 치우면 이동이 일어난다.

Y-타입 필름이 형성되는 LB 필름 중 가장 일반적이다. 단일층이 아래 방향 및 위 방향으로 이동하므로, 최초로 단일층이 흡착되지 않는다면 다층막이 소수성 기판 위에 부착될 수 있다. 머리－to－머리, 꼬리－to－꼬리 구조 때문에 오직 한 종류의 친양쪽성 분자로만 이루어졌다면, 형성된 필름은 완전 중심대칭적이다. 이러한 필름은 쌍극자 모멘트를 갖지 않으며, 그 조합들은 비선형광학적 응용으로는 쓸모가 없다. 그러나 스테아릭산 및 아라키딕산과 같은 지방산의 스페이서(spacer)가 다른 친양쪽성 물질들 사이에 결합되면 알짜 쌍극자 모멘트가 발생한다. 이러한 과정에서는 각 타입의 분자들에 대하여 두 개의 분리된 LB 구획이 필요하다. 기판이 친양쪽성 물질을 통하여 삽입되고, 수면 아래의 다른 구획으로 옮겨가서는 지방산 스페이서 랭뮈어 필름으로부터 분리된다. 이러한 극성－정렬된 구조에서 상대적으로 큰 SHG 신호를 보여 준다. 이와는 반대로 X-와 Y-타입의 필름들은 머리－to－꼬리 분자 구조에 의한 알짜 쌍극자 모멘트를 가진 중심이 없는 구조로 본질적으로 배열되어 있다. 실제로 여러 연구자들에 의해서 Z-타입의 LB 필름들이 강한 SHG 신호를 발생시킨다는 것이 밝혀졌다.

LB법의 이점에도 불구하고 결점들을 가지고 있다. 한 가지 한계는 흡착된 필름들의 불안정성이다. 실제로 전달 과정이 매우 천천히 일어나지만, 원하는 대로 항상 기판으로 전달되지는 않는다. 부착 후에 분자들은 보다 안정적인 구조로 재배열되어 정렬도와 NLO 활성도를 잃게 될 수도 있다. 다른 결점은 발색단의 무질서(무작위화)가 발생하는 것이다. LB층 사이의 내부 혼합이 존재한다는 것이 최근에 밝혀졌다. 따라서 두께에 따라 머리－to－머리, 극성 배열된(Y-타입) LB 필름들로부터의 SHG 신호가 줄어든다는 것이 전혀 놀랄 일이 아니다(Johal 등, 1999). 또한 비중심화에 쓰이는 지방산 스페이서가 LB 필름에서 더 무질서하게 될 수도 있다. 스테아릭산이 2차원 결정 구조를 이룬 결과, 결함을 포함한 이종(heterogeneous) 단일층이 된다는 것이 밝혀졌다. 마지막으로 강한 쌍극자 사이의 척력에 의해 지그재그 분자 구조가 형성될 수 있다. LB 필름의 정렬에 미치는 분자 상호작용 효과는 아직 잘 알려지지 않았으며, 현재의 연구는 필름

형성에 대한 쌍극자의 작용으로 방향이 잡혀있다. LB법의 한계 및 앞서 언급한 다른 방법들과 함께 정전기적 자기 조립법은 쉽게 적용될 수 있다.

5.6 고분자전해질

고분자전해질들은 고분자 혹은 전기 전도성을 띠게 하는 자유 이온을 포함한 분자 사슬들이다. 물에 녹을 수 있어서 고분자전해질은 용액 속에서 전하를 띠게 되어 종종 반대 전하인 염(salt) 이온으로 간주되기도 한다. 그림 5.17은 보통의 폴리캐티온과 폴리애니온들이다. 고분자전해질의 전하량은 얼마나 강하거나 약한가의 분류를 좌우한다. 강한 고분자전해질은 완전 용해가 가능하지만 부분

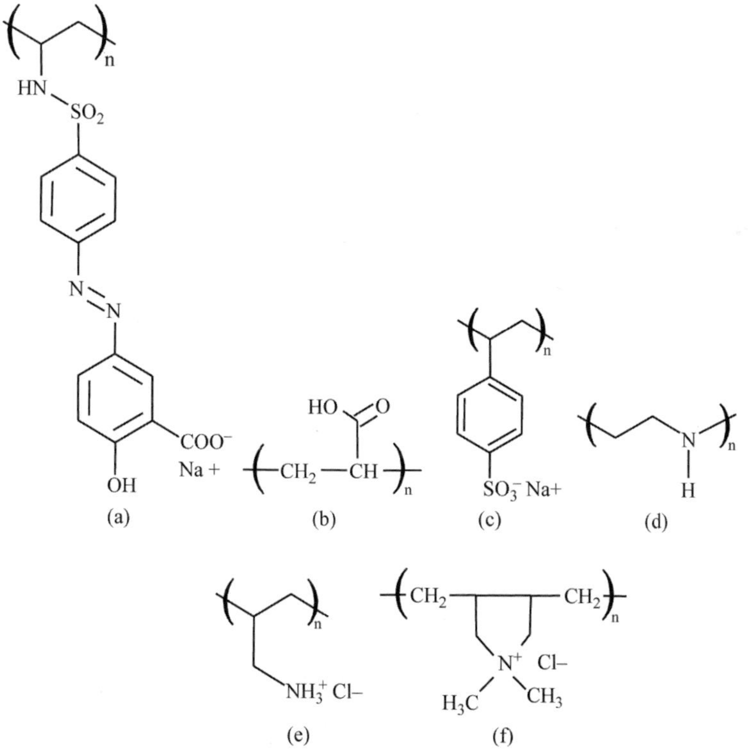

그림 5.17 몇 가지 보통의 고분자전해질들. 폴리애니온들은 (a) PAZO(poly [1-[4-(3-carboxy-4-hydroxyphenylazo) benzenesulfonamido]-1,2-ethanediyl, sodium salt]), (b) PAA[poly(acrylic acid)] 그리고 (c) PSS[poly(stylenesulfonate)]. 폴리캐티온들은 (d) PEI[poly(ethylenimine)], (e) PAH[poly (allylamine-hydrochloride)], 그리고 (f) PDDA[poly (diallydimethylammonium chloride)]이다.

적인 전하를 띤 약한 고분자 전해질은 일부분만 용해가 가능하다. 보통 고분자 전해질의 구조는 '편평(flat)'하다. 왜냐하면 선형 고분자상의 전하들이 쿨롱 척력에 의해 서로 밀어내기 때문이다. 그러나 염 이온들을 첨가함에 따라 이 구조는 더 꼬이거나 위축된 상태로 바뀔 수 있다. 고분자전해질의 구조 변경 가능성은 기능도 바꿀 수 있어서 재료 화학에서 매우 유용하다.

합성 유기화학자들은 여러 가지 방법으로 고분자전해질 조립체들의 특성을 조절할 수 있었다. 가장 단순하게는 단량체의 단위, 전해질 기 그리고 고분자 길이 변경을 통하여. 그 결과 고분자전해질들이 조율이 가능한 생체 단위체(building block)를 만들 수 있다. 그들은 약물 전달 요소로부터 전도체 필름 성분, 콜로이드 현탁액 제작, 생체 분자의 모사품 제작 등에 걸쳐서 많은 응용에 사용되어 왔다. 최근에는 고분자전해질 마이크로캡슐들이 촉매 활성화, 침전물 반응, 결정화 반응, 고분자화 반응 등을 위한 마이크로반응기로 사용됨이 밝혀졌다.

5.6.1 정전 자기 조립

고분자전해질을 사용하는 한 가지 이점은 정전 자기 조립(ESA)이라고 알려진 과정에서 그들이 각각 상호작용할 수 있다는 것이다. 간단한 예로 그림 5.18은 반대로 대전된 두 개의 벌크상 고분자전해질의 합성을 보여 준다. 이러한 기본 아이디어는 고분자전해질을 사용한 대전된 표면에 응용가능하며, 그 결과 다층 나노 필름이 형성된다. ESA가 전하가 교대로 바뀌는 물질들의 상호작용에 달려 있으므로, 작은 무기 분자들, 단백질들, 덴드리머, 고분자전해질들과 같은 많은 종류의 분자들이 쓰일 수 있다. ESA 필름들에 대한 조사는 고분자전해질에 초점이 맞추어져 있다. 자기 조립 과정의 용이함뿐만 아니라 ESA에 쓰이는 고분자전해질의 유연성에 의해 필름 형성을 위한 앞의 방법들에 비해서 이점을 가진다. ESA보다 앞서서 LB법이 필름 형성에 가장 보편적이었다. 그러나 LB법은 장기 안정성에 제약을 가진 필름 제작에 많은 설비들, 시간, 비용을 필요로 한다.

ESA법에 의해 형성된 필름들은 많은 인접한 층들로 이루어져 있으며, 반응 조건에 따라 일반적으로 초분자 스케일로 잘 정렬되어 있다. 필름 부착 시 정렬뿐만 아니라 고분자전해질의 양은 쉽게 조절된다. 첫째 층 형성 때 정전기적 인력 때문에 고분자 이온들이 반대로 대전된 기판 표면에 흡착된다. ESA의 경우 수용성

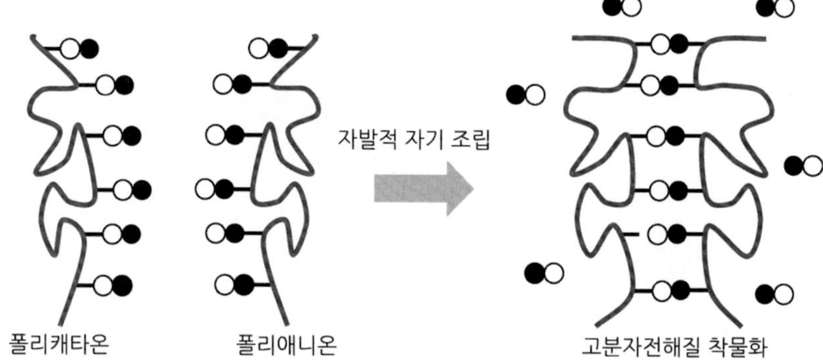

그림 5.18 반대 전하를 띤 고분자전해질들 사이의 합성 반응. 반대의 이온들이 용액으로 밀려날 때 큰 엔트로피 이득에 의해 발생되는 이온쌍 형성(혹은 이온 교환 반응). 검은 원은 음이온들, 흰 원은 양이온들의 위치.

용액의 고분자전해질이 기판 표면에 흡착된다. 왜냐하면 그들이 용액으로부터 제거되어 정전기적 반응에 의해서 기판에 비가역적으로 결합되기 때문이다. 이 인력의 강도를 변화시켜서 부착되는 고분자전해질의 양을 변경시킬 수 있다.

공통으로 사용되는 시스템은 산화된 실리카나 실라놀 표면의 양으로 대전된 고분자전해질이다. 실리카 기판 표면은 양성자를 뺀 실라놀기에 의해 음으로 대전되어 있다. 양이온 용액에 노출되었을 때 기판 표면의 음전하들이 빠르게 표면으로 잡아당긴다. ESA법들은 기판을 약 10분 동안 흡착하고자 하는 용액에 '담금'으로써 보통 고체 기판 표면을 원하는 흡착체에 노출한다. 다층 조립체를 형성하기 위해서는 양이온과 음이온 수용액을 번갈아 가면서 이러한 '담금' 과정을 반복하며, 중간 중간의 물이나 약한 이온 용액을 사용한 헹굼에 의해 다음 층이 잘 정렬되게 할 수 있다. 헹굼 단계는 필름의 일부분이 아닌 약하게 흡착된 분자들을 제거하고, 반대로 대전된 흡착체를 위하여 기판을 준비시킨다. 이러한 접근법은 일반적으로 층층법(LbL)이라 한다.

이러한 과정의 반복은 다층 필름들을 형성시키는 데 사용할 수 있다. 다층 조립체의 전체 형성을 보다 잘 이해하기 위하여 ESA 메커니즘을, 기판 필름에 고분자전해질층의 흡착, 필름 내로의 고분자전해질의 침투 그리고 필름 내에서 발생하는 분자들의 합성 등으로 보다 세분해야 한다. 그림 5.19와 5.20은 고분자전해질 다층 조립체를 구성하는데 ESA가 어떻게 사용될 수 있는지를 보여 준다.

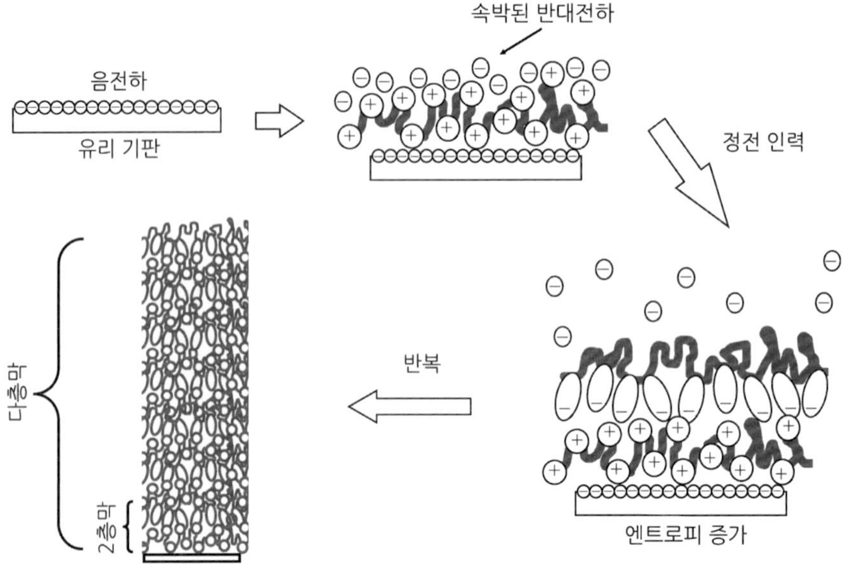

그림 5.19 고분자전해질의 자기 조립. 폴리캐티온이 수용액에서 음으로 대전된 기판에 흡착된다. 그 다음에 이 필름이 폴리애니온에 노출된다. 폴리캐티온이 음이온 필름에 흡착되어 2층필름이 형성된다. 다층 나노 필름을 만들기 위해서는 이 과정이 여러 번 반복된다.

5.6.2 전하 반전과 침투

다층필름 내에 두 개의 주 영역이 있다. 전하의 과잉 보상 혹은 반전이 일어나는 표면과 침투가 발생하는 벌크 영역이다. 필름 표면은 전하가 번갈아가며 달라지는 고분자 용액에 반복적으로 노출된다. 벌크는 수용성 환경에 노출되지 않는다. 이것이 이 두 영역에서 발생하는 화학적 변화의 차이에 크게 영향을 미친다.

표면에서는 전하 반전 혹은 전하 과잉 보상이 필름 내에서 층의 형성을 유도하는 데 도움이 된다. 보통 고분자전해질들이 1:1 전하의 화학량론적 구조를 가지는 것으로 가정한다. 그러나 다층필름의 형성을 유도하기 위해서는 표면의 전체 전하가 다음 번 박필름 부착 단계 이전에 반대로 대전된 고분자전해질 용액에 노출되어야 한다. 표면의 전하 반전이 자기 조립 과정을 유도하는 정전기적 상호작용을 가능하게 한다.

마지막 층의 전하가 과도하게 몰린 영역은 용액 속의 반대전하들과 잘 어울리게 된다. 다음 번 고분자 이온 용액에 노출되면 고분자 이온에 의해 옮겨가게 된다. 이러한 이동은 처음에 반대 이온들의 이동에 의한 엔트로피의 이득에 의

해 발생된다. 정전기적 상호작용과 결합된 엔트로피 이득은 고분자전해질이 표면에 흡착되어 남아 있게 하는 순 음의 자유 흡착 에너지가 된다. 그 위의 고분자전해질의 흡착은 이미 흡착된 물질로부터의 척력이 우세하면 멈추게 된다. 그 결과 근사적으로 각 후속층들의 형성에서 근사적으로 박필름 부착이 반복 가능하게 된다. 고분자전해질이 표면에 완전 흡수되었다면 마지막 층 표면에서 필름 부착 전과 비교하여 전하의 과잉 보상이 다시 얻어진다. 앞의 층에서 일어났듯이 대전된 표면이 고분자전해질 용액으로부터의 양의 반대 이온에 의해 균형을 이룬다. 한 개의 폴리캐티온과 한 개의 폴리애니온이 한 개의 2층필름을 이룬다.

대전된 표면에서의 반대 이온의 존재는 꼭 닮은 힘(image force)을 써서 보다 잘 설명될 수 있다. 꼭 닮은 힘들은 물과 필름 경계면의 유전 상수 차이에 의해 발생한다. 유전 상수 차이에 의해서 물의 전하가 표면으로부터 밀려나고, 그 대신 고분자전해질의 반대 이온이 표면에 자리잡게 된다. 이러한 반대 이온들은 같은 크기지만 표면과는 반대 전하를 가진 고분자전해질에 의해 계속적으로 이동 된다 – 엔트로피 이득에 의한 과정이다. 왜냐하면 흡착한 고분자전해질 분자수 보다 더 많은 소금 분자가 표면으로부터 움직이기 때문이다.

필름 전체가 전기적으로 중성을 유지하기 위하여 전하 보상이 – 내부적이든 외부로부터이든 간에 – 주어져야 한다. 외부로부터의 보상은 소금의 반대 이온과 같은 외부 물질에 의해 균형을 이룬 폴리머 전하에 의한다. 실제로 필름 내에서 소금의 농도는 매우 낮은 것으로 밝혀졌다. 그 대신 폴리캐티온과 폴리애니온의 화학량론적 비가 1:1이다. 그 결과 다층필름 내의 전체 전하 균형은 첫째로 내부적 보상에 의할 수밖에 없다. 그러나 일부의 외부적 보상은 전하의 과잉 보상이 소금의 반대 이온에 의해 중성화되는 기판 표면에서 발생된다는 것이 밝혀졌다.

필름의 벌크 내에서 교대로 바뀌는 전하층들을 명확히 예측할 수 있다. 이것은 일어나는 것이 아니다. 고분자전해질이 흡착되자마자 단순히 표면에 그냥 있는 것은 아니다. 공통적으로 관측되기로 흡착 후에 바깥쪽 고분자전해질이 안쪽 고분자전해질 층으로 조금씩 확산된다. 이 효과에 의해 한층 한층과는 구분되는 얼룩과 보풀(그림 5.20)이 생긴다. 내부 확산 효과에 의해 벌크 필름 내에서의 잘 정돈된 구조가 관측되기 어렵다.

아직 완전히 이해되지는 않았지만, 어느 정도 침투가 일어나는지는 고분자전해질의 이온 농도와 전하 밀도와 관계된다. 일반적으로 이온 농도는 경계면 겹

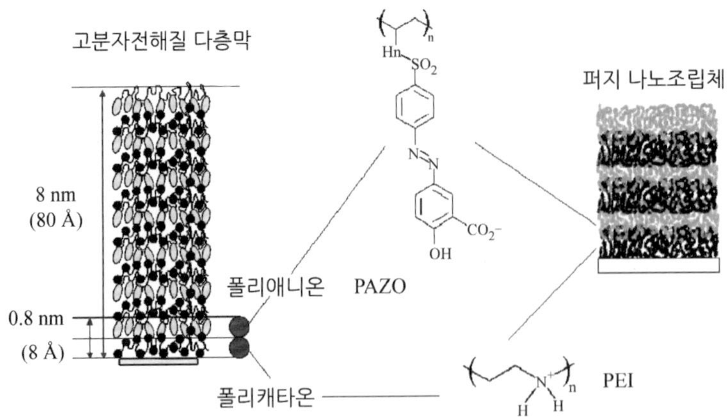

그림 5.20 폴리캐티온 PEI와 폴리애니온 PAZO를 사용하여 구축된 보통 다층필름의 크기. 타원분광법으로 측정된 2층필름의 두께는 약 1 nm이다. 10개의 2층필름 두께는 100에서 150 nm이다. 오른쪽에 층간 침투가 '퍼지' 나노조립으로 나타나 있다. 침투도는 불충분하게 과장되었다.

침과 상관관계가 있다. 소금 이온들이 고분자전해질의 전하들을 가림으로써 고분자전해질의 전하 형성에 변화를 줌으로써 고분자가 '늘어나게' 한다. 그 결과 고분자전해질이 조립체 안으로 깊이 침투하는 것이 더 어려워지지만, 소금 이온이 있어서 보다 많은 고분자가 이온 교환을 위해서 반대 이온들과 경쟁하게 된다. 고분자전해질의 전하 – 고분자전해질이 강하거나 약하거나 – 또한 겹침이 늘어나는 데 기여한다. 약한 고분자전해질 혹은 낮은 전하 밀도의 고분자전해질로는 편평한/늘어난 고분자 구조를 얻을 수가 없다. 그 결과 고분자전해질이 바깥쪽 필름층을 깊이 침투하지 못하게 된다. 전체적으로 보면 이온 농도(고분자전해질의 전하 밀도와 더불어)가 고분자전해질이 필름 내에서 침투하는 것에 중요한 역할을 한다.

침투 결과 맨 마지막 층은 전하를 띠고 있는데 반해서, 필름 전체가 보다 균질하게 된다. 또한 경계면 겹침에 의해 결정화 구조가 생기기 어렵게 된다. 이것이 ESA 필름을 비선형 광학적 반응을 위한 발색단의 배열과 같이, 기능성을 목적으로 한 배열을 필요로 하는 물질들의 생성에 적용하는 것을 제한한다. 그러나 조직화된 ESA 필름은 전도성 고분자 물질의 형성에 유용함이 밝혀졌다. 침투에 의한 겹침이 배열된 층들을 이루면 발생하기 어려운 전자들이 필름을 통하여 쉽게 흘러가게 한다.

5.6.3 다층필름의 형성

전하 반전, 침투 그리고 합성 모두가 다층필름의 구조와 형성에 관계한다. 성공적인 다층필름 형성을 위해 고려해야 할 넓은 요소들이 필름 안정성과 두께이다. 첫 번째, 필름 안정성은 완성된 다층 조립체가 용액으로부터 분리되어도 구조적으로 안정되어 후속적인 조립에서도 변하지 않고, 성능이 저하되지 않는 것을 필요로 한다. 두 번째, 필름 두께는 ESA 조건에 기초하여 다층필름들 층수에 의해 결정된다.

필름 안정성은 고분자전해질 조립체가 비가역적이어야 함을 필요로 한다. 그 결과 잘 구성된 조립체에서는 고체 기반 필름으로부터 물질의 자발적 탈착은 발생하지 못한다. 필름의 비가역성을 유지하기 위해서는 작은 이온 경쟁자들에 의한 탈착이나 고분자전해질 용액에의 노출에 의한 탈착은 일어날 수가 없다. 물질의 탈착이 이와 같이 낮은 동적 속도로 일어나면 ESA 필름이 비가역적이라 간주될 수 있다는 것이 정해졌다.

다층필름 두께 조절은 고분자 사슬 길이, 고분자 전하량 그리고 이온 용액의 세기 등과 같은 많은 요소들에 의해서 결정된다. 필름 두께 조절의 가장 확실한 방법이 기판 위에 형성되는 다층필름의 개수를 조절하는 것이다. 작은 개수의 다층필름 필름 두께가 얇은데 반해서 많은 개수의 다층필름에 의해 필름 두께가 두꺼워진다. 다층필름 개수뿐만 아니라 필름 두께는 이온 농도에 크게 의존하고 있으며, 거의 선형적인 관계를 가지고 있다. 100층에 도달할 때까지 거의 선형적인 다층필름 성장이 관측되었다(Reveda and Petkanchin, 1997). 낮은 소금 농도에 의해서 폴리머가 편평하고 늘어난 형태를 갖는 것으로 짐작된다. 높은 소금 농도에서는 고분자전해질의 전하들이 많이 차폐되어 전하들이 가까이 다가갈 수 있게 되어 보다 꼬인 구조를 가지게 된다. 낮은 이온 농도가 고분자전해질의 전하를 가리게 되어 표면 전하들이 평면 분포를 하게 된다. 증가한 이온 농도에 의해 고리 모양과 꼬인 모양을 이룬 결과 두꺼운 층들이 생겨서 전체적으로 두꺼운 필름이 형성되지만, 표면에 흡착되는 폴리머 양을 변화시킬 필요는 없게 된다. 폴리머 전하 밀도도 필름 두께에 영향을 미칠 수 있다. 낮은 전하 밀도가 두꺼운 층의 형성과 관련된다. 높은 이온 농도 결과와 유사하게 낮은 전하 밀도의 폴리머가 기판 표면과 약하게 대전된 고분자전해질 사이의 정전기적 상호작용에 의해서 보다 더 꼬인 구조를 이룰 것으로 예견된다. 직관과는 반대로 폴리머 분자량과 분기가 다층필름 두께에는 중대한 변화를 야기하지 않는다는 것을 주목하는 것이 중요하다.

5.7 2층 인지질막 형성과 특성 모델

생물학적 막들은 많은 양의 단백질을 가진 복잡한 구조를 하고 있어서 생체 내에서의 연구는 어렵다. 인지질 2층 모델을 사용하여 어떻게 특정한 막 성분들이 막 내의 특정 성분들과 결합하여 상호작용하는지를 연구(Castellana 등, 2006)할 수 있다. 또한 2층 인지질은 여러 면에서 세포막과 매우 닮았다. 그들은 2차원 유동성을 유지하고 세포막 단백질을 공급하기 위한 큰 주변 환경을 이룬다. 따라서 모델막은 역사적으로 생체 내에서의 막 연구를 위해 사용되어 왔다. 또한 그들은 리간드 – 리셉터 상호작용, 바이러스 공격 그리고 세포의 신호작용 등과 같은 세포 수준에서 발생하는 막이 포함되는 생물학적 과정의 조사에 사용되었다.

많은 방법들이 이러한 막 시스템 연구에 동원되었다. 이 책에서는 AFM과 수정 진동자 마이크로 저울(QCM)과 같은 표면 감지법 뿐만 아니라 표면 감지광 표백 후 형광 복원(fluorescence recovery after photobleaching; FRAP), 형광 공명 에너지 전달(fluorescence resonance energy transfer; FRET) 그리고 형광 간섭 대조 현미경(fluorescence interference contrast microscopy; FLIC)과 같이 널리 사용되는 형광기술에 국한하여 논의하고자 한다. 이러한 2층 모델 연구에는 생체필름의 직접적인 시각화가 가능한 전자 현미경, 중성자는 물론 뉴런을 이해하는데 중요한 막의 전기적 측정이 가능한 임피던스 분광 그리고 막의 구조와 주기성을 조사하는데 쓰이는 X-선 산란법 등 이 절에서 취급하지 않는 많은 중요한 다른 방법들이 있다.

5.7.1 흑 지질막

흑 지질막을 만들기 위한 많은 방법들이 있다. 이 모든 방법들 모두가 1 mm보

다 작은 지름의 구경을 통하여 막을 형성시킨다. 구멍은 테플론과 같은 소수성 물질에 만들어지고, 늘 두 구획으로 나누는 벽의 일부분이며, 수용액으로 채워질 수 있다(그림 5.21(a) 참조). 흑 지질막 형성에서 가장 널리 쓰이는 두 방법이 구경을 통한 지질 용액의 페인팅 혹은 접힌 2층막의 생성이다. 페인팅은 예술가의 작은 페인트 붓으로 이루어진다. 접힌 2층막 지질의 형성에는 작은 구경으로 나누어진 두 구획을 가진 용기가 요구되며, 이 구획들 속의 용액 높이들이 독립적으로 조절될 수 있어야 한다(그림 5.21(b)). 각 구획에 원하는 용액이 채워지고, 단일층의 인지질 물질이 두 구획 중 한 구획의 윗부분에 분산된다. 단일층을 포함한 용액의 높이는 2층막을 부착하고자 하는 구경에 의해 올라가거나 내려갈 수 있다.

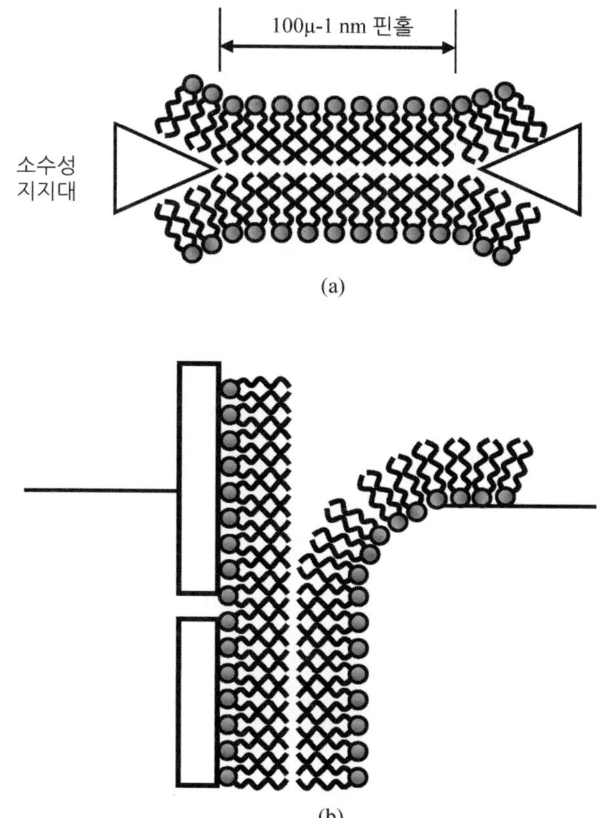

그림 5.21 (a) 흑 지질막의 개략도. (b) 접힌 2층막의 형성(Castellana, E. T. and Cremer, P. S. Solid Supported Lipid Bilayers: From Biophysical Studies to Sensor Design, *Surface Science Reports* 2006, 61.10: 429 − 444. Copyright 2006, Elsevier의 승인에 의해 다시 그려짐.)

흑 지질막들은 많은 생물리학적 과정을 연구하기 위하여 사용되어 왔다. 흑 지질막들은 용액에 떠 있으며, 기초가 되는 지지대들과 막의 원치 않는 간섭은 없다. 지지대가 없으므로 막을 통과하는 단백질들이 인지질로 된 2층막 내에서 결합할 수 있어서 활발히 움직이고 활성화된 상태를 유지한다. 단일 단백질로 된 기공을 흑 지질막에 첨가함으로써 잠재적인 나노 소자를 만들 수 있게 된다. 이는 Gu 등에 의해서(1999) 유전학적으로 변형된 α-용혈소(hemolysin)의 사용을 통해서 이루어졌다. 기공 내에서 비공유적으로 시클로덱스트린 분자들을 포획할 수 있는 α-용혈소 돌연변이들이 만들어진다. 시클로덱스트린에 의한 기공의 제한(구속)에 따른 전류 변화가 측정된다. 단일 분자 수준에서의 작은 유기 분자들의 결합과 분리가 이러한 과정에 의해 측정된다.

그러나 지지대가 없으므로 낮은 안정성에 의해서 2층막의 수명에 한계가 있다. 게다가 흑 지질막의 감지와 특성 측정 방법들 또한 제한을 받는다. 지지대가 없으므로 표면 민감 기술이 특성 측정에는 쓰이지 못한다.

5.7.2 고체에 의해 지지되는 2층막

그림 5.22와 같이 지지되는 2층막들은 흑 지질막들보다 튼튼하고, 안정적이며 AFM, QCM, DPI, SPR 등과 같은 표면 특수 분석법에 의해 분석법에 의해 분석될 수 있다. 이러한 시스템에서 기판과 2층막 사이의 10－20 Å의 포획된 물의 층에 의해 유동성이 유지된다(Gloves and Boxer, 2002).

고급 막을 지지하기 위해서는 표면이 친수성, 부드럽고 깨끗해야 한다(Tamm and McConnell, 1985). 2층막 형성을 위해 보통 사용되는 기판들이 실리카, 마이카, 금, 그리고 산화 티타늄이다. 평면 지지대 위에 지지되는 인지질 2층막을 형성시키는데는 세 가지 일반적인 방법이 있다. 첫 번째는 물－공기 경계면으로부터 랭뮤어－블로지트법(그림 5.23(a))으로 낮은 조각의 지질을 붙이는 것이다. 그 다음에는 랭뮈어－섀퍼 과정에 의해서 위의 조각이 이동되며, 기판을 수평으로 담구어서 두 번째 층을 형성시킨다. 지지된 2층막 형성의 두 번째 방법이 수용성 현탁액으로부터 기판 표면으로의 액포의 흡착과 용해이다(그림 5.23(b)). 세 번째 방법은 첫 번째와 두 번째 방법을 결합한 것으로서, 처음에 랭뮤어－블로지트법으로 단일층을 입힌 후 액포를 용해시켜 위층을 형성시킨다(그림 5.23(c)). 세 방

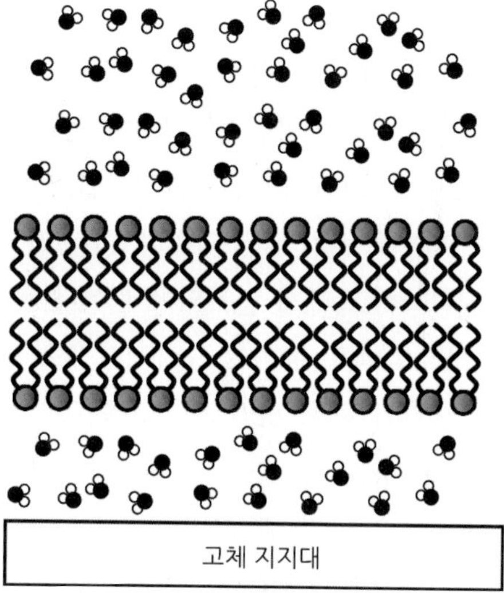

그림 5.22 지지되는 인지질 2층막(Castellana, E. T. and Cremer, P. S. Solid Supported Lipid Bilayers: From Biophysical Studies to Sensor Design, *Surface Science Reports* 2006, 61.10: 429-444. Copyright 2006, Elsevier의 승인에 의해 다시 그려짐.)

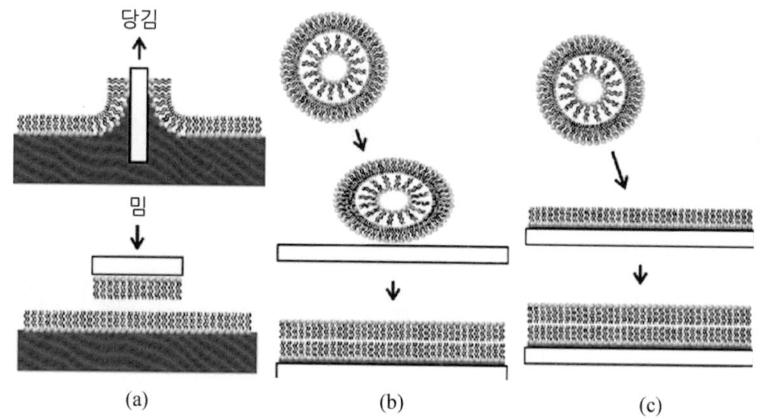

그림 5.23 지지되는 2층막 형성을 위한 보통의 방법들. (a) 단일층을 부착시키기 위한 랭뮤어-블로지트법으로서 나중에 기판을 또 다른 단일층 지질 속을 수평방향으로 민다. (b) 용액 속 액포들이 기판에 흡착, 용해되어 2층막을 이룬다. (c) (a)와 (b)의 결합(Castellana, E. T. and Cremer, P. S. Solid Supported Lipid Bilayers: From Biophysical Studies to Sensor Design, *Surface Science Reports* 2006, 61.10: 429-444. Copyright 2006, Elsevier의 승인에 의해 다시 그려짐).

법 모두가 특별한 장단점을 가지고 있다. 첫 번째와 세 번째 법은 비대칭 2층막 형성에 유용하다.

작은 단층판 액포(SUVs)의 흡착과 용해가 지지되는 2층막 형성을 위한 수단

중 가장 쉽고 용도가 넓다. 작은 단층판 액포들은 여러 가지 방법에 의해서 준비될 수 있다. 지질들은 성능 저하를 막기 위해 종종 클로로포름 속에 저장된다. 클로로포름 현탁액으로부터 알고 있는 양만큼의 지질이 제거된 후, 넓은 면적의 작은 유리 용기 속에 놓여진다. 그러면 클로로포름은 질소 기체에 의해서 증발된다. 이러한 방법으로 얇은 지질층을 용기 내에 입히며, 이는 잔류 클로로포름이 없음을 확실히 하기 위해 진공장치 속에서 건조되어야 한다. 건조된 지질들은 막이 액포 내에 포획하고자 하는 어떠한 용매에 노출되더라도 재수화(rehydrate)되고, 초음파 처리되어 다층판 액포가 될 수 있다. 이러한 액포를 고압에서 다층판 다공질의 폴리카보네이트막을 통하여 분출시키면, 폴리카보네이트막의 기공 크기에 관계하는 크기 분포를 가진 SUVs가 된다.

2층막을 형성하기 위한 액포의 흡착과 용해의 얼개의 일부분은 QCM 연구에 의해 밝혀졌다(그림 5.24). 그 과정은 벌크 용액으로부터 SUVs가 기판에 흡착되는 것으로부터 시작된다. 흡착 후 초기에 SUVs가 하나하나씩 녹아서 큰 단층판 액포를 이루게 된다. 액포들은 파괴되어 액포 밖의 염분 농도와 다른 액포 내의 염분 농도에 의한 삼투압이나 액포들이, 보다 안정된 구형에서 보다 길쭉한 모양으로 변형되게 하는 각각의 지질들과 기판 사이의 상호작용과 같은 불안정한 작용에 의해 액포에 영향을 미치는 과정에 의해서 지지된 2층막을 형성한다. 그림

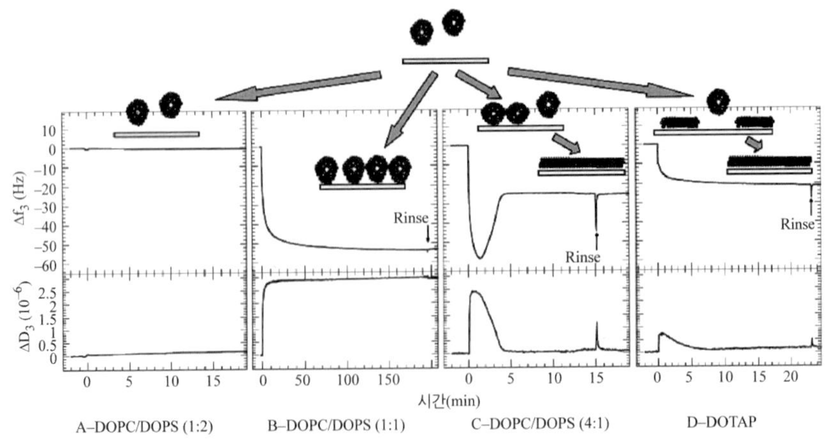

그림 5.24 실리카 위에서 QCM-D에 의해 측정된 지질의 부착 경로. (a) 액포가 흡착되지 않음. (b) 흡착되어 그대로 있어서 지지된 액포층(SVL)을 이룸. (c) 액포가 흡착되어 처음에는 그대로 있다가 액포가 많이 쌓이면 SLB가 형성됨. (d) 액포가 흡착되자마자 파괴되어 SLB를 이룸(Richter, R. P., Berat, R., and Brisson, A. R. Formation of Solid-Supported Lipid Bilayers: An Integrated View. Langmuir 2006, 22.8: 3497−3505. ©American Chemical Society의 승인에 의해 다시 그려짐).

5.24는 감쇄 감지장치가 있는 수정 진동자 마이크로저울(QCM-D)에 의해 지질 액포들이 단단한 지지대와 상호작용하는 4가지 방법을 보여 주고 있다. QCM-D법은 부착된 지질 전체의 성질들을 가릴 수 있는 유용한 수단이다. 있는 그대로와 흡착된 액포(높은 감쇄) 그리고 2층막 조각들(낮은 감쇄)을 구분하는 감쇄 파라메터를 얻을 수 있다. 그림 5.24에 나타난 바와 같이 흡착 안 된(그림 5.24(a)) 지지된 액포층을 이루는 흡착되어 그대로 있는(그림 5.24(b)) 또는 지지된 2층막(그림 5.24(c)와 (d))이다. QCM에 의해 관측된 바와 같이 지지된 2층막의 형성은 두 개의 별개 동역학 시나리오에 의해서 이루어진다. 하나는 액포가 단단한 지지대와 작용하자마자 급속히 파괴되는 것이다(그림 5.24(d)). 다른 경우는 있는 그대로의 많은 양의 액포들이 중간 과정에서 흡착되는 것이다(그림 5.24(c)).

지지되는 2층막의 주된 단점은 지지된 2층막이 아래의 기판으로부터 진짜로 분리되지 않는 것이다. 2층막 지지대 경계면에서의 층의 수화에 의해서 막이 유동성을 갖게 되지만, 이 막이 너무 얇아서 아래쪽 기판과 적합지 않은 상호작용에 의한 단백질의 막 투과를 막을 수는 없다. 이러한 상호작용에 의해 단백질의 성질이 바뀌거나 막이 유동성을 잃게 된다.

5.7.3 폴리머로 완충된 형광지질 2층막

그림 5.25 또한 변성을 방지하기 위한 지질폴리머가 있을 경우 동일한 시스템을 보여 주고 있다. 폴리머층을 첨가함에 따라 표면으로부터 막이 효과적으로 분

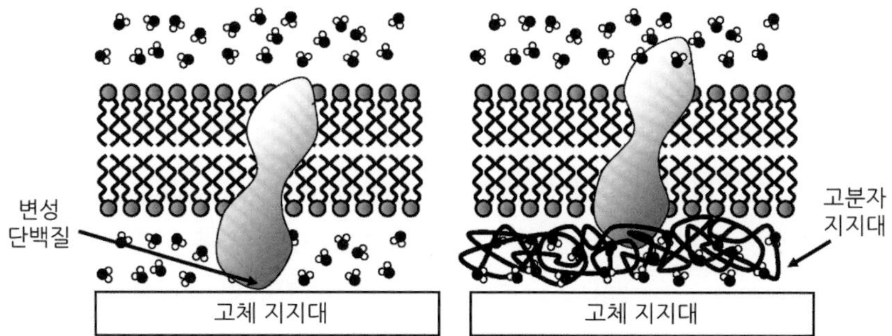

그림 5.25 막전위 단백질의 주변 구역이 고체 지지대 위에서 이동성을 잃게 될 수 있다. 폴리머 완충이 단백질을 기판으로부터 차폐할 수 있다(Castellana, E. T. and Cremer, P. S. Solid Supported Lipid Bilayers: From Biophysical Studies to Sensor Design, *Surface Science Reports* 2006, 61.10: 429 - 444. Copyright 2006, Elsevier의 승인에 의해 다시 그려짐).

리되어 일련의 표면 과학 기술들에 의해서 조사가 가능해진다. 잘 설계된 고분자 완충물은 진핵 세포(eukaryotic cell)에 존재하는 세포 골격과 아주 비슷한 거동을 보여야 한다. 물리적으로 흡착된 시스템에서 인지질 2층막과 폴리머 지지대 사이의 약한 상호작용 결과 불안정한 시스템이 된다. 이는 고분자를 공유 결합적으로 기판에 붙임으로써 극복될 수 있다. 다음으로 고정 지질(anchor lipid)이나 알킬 곁사슬들을 인지질 2층막에 삽입시킬 수 있게 됨으로써 안정성을 더 높이게 된다. 이러한 방법들이 막을 아래의 지지대에 효과적으로 속박되게 하여 필름 단백질들이 변성 없이 잘 결합되게 한다. 공교롭게도 이러한 막 단백질에 대한 연구에 의해 막의 유동성은 떨어지게 된다. 일반적으로 폴리머 완충물이 부드럽고, 치수성이며 그리고 너무 강하게 대전되지 않는 것이 바람직하다.

고분자에 두 부류가 있고 고분자전해질과 지질고분자들이 완충물로 많이 선택되고 있다. 고분자 전해질 완충물들은 한층 한층씩 부착되는 식으로 용액으로부터 여러 기판으로 직접 흡착될 수 있다. 지질고분자들은 표면에서 형광지질막을 삽입할 수 있고, 이를 폴리머 사이에 속박할 수 있는 지질과 유사한 분자들인 부드러운 친수성 고분자층으로 이루어져 있다.

5.7.4 광표백 후의 형광 복원

FRAP는 2층막에서 형광 꼬리표가 달린 지질들의 2차원 측면 방향의 확산을 정량화할 수 있는 광학적 방법이다. 이는 2층 지질들의 특성을 조사하기 위한 방법들 중 가장 일반적인 방법이다. 이 방법은 형광을 방출하는 2층막의 배경 영상을 저장으로부터 출발한다. 그 다음에는 보다 높은 배율의 대물 렌즈로 바꾸거나, 핀 홀을 사용하여 관측 시야를 줄이는 방법으로 관찰 가능한 영역의 작은 부분에 광원을 집속시킨다. 이 영역에 있는 형광체는 급격히 광표백, 이는 형광체의 광화학적 파괴이고 영상이 2층막에서 손상입지 않은 형광체들로 둘러싸인 식별 가능한 검은 점들을 보여 준다(그림 5.26(b)). 브라운 운동이 진행됨에 따라 아직도 형광을 방출하는 지질들이 시료를 통하여 확산(그림 5.26(c))되어 표백된 영역에서의 파괴된 지질을 대체한다. 이러한 확산은 질서 정연하게 진행되며, 이는 시간 t동안 어떻게 형광 세기 $f(t)$가 복원(증가)하는지를 보여 주는 확산식(Smith 등, 2008)에 의해 모형화될 수 있다:

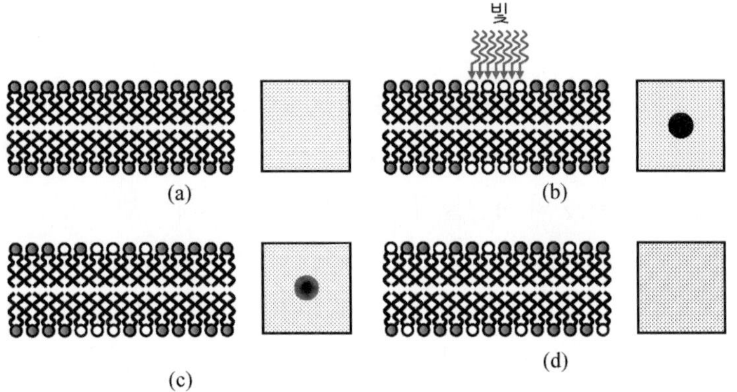

그림 5.26 FRAP의 원리. (a) 형광 꼬리표가 2층막에 균일하게 부착되었다. (b) 표식이 선택적으로 광표백된다. (c) 광표백된 영역 내의 세기는 시간에 대한 함수로서 감지된다. (d) 결국은 균일한 세기(밝기)로 복원된다.

$$f(t) = e^{-2\tau_D/t}\left[\left(I_0\frac{2\tau_D}{t}\right)+\left(I_1\frac{2\tau_D}{t}\right)\right] \tag{5.15}$$

여기서 I_0와 I_1은 수정 베셀 함수들이며, $\tau_D = r^2/4D$에서 r은 $t=0$에서의 표백된 영역의 반지름이며 D는 분열 계수이다. 확산 상수 D는 이 식에 피팅함으로써 간단히 계산될 수 있다. 지질들에 대한 확산 상수값들은 0.5 – 5 μm²/s 범위에 있을 경향이 있다. 그림 5.27은 보통의 FRAP 형태를 보여 주며, 시간에 따른 형광세기 그래프이다. 이 그래프를 식 5.15에 피팅하면 D를 결정할 수 있다.

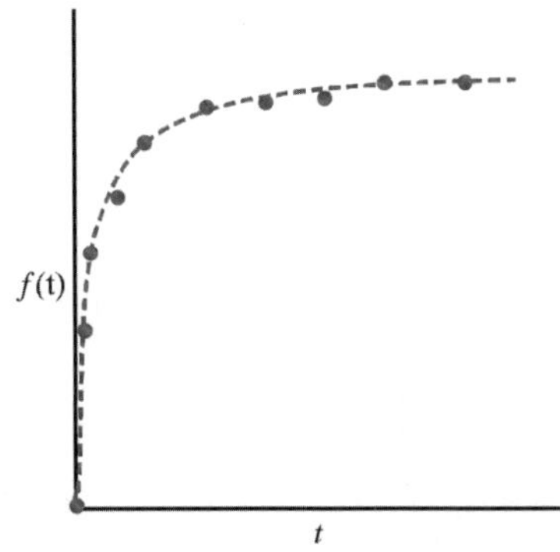

그림 5.27 해당 영상에서 보통의 FRAP 복원 곡선 그래프. 점선은 데이터를 2D 확산 모델식을 사용한 피팅을 나타낸다.

5.7.5 형광 공명 에너지 전달

FRET는 생물리학 그리고 생화학적으로 중요한 나노 조립체에서의 정량적인 분자 동역학을 위한 유용한 도구이다. 두 분자들의 서로에 대한 상대적 위치를 감지하기 위하여, 둘 중의 하나를 주개 형광체로, 나머지를 받개 형광체로 라벨을 붙인다. 둘이 서로 가깝지 않고, 주개가 여기되면 주개쪽 형광의 방출만 감지된다. 그러나 주개와 받개가 두 분자의 상호작용에 의해 근접하면(1 – 10 nm), 주개로부터 받개까지의 분자를 통한 에너지 전달 때문에 받개쪽 형광의 방출이 현저히 관측된다.

FRET는 두 지질 액포들의 용해를 감지하기 위하여 Lei와 Macdonald(2003)에 의해서 사용되었다. 녹지 않는 두 액포와 녹는 두 액포의 영상을 그림 5.28에서 나타내었다. 액포들이 접촉함에 따라 같은 영역에서 빨간색과 초록색의 동시 방출에 의해(그림에서는 회색톤으로 나타남) 접촉 면적의 색이 달라진다(쓰인 형광체에 의존함 – 여기서는 빨간색과 초록색이다). 그 후에 급격한 색과 세기 변화(그림 5.28(j))가 발생하며, 이는 반용해로 해석된다. 접촉점의 색이 변하고, 접촉점이 약간 두꺼워지며, 빨간색이 접촉점으로부터 양의 액포 표면으로 확산되면서 초록색이 줄어든다. 이러한 주개 – 받개 관계는 5.1절에서 자세히 취급되었다.

5.7.6 형광 간섭 대조 현미경

FLIC에서 형광 탐침이 반사판에 근접함에 따라 형광 세기에 변조가 일어나며, 이를 분석하면 나노메터 크기의 굴곡에 관한 정보를 얻을 수 있다. FLIC는 수 나노메터에서 백 나노메터 정도의 해상도를 갖고 있다. FLIC의 원리는 반사 표

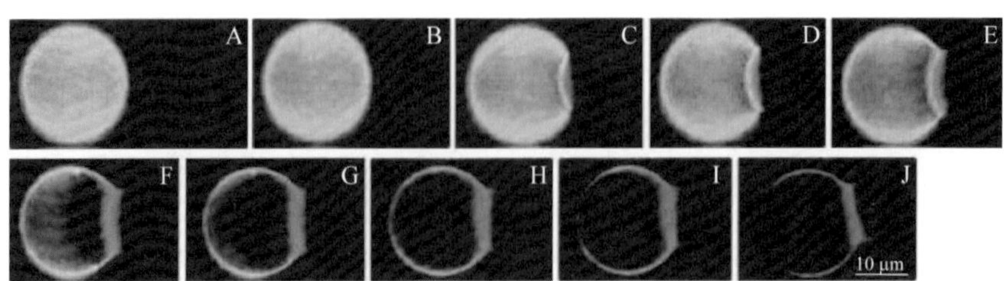

그림 5.28 두 액포들의 용해를 보여 주는 FRET 영상. 빨간색과 초록색이 회색톤으로 나타났다(Lei, G. and MacDonald, R., *Biophysical Journal*, 2003, 85, 1585 – 1599, Biophysical Society, Elsevier. Copyright 2003, Elsevier의 승인에 의해 다시 그려짐. 컬러 영상을 보려면 Lei와 MacDonald를 참조).

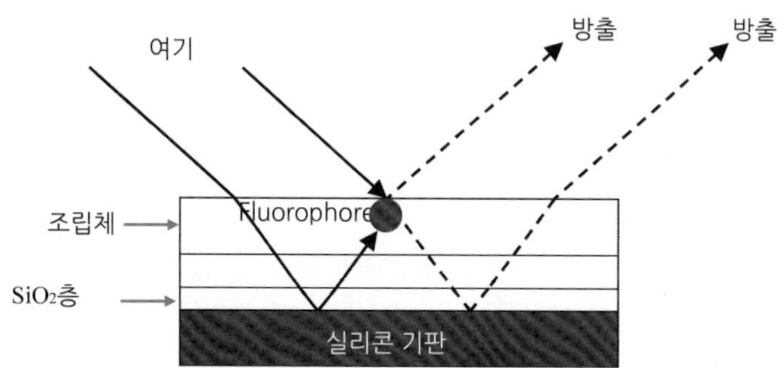

그림 5.29 FLCI 실험의 기본 원리. 이 결과 빛의 세기는 직접광과 반사광의 경로차의 함수이며 이는 반사판 위의 형광체 높이의 함수이다.

면이 있을 때 빛이 직접 경로나 반사 경로를 통하여 형광체를 지나갈 수 있다는 것이다. 이 두 경로 사이의 광경로차에 의해 간섭이 발생한다(그림 5.29). 그 결과 광세기는 이 경로차의 함수가 되며, 이는 반사판 위 형광체 높이의 함수이다. 간섭은 여기광과 방출광에 무관하게 발생하며, 이들은 각각 분리하여 고려해야 한다. 보통의 장치에서는 실리콘 웨이퍼를 반사체로 사용한다. 투명한 산화물(SiO_2)층이 중간층 역할을 한다. 관심의 측정 대상 시스템(즉, 형광 탐침을 가진 2층 지질막)은 산화물층 위에 있다.

FLIC는 두 번째 층의 굴곡을 보기 위해서도 쓰인다. 두 번째 2층 지질막은 지름이 수십 마이크론에 달하는 거대한 액포의 파괴를 통하여, 단단하게 지지된 2층막의 가장 높은 부분에서 형성된다. 두 번째 막은 제한된 물로 된 층에 의해서 첫 번째 막으로부터 분리되므로, 나노메터 스케일의 높이 변화가 자유롭게 생긴다.

5.8 자기 조립된 단일층

자기 조립된 단일층은 분자의 특별한 기가 특정 표면에 강한 친화력을 갖고 있을 때 생성된다. 티올과 실레인이 이러한 분자의 예들이며, 이는 다음 두 절에서 논의될 것이다. 이러한 분자들의 자발적인 화학적 흡착은 증기나 액상으로부터 발생하며, 종종 조직화된 단일층으로 발전하게 된다. 자기 조립되는 분자의 생체 단위체인 흡착체는 종종 알칠 사슬에 부착된 반응기를 가지고 있으며, 다른 불활성기로 끝나는 상대적으로 단순한 구조를 가지고 있다. 화학적 흡착 과정은 늘 빨라서 기판 표면 에너지를 낮춘다. 그 다음에 알킬 사슬의 느린 2차원 조직화가 일어난다. 이 조직화 단계는 사슬간 소수성 상호작용에 의해 두드러지게 된다.

표면의 조직화 자체는 보통 단계별로 발생하며, 각 단계마다 뚜렷한 상(phase)을 나타낸다. 첫째로, 저밀도상은 기판 표면에서 무작위로 분산된 흡착된 분자들이 포함되어 형성된다. 그 다음에 기판 위에 평평하게 퍼진 무작위로 분산된 이러한 분자들인 두 번째 중간 단계로 천이된다. 고밀도상으로의 마지막 천이는 분자들이 자체적으로 기판 표면에 수직한 방향으로 정렬하는 것으로 이루어진다. 이러한 상천이는 정확히 온도에 의존하여 진행된다. 만약 측면 방향의 작용이 무시된다면 화학적 흡착은 랭뮤어 흡착 등온선을 따른다. 흡착 동역학은 식 5.16에 의해 근사적으로 표현된다.

$$d\theta/dt = k(1-\theta) \tag{5.16}$$

여기서 θ는 점유된 면적에 비례하고, k는 속도 상수이다.

5.8.1 금 위의 티올기

티올은 RSH($\mathrm{R} \neq \mathrm{H}$) 구조를 가진 화합물이다. 이 분자들 또한 메르캅탄에 관련된다. 상용으로 구입 가능한 몇 가지 티올들이 그림 5.30에 나와 있다. 티올의 황 원자는 금 및 다른 불활성 금속들과 잘 반응하여 100 kJ mol^{-1} 정도의 강한 금속–황산 공유 결합을 갖는다. 그 결과 금속 표면에 생성된 단일층은 열적으로 안정적이며, 여러 용매와 전해질에 강하다.

금은 티올을 부착하는데 늘 선호되는 금속이다. 왜냐하면 주로 불활성이며, 생물학적으로 적합하고, 가혹한 화학 세정 처리에도 견딜 수 있기 때문이다. 또한 금은 리소그래피 방법으로 패턴을 뜨기가 쉽다. 낮은 분자량의 티올이 기상 증착에 의해 금 표면에 부착될 수 있다. 대부분의 다른 티올들도 보다 간편한 방법으로 부착될 수 있다. 먼저 티올들이 클로로포름이나 에탄올과 같은 유기 용매에서 분해된다. 상온에서 금이 이 묽은 용액(~1 mM)에 12–72시간 동안 담겨진다. 금속이 꺼내지고 적절한 용매에 의해 세척되고 흐르는 질소에서 건조된다.

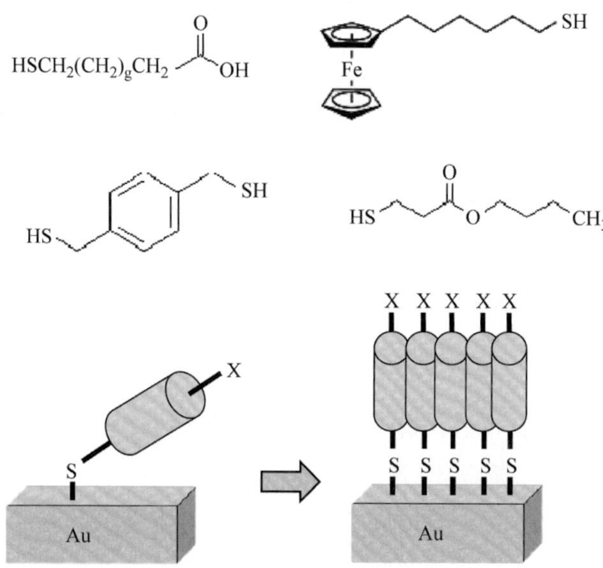

그림 5.30 위: 금 표면을 기능화하는 데 쓰이는 티올들의 몇 가지 예. 아래: 강한 Au－S 결합에 의해서 금 기판에 붙은 티올. 회색 튜브는 보통 특정한 길이의 탄화수소 사슬이다. X는 표면 기능성기이다.

티올 용액에 담겨지기 전에 금 표면에 불순물이 없어야 한다는 것이 매우 중요하다. 그 표면은 늘 적절한 용매로 세척되고, 산소 분위기에서 강한 UV 빛에 30분 동안 노출된다. UV에 노출되는 동안의 산소와 오존의 발생에 의해 금 표면의 유기 불순물들이 산화된다.

티올을 사용하여 얻어진 SAMs의 마지막 구조는 기판의 굴곡에 관계된다. 평면 기판은 굴곡이 없다. 그러나 콜로이드 입자나 나노 결정과 같은 나노 입자상의 SAMs는 입자의 반응성 표면을 안정화시키는 경향이 있고, 입자－용매 경계면에서 특정한 유기 기능성기들을 공급한다. 이러한 표면 기능화는 면역 측정법과 같은 응용에 특히 유용하며, 이는 표면의 화학적 구성에 관계된다.

5.8.2 유리 위의 실레인

실레인은 일반적으로 실리콘과 유리(SiO_2) 표면과 같은 비금속 산화물 표면에서 SAMs를 형성시킬 때 사용된다. SAM를 생성시키기 위해 가장 일반적으로 사용되는 실레인은 octadecyltrichlorosilane(OTS로도 알려진)이다. OTS의 구조는 그림 5.31

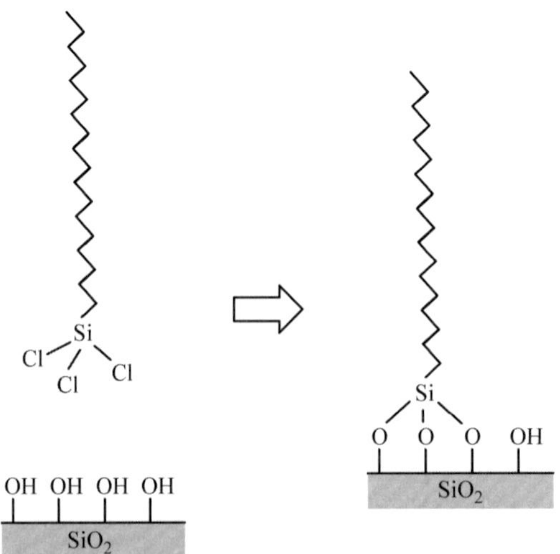

그림 5.31 깨끗한 유리기판 위에 octadecyltrichlorosilane(OTS)이 흡착되어 가깝게 붙은 SAM.

에 나타나 있다. 이는 내부에 긴 octadecyl 사슬이 반응성 trichorosilane(R-$SiCl_3$)기와 연결된 유기 금속 화합물이다. OTS는 물과 격렬하게 반응하고 공기에 민감하다. 티올처럼 기판(유리)이 용매가 유기물인 묽은 OTS 용액에 담겨진다.

OTS는 깨끗한 유리나 실리콘 표면에서 발견되는 Si－OH기들과 반응한다. 그 반응이 그림 5.31에 나와 있다. 반응이 효과적으로 진행되게 하기 위하여 유리 표면은 완전하게 세척되어야 한다. 이는 처음에 유리 슬라이드를 진한 황산과 30% 의 과산화수소의 뜨거운 혼합물에 30분 정도 담근다. 피라나 에칭 용액으로 알려진 이 혼합물은 강력하고 매우 위험한 산화제로서, 유리 표면에서 유기 불순물들을 빠르게 제거한다. 실리콘은 표면을 늘 매우 강한 UV 빛에 30분 정도 노출시켜서 세척한다. 앞에서 말한 바와 같이 산소 원자들과 오존의 생성이 실리콘 위의 유기 불순물들을 산화시킨다.

OTS 및 dodecyltrichlorosilane과 같은 다른 실레인들은 이산화 실리콘 기판에 나노 필름 SAMs를 형성시키기 위하여 반도체 산업에서 사용되고 있다. 보다 자세히는 이러한 분자들이 금속－절연물 반도체에서 절연 게이트로 작용한다. OTS 또한 유기－기판 LCD 디스플레이에서 전도성 고분자와 관련되어 사용된다.

위에서 논의한 실레인 화학을 흥미롭게 확장한 것이 높은 다공성 실리카 네트워크를 만드는데 쓰이는 졸－겔 공정법이다. 예를 들어, 에톡시실레인(그림 5.32)을 고려해 보자. 이는 쉽게 수화되어 $(R-O)_3Si-OH$로 된다. 실레인이 OH

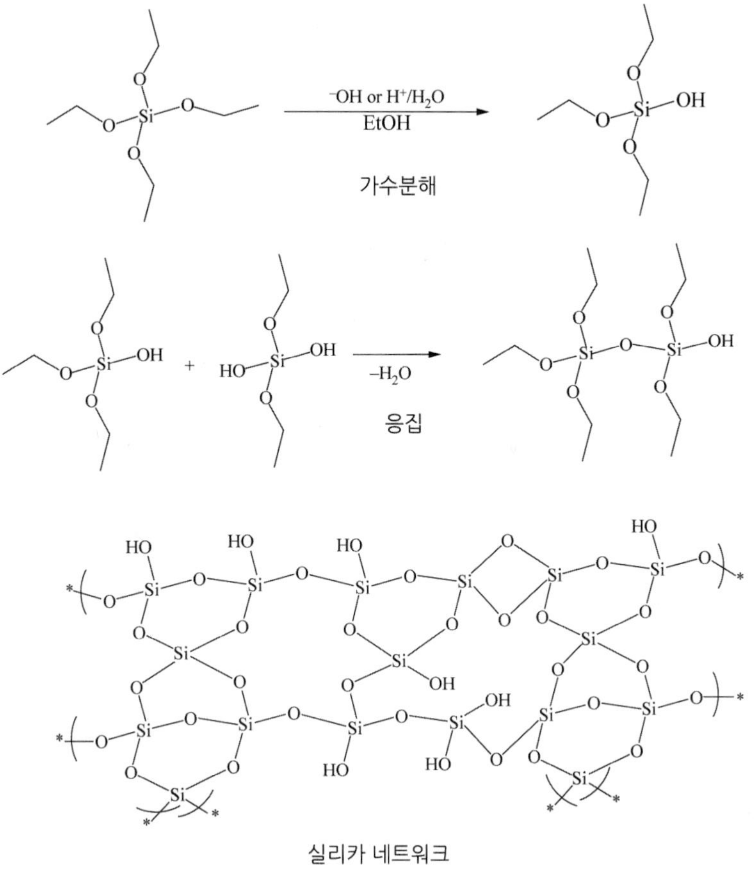

^{-}OH or H^{+}/H_2O
EtOH

가수분해

$-H_2O$

응집

실리카 네트워크

그림 5.32 졸-겔 공정. 실레인이 응집 과정에서 OH기 및 $(R-O)_3Si-OH$ 분자들과 잘 반응하여 나노 기공을 가진 실리카 네트워크를 이룬다.

기와 매우 잘 반응하므로 $(R-O)_3Si-OH$ 분자들이 응집 과정에서 자체적으로 반응하여 나노 기공을 가진 실리카 네트워크를 이룬다.

5.9 패터닝

나노 기술 영역이 확장됨에 따라 보다 저렴하고 보다 유연하여 높은 해상도를 얻을 수 있는 표면 생산 기술에 대한 요구가 계속적으로 늘어나게 될 것이다. '나노리소그래피'라는 용어는 반도체 회로에서 볼 수 있는 패턴이 새겨진 표면을 만들기 위한 광범위한 나노 스케일 표면 생산 기술들과 관계된다. 이러한 패턴들이 만들어지는 데는 많은 방법들이 있다. 여기서는 이 방법들과 그들의 장점과 단점 그리고 가능한 응용에 대하여 조망한다.

5.9.1 광학 리소그래피

한 가지 중요한 방법이 광학 리소그래피(혹은 광리소그래피)이며, 이는 매우 짧은 파장(~ 190 nm)의 레이저광을 사용하여 100 nm 이하의 패턴을 만들 수 있는 방법이다. 빛의 파장이 나노 패턴의 해상도를 결정한다. 예를 들어, X-선 리소그래피는 파장이 ~ 1 nm의 빛을 사용하여 해상도 ~ 15 nm에 이른다.

접촉 리소그래피는 광리소그래피의 일반적 형태이다. 광마스크가 패턴을 뜨고자 하는 곳의 위쪽에 위치한다. 패턴이 만들어지는 영역은 보통 그림 5.33에 보인 바와 같이 결상용 감광제층이 코팅된 평평한 기판이다. 감광제는 필수적으로 보통 빛에 노출된 후에 질이 떨어지거나 '타서 없어지는' 빛에 민감한 물질이다. 일반적인 개념은 표면을 보호하는 마스크형의 열린 곳을 통과한 전자기파가 표면에 닿게 한 부분만 노출되게 하는 것이다. 그리고 현상액의 기능을 가진 화학물질을 사용하여 마스크의 '음화'나 '양화'를 남기고 노출되거나 노출되지 않은 영역을 제거한다. 이러한 방법으로 광리소그래피는 선택적으로 박필름의 부분들이나 기판의 벌크 부분을 제거한다. 이 과정 후에는 늘 열화된 물질을 제거하거나 감광제 아래쪽 물질에 노출 패턴을 새기는 화학적 처리를 하게 된다. 이 방법은 규칙적으로 패턴된 표면을 만드는데는 탁월하며, 신속하지만 마스크를 만드는 것은 어려울 수 있다.

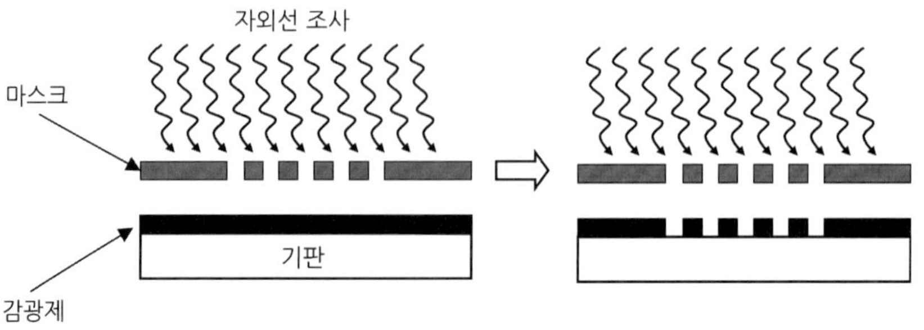

그림 5.33 UV광을 사용한 기판의 패터닝. 빛이 광마스크를 통과하여 노출된 감광제 부분들을 열화시킨다.

위에서 논의한 바와 같이 패턴의 해상도는 빛의 파장에 관계된다. 보통 짧은 UV 빛이 50 nm 이하의 패턴을 만드는 데 사용된다. 식 5.17은 최소 특징 크기(α)가 사용된 빛의 파장(λ)에 관계함을 보여 준다.

$$\alpha = k\frac{\lambda}{\phi} \tag{5.17}$$

식 5.17에서 상수 k는 늘 0.4 부근의 값이며, ϕ는 기판에서 보이는 렌즈의 수치 동공이다. 이 식은 파장이 짧을수록, 수치 동공이 클수록 특징 해상도가 향상된다는 것을 말해준다. 파장의 함수로서의 최대 특징 해상도 d는 $\lambda/2$이다. d의 최소 한계는 대략 100 nm이다. 그러나 100 nm 이하의 해상도도 광리소그래피법과 결합된 간섭 원리에 의해 얻을 수 있다.

목적에 따라 여러 가지 타입의 빛이 사용될 수 있다. 특히 전자빔이 높이나 깊이를 116 nm까지 그리고 폭 105 nm의 좋은 해상도를 가진 표면 구조를 만들 수 있다. 또한 전자빔들이 중간 현상 단계를 거치지 않고 이러한 구조들을 실리콘 표면에 새기는 데 사용되었다. 빔이 자체적으로 표면을 에칭시킨다. 전자빔 리소그래피는 크게 만들 수가 없고, 시간과 비용이 만만치 않다는 단점들을 가지고 있다.

5.9.2 소프트 리소그래피

또 다른 보통의 패터닝 방법이 소프트 리소그래피이다. 이 방법은 주형과 탄성 중합체를 사용하여 패터닝을 하기 위한 리소그래피 기술의 일종에 속한다. 스탬프(압인)는 늘 polydimethylsiloxane(PDMS)의 조각이며, 원판에 대해서 반대의 패턴을 형성한다.

예를 들어, 옥타데칸티올(octadecane thiol; ODT) 분자의 패턴이 어떻게 금 기판 위에 옮겨질 수 있는지 살펴보자(그림 5.34). 먼저 스탬프가 ODT를 함유한 용액 속에 위치한다. ODT 분자들이 PDMS 표면에 흡착하여 스탬프의 '잉크' 성분을 이룬다. 용매가 제거되고 PDMS 스탬프가 금 기판 위에 놓여지며, 여기서 ODT 분자들이 동시에 금 표면에 화학적으로 흡착된다. 따라서 스탬프 패턴이 ODT 잉크를 통하여 금으로 옮겨졌다. 티올의 화학적 흡착에 대한 보다 자세한

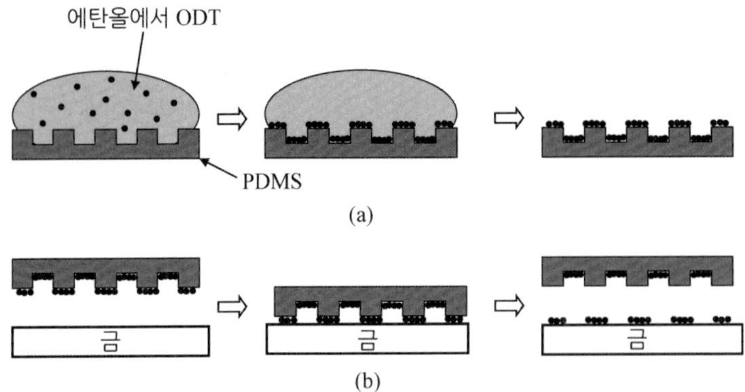

그림 5.34 (a) ODT 용액이 PDMS 스탬프 위에 놓였다. 용매가 제거되고 ODT 분자들이 스탬프 위에 결합된다. (b) ODT '잉크'가 붙은 PDMS 스탬프가 금 기판 위에 놓인다. 스탬프가 제거되었을 때 금 표면에 닿아있는 ODT 분자들은 화학적으로 기판에 흡착되어 스탬프로부터 ODT 잉크를 통하여 패턴을 금으로 옮긴다.

논의는 이 장 앞부분에서 찾아볼 수 있다.

5.9.3 나노구 리소그래피

나노구(nanosphere) 혹은 콜로이드 리소그래피는 뭉쳐진 나노구 어레이를 패턴을 새기고자 하는 표면에 대한 마스크로 사용한다. 화학물질이 구들 사이의 노출된 부분에 붙을 수 있거나 이 노출된 부분들이 이온빔에 의해 에칭될 수 있다. 새겨진 패턴이 여러 가지 방법으로 처리될 수 있다. 예를 들어, 원하는 방법으로 변형시키기 위하여 여러 각도로 화학 증착을 하거나, 뭉쳐진 나노구들의 어레이를 여러 온도에서 가열하는 것이 가능하다. 구형 어레이의 다층필름 형성도 가능하며, 위쪽 층이 아래쪽 층에 대한 마스크 작용을 하는 복합적인 3차원 구조를 이룬다. 해상도가 마스크에 사용된 나노구들의 크기에 관계된다는 것이 매우 중요하다. 충분히 작은 구를 사용하여 100 nm 이하의 해상도를 얻을 수 있다.

이 방법은 다른 나노리소그래피 방법들에 비하여 간편하고 저렴하다는 장점이 있다. 나노구 리소그래피는 다른 나노리소그래피 방법으로는 어렵거나 불가능한 구조를 만들 수 있다. 유감스럽게도 이 방법으로 결함 없는 표면을 만들기는 어렵다. 나노구 마스크에서의 이상을 피하기 어렵기 때문에 비슷한 조건에서 만들어진 마스크들 사이의 작은 차이들이 생긴다. 그들 모양과 크기 사이의 구분들이 독자적으로 바뀌지 못한다. 왜냐하면 각자 사용된 나노구들의 크기에 의해서 직

접 정해지기 때문이다. 이 방법으로 만들어지는 구조들의 개수 또한 제한적이다. 왜냐하면 나노구 리소그래피에 의해서 생성되는 구조는 뭉쳐진 구의 배열에 의해 점유되지 않은 간극에 의존하기 때문이다. 예를 들어, 패턴이 새겨진 구들에 의해서 만들어진 나노구로 이루어진 네모난 기둥들의 공간은 예측하기가 어렵다.

5.9.4 AFM을 사용한 패터닝

AFM(atomic force microscope)은 결상을 위한 수단으로 사용될 뿐만 아니라 매우 작은 크기의 표면을 처리하는 데도 사용된다. 표준적으로 AFM은 아주 작고 날카로운 팁이 표면을 움직일 때 생기는 편향을 측정함으로써 표면의 3차원 영상을 얻는 데 사용된다. 그러나 패터닝에서는 팁이 표면과 상호작용하여 매우 작은 구조를 만들기 위해 표면을 개조한다.

AFM을 사용하는 몇몇의 나노리소그래피 방법들이 '파괴적'으로 불리는 것은 – 원하는 표면 구조를 얻기 위하여 표면을 에칭시키거나 손상을 입히기 때문이다. 팁이 매우 작은 크기로 표면을 부수거나 매우 소량의 물질을 표면 부근에서 움직이게 하는 데 사용될 수 있다. AFM 팁도 표면을 여러 가지 방법으로 비가역적으로 개조시키기 위하여 변화될 수 있다. 예를 들면, 상호작용을 시작하게 하기 위하여 촉매제가 팁에 첨가될 수 있다. 표면 개질에 쓰이는 다른 일반적인 방법은 전도성 AFM 팁에 전류를 흘려서 매우 국소적인 산화환원 반응을 일으키는 것이다. 자외선 빛이 이러한 국소적 산화환원 반응을 조절하기 위하여 사용될 수 있다. 왜냐하면 전류 흐름에 대한 저항을 변화시키는 방법으로 전자–홀 쌍에 영향을 미치기 때문이다. 이는 자외선 빛이 표면에 쬐어졌을 때 팁을 통해 흐르는 낮은 전압의 전류가 표면을 산화시킬 수 있음을 의미한다. 이 방법으로 높이가 약 40 nm이고, 측면 길이가 약 1 μm인 매끈한 성향의 표면을 만들 수 있다. 따라서 표면 파괴 AFM은 매우 유연하지만 비용과 낮은 생성 속도 때문에 사용에 제한을 받을 수도 있다.

AFM을 사용하는 다른 나노리소그래피 방법들은 '건설적'이라 할 수 있다. 왜냐하면 그들은 표면에 원하는 구조를 만들 수 있기 때문이다. 파괴적 AFM 나노리소그래피와 같이 여러 가지 가능한 방법들이 있다. 보통의 건설적인 방법이 AFM을 '딥펜(dip pen)'으로 사용하는 것이다. AFM 팁이 '잉크'로 사용되기 위

한 분자들로 둘러싸여 있으며, 이는 표면과 팁 사이의 오목한 면에 들어있다. 딥-펜 방법으로 현재 50 nm 이하의 해상도를 구현할 수 있다.

금속 표면의 팁에 압력을 가하고, 가열하고, 냉각시킴으로써 금속들도 팁에 전달될 수 있다. 팁이 표면에서 끌릴 때 팁의 재가열이 발생하고, 이로 인하여 물질이 팁으로부터 표면으로 전달될 수 있다. 이러한 방법으로 인듐에서 폭이 50 nm인 아주 좁은 나노 스케일 와이어를 성공적으로 만들 수 있었다.

이 방법에서 잉크로 사용될 수 있는 여러 다른 분자들이 있으며, 이들이 표면 패터닝에 사용되는 데 많은 융통성을 준다. 예를 들어, 나중의 에칭 처리로부터 보호하는 화학물질들로 표면이 패터닝될 수 있어서, 건설적과 파괴적 리소그래피 방법들을 흥미롭게 결합하여 보다 복잡한 패턴을 만들 수 있게 된다. 이를 사용할 수 있는 또 다른 방법은 촉매 반응이나 새로운 패턴의 기반을 이루는 흥미로운 형상을 가진 분자들과의 결합에 의한 새로운 패턴의 형성을 위한 '씨앗'으로 작용할 수 있는 입자들의 정형화된 부착이다.

딥-펜 나노리소그래피의 장점은 한 개의 팁 대신에 배열된 여러 개의 팁을 사용하여 크게 만들 수 있어서, 나노 제조를 위한 데스크탑 프린터의 기능화와 유사한 일들을 가능하게 하는 것이다. 팁의 어레이를 사용하여 넓은 영역에서 매우 빠른 속도로 패턴 제작을 가능하게 한다. 이는 트랜지스터와 같은 나노 스케일 전자 부품을 탄생시키는데 AFM을 사용하는 것에 엄청난 잠재성을 보여 주었다.

딥-펜 방법들 또한 결점을 갖고 있으며, 그중 가장 아쉬운 것은 만들어진 패턴들이 완벽하게 재현되지 않는다는 것이다. 여러 가지 다른 요소들이 분자들의 부착에 영향을 미친다. 온도, 습도, 잉크로 사용되는 분자의 타입, AFM 팁의 특성, 기록 속도 그리고 압력 등 모든 것들이 궁극적으로 표면에 생성되는 패턴에 영향을 미친다. 예를 들면, 습도 변화에 의해서 잉크가 들어있는 오목한 부분의 크기와 구조가 바뀌어서, 같은 양의 잉크가 커지거나 작아진 오목한 부분에 들어가야 한다는 것이다.

팁으로 '잉크' 분자를 일정한 흐름으로 공급하는 나노 스케일 튜브 속에 팁이 들어있는 '만년필'법들도 비슷한 장단점들을 갖고 있는 표면 제작법이다. 여기서의 해상도는 딥-펜법보다 떨어져서 만년필법들은 폭이 200 nm 이상의 패턴들만 만들 수 있다.

AFM 팁 햄머링(hammering) 나노리소그래피는 이미 또 다른 AFM 나노리소

그래피의 변형이다. AFM 팁 햄머링 나노리소그래피에서 AFM 팁이 표면 각인을 위해 사용된다. Wang 등에 의한 논문(2009)에서 폴리스티렌-블록-폴리(에틸렌/부틸렌)-블록-폴리스티렌(SEBS) 공중합체에 사용되고 있는 방법의 예를 보였다. AFM 팁이 공중합체의 폴리스티렌 구(sphere) 성분들을 변형시켜서 움푹 들어가게 한다. 패임뿐만 아니라 도드라지게 할 수도 있다. 단순히 한 영역을 누르면 그 주변이 도드라지므로 부풀어 오른 구조를 얻을 수 있다.

이 방법은 여러 장점을 갖고 있다. 예를 들면, 표면 각인이 가역적이다. 표면으로 사용되는 공중합체에 따라 고온까지 가열하면 재정렬이 일어나서 각인을 지울 수 있다. 이는 각인이 모든 온도 영역에서 불안정하다는 것을 의미하는 것은 아니다. 많은 분자들의 재정렬에 필요한 문지방 에너지 이하인 상온에서 새겨진 패턴들이 매우 안정적이다. SEBS 공중합체의 경우 70°C에서 각인이 약 5분 내에 지워지고, 25°C에서 70일 이후에도 원래의 표면 대조의 50%가 유지된다는 것이 밝혀졌다. 보다 안정적인 공중합체에서는 패터닝을 역전시키거나, 각인을 지우기 위해서 더 높은 온도가 요구된다. 그러나 상온에서도 오랫동안 보다 안정적일 수 있다. 또한 AFM 팁 햄머링 나노리소그래피는 매우 좋은 형상 해상도를 가지고 있어서 현재 13 nm의 각인과 18 nm의 도드라진 작은 형상 패턴을 만들 수 있다. 형상 해상도, 표면 안정성 그리고 가역성의 결합이 고밀도 데이터 저장을 위해서 매력적이다. 이 방법 또한 결점들을 갖고 있는데, 첫째가 표면 특이성(specificity)이다. 선택된 표면은 어느 정도 수준의 힘에 의해서 각인될 수 있어야 할 뿐만 아니라 원하는 시간동안 지워지지 않아야 한다.

5.9.5 요약

나노리소그래피 방법들은 표면 구조의 범위와 그들의 용도를 확장시키기 위하여 각개로나 다른 제작법들과 결합되어 사용될 수 있다. 예를 들어, 광리소그래피는 나노와이어가 성장될 수 있는 표면에 패턴을 새기는데 사용될 수 있다. 그 결과 다단계 거칠기와 초소수성에 실제로 적용 가능한 표면을 만든다. 따라서 나노리소그래피는 빠르게 발전하는 분야로서, 매우 유용한 나노 스케일의 패턴이 새겨진 표면을 제작하기 위한 많은 방법들을 포함하고 있다.

5.10 DNA와 지질 미세배열

지난 20년 동안 유전적 특질에 대한 우리들의 이해에서 생긴 발전에 의해 DNA 미세배열이 탄생하였다. DNA 미세배열들은 특정한 올리고뉴클레오티드를 연속적으로 코팅한 표면들이며, 특히 유전자 단백질 합성 연구에 유용하게 응용되어 왔다. 특성 연구에 의해 알려진 것처럼 DNA 미세배열들이 올리고뉴클레오티드의 개수에 의해서 변한다. 진단용 DNA 미세배열들은 일반적으로 수십 개의 올리고뉴클레오티드를 사용하지만, 연구와 차폐를 위해서는 단일 미세배열에 수십만 개의 올리고뉴클레오티드가 있다. 이 절에서는 DNA 미세배열 실험에서의 기본적인 규칙, 배열 제작의 여러 가지 방법, 배열의 최적화 그리고 그들의 적용에 대하여 다룬다. 이 절을 읽기 전에 학생들에게 기본적인 DNA 생화학에 대한 복습을 권한다.

5.10.1 DNA 미세배열의 사용

각 DNA 미세배열은 심장혈관 질환 진단이나 **대장균 박테리아(Escherichia coli)**의 수축 유전체의 감시와 같은 사용 목적에 따라 유일하게 정해진다. 따라서 각 실험에 대하여 미세배열이 만들어지거나 구입된다. 미세배열의 크기와 가용장치에 따라 종종 이미 만들어져 있는 미세배열을 구입하는 것이 바람직하기도 하다. 제작 방법은 이 절의 뒷부분에 보다 자세히 서술된다.

DNA 미세배열상의 각 점들은 그들에 대응되는 mRNA를 보완하는 프로브라 하는 수천 개의 올리고뉴클레오티드를 포함하고 있다. 세포의 전체 RNA를 뽑아냄으로써 DNA 미세배열 분석을 위한 샘플이 준비된다. RNA는 폴리(A) 폴리머라제로 처리한 후의 올리고(dT) 크로마토그래피에 의해 정제될 수 있다. 정제된 RNA에는 감지를 위한 표식을 붙인다. 과거에는 ^{33}P가 사용되었으나 방사능 표식은 대부분 Cy3과 Cy5와 같은 형광 표식자로 바뀌었다. 표식된 RNA '타깃'은 DNA 미세배열 프로브 위에 점으로 찍히며, 여기에 RNA가 '교배(hybridization)'라 하는 과정에 의해 결합된다. 형광을 측정하기 전에 DNA 미세배열은 과도하거나 교배되지 않은 타깃을 제거하기 위하여 세척된다. 형광은 공초점 레이저

주사 현미경이나 다른 형광 측정기에 의해 정량화될 수 있다. 내부 기준을 사용하여 형광이 프로브와 교배하는 타깃 개수를 계산하는 데 사용될 수 있으며, 이는 실험 상태와 비교하여 보통 상태에서 유전체 합성에서의 변화를 결정하는 데 사용될 수 있다. DNA 미세배열을 사용하는 것이 상대적으로 신속하고 쉽다. 보다 폭넓게 사용되는데 있어서의 큰 장애 요소는 제작 과정이 길다는 것이다.

5.10.2 배열 제작

DNA 미세배열의 제작에는 세 가지 주된 방법이 있다. 실시간 합성, 접촉 프린팅, 비접촉 프린팅이다(Dufva 등, 2005). 실시간 합성은 미세배열상에 올리고뉴클레오티드를 집적 생성시키고 고품질 미세배열을 만들지만, 이러한 고품질 배열을 만들기 위해서는 비싼 로봇 시스템과 클린룸 기술이 필요하다. 모든 실시간 합성 방법들은 정확한 일련의 올리고뉴클레오티드들이 끝날 때까지 공급됨을 확실히 하기 위하여 보호기에 의해 이미 변화된 뉴클레오티드를 사용한다. 첫 번째 방법에서(그림 5.35(a)) 뉴클레오티드가 광변성(photolabile) 시약인 2-nitrophenylpropoxycarbonyl(NPPOC)에 의해 변형된다. 이 기들은 빛에 의해서 제거되고, 가용한 뉴클레오시드와 반응한다. 합성은 미세배열상의 여러 마스크에 의해 조절되며, 오직 특정 영역에서만 반응이 일어나게 한다. 마스크를 광경로에 삽입함으로써 적절한 뉴클레오시드가 첨가되고, 미세배열이 세척되며, 이 과정이 반복된다. 이 방법 바로 아래쪽은 각 합성 단계에서 다른 마스크가 필요한 것을 보여 준다. 또 다른 방법(그림 5.35(b))은 비슷한 화학적 과정이지만 마스크 대신 일련의 거울들이 보호기를 제거하기 위한 위치에 빛을 바로 보내기 위해 사용된다. 25개의 기본 올리고뉴클레오티드 쌍에서 NPPOC를 보호기로 사용하여 77%의 이득을 얻었다.

저렴하고, 아직까지 편리하므로 프린팅 방법들이 DNA 미세배열 제작에서 일반적으로 선호되는 방법들이다. 접촉 프린팅은 고해상도 핀의 로봇 시스템을 사용하여 프로브 용액들의 양을 주어진 좌표에 분배한다. 비접촉 프린팅은 핀을 사용하는 대신 피코리터의 용액을 나누기 위하여 잉크젯이나 유사한 기술들을 사용한다. 비접촉 프린팅이 보다 작은 점들을 만들기 때문에 미세배열상에 더 많은 점들을 새길 수 있으므로, 접촉 프린팅보다 비접촉 프린팅이 더 선호된다.

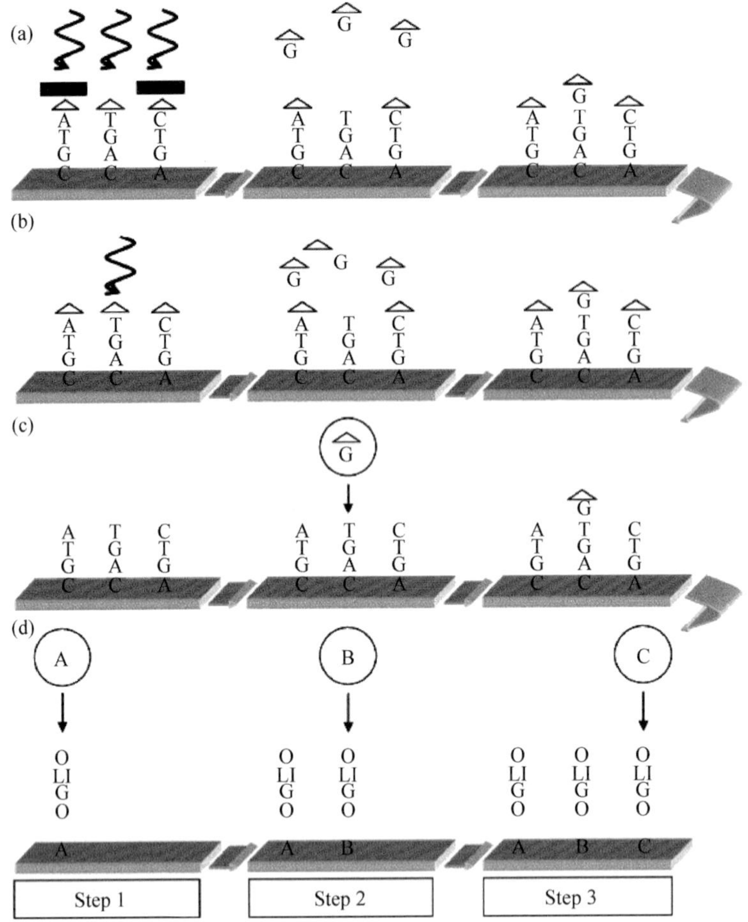

그림 5.35 미세배열의 제작법. (a) 마스크를 사용한 실시간 제작. (b) 거울을 사용한 실시간 제작. (c) 실시간 프린팅. (d) 미리 합성된 올리고뉴클레오티드의 프린팅(Dufva, M. Fabrication of High Quality Microarrays. *Biomolecular Engineering* 2005, 22, 173－184. Copyright 2006, Elsevier의 승인에 의해서 다시 그려졌음).

비접촉 프린팅이 실시간 합성의 한 방법에 사용되었다(그림 5.35(c)). 이 방법에서는 포스포라미디트에 의해 보호된 뉴클레오시드의 특정 위치 분배에 의해서 모든 염기들의 보호기가 제거된다. 올레고뉴클레오티드의 합성을 위하여 보호기 제거와 뉴클레오시드의 첨가 주기가 반복된다. 아마 DNA 미세배열을 만들기 위한 가장 실용적인 방법들은 모든 올리고뉴클레오티드가 사전에 합성되는 프린팅 방법들이다. 접촉이나 비접촉 프린팅을 통하여 이미 알려져 있는 각 개개의 올리고뉴클레오티드의 양이 원하는 위치에 분배된다(그림 5.35(d)).

5.10.3 최적화

DNA 미세배열이 효과적으로 사용될 수 있기 전에 많은 최적화가 요구된다. DNA 미세배열의 품질은 제작되는 방법에 의해 크게 영향을 받는다. 예를 들어, 점의 밀도, 미세배열상의 주어진 영역에 위치시킬 수 있는 점의 개수가 비접촉 프린팅과 접촉 프린팅 사이에서 실시간으로 크게 변한다. 실시간 방법을 써서 지름이 10 μm 미만의 점들이 생성되는데 반하여, 프린팅 방법들은 크기가 20 - 30 μm의 점들을 만들 수 있다. 또한 점 밀도에 영향을 미치는 것이 배열의 형태이다. 겹침 없이 점 밀도를 최대화하는 형태로 점이 배열되는 것이 중요하다. 또한 정밀한 배열 형태가 향후의 데이터 분석을 위해서도 중요하다. 현재로는 높은 점 밀도 배열을 만드는 능력이 형광을 정확하게 분석하는 능력보다는 낫다. 분리된 개개의 점들로부터 뚜렷한 형광을 얻기 위한 점의 최소 크기는 약 30 μm이다. DNA 미세배열을 좀 더 소형화하기 위해서는 좀 더 높은 해상도의 형광 측정기가 만들어져야 한다.

점의 형태는 감시돼야 하는 또 다른 파라메터이다. 데이터 분석을 위해서는 균질한 점이 좋다. 좋지 않은 점 형태는 빛에 의해서 지시되는 실시간 합성에서 별로 이슈가 되지 않는다. 프린팅법에서의 점 형태는 점을 형성하는 완충액의 조절뿐만 아니라 습도와 온도 조절에 의하여 향상될 수 있다.

최적화를 위하여 조절되어야 하는 가장 중요한 요소들이 프로브 밀도와 교배 밀도이다. 이 두 요소는 밀접하게 관련되어 있다. 왜냐하면 프로브 밀도가 주어진 점에서의 프로브 개수이며, 교배 밀도는 타깃 분자에 의해 포화되었을 때 교배되는 프로브의 비율이기 때문이다. 큰 형광 신호를 얻기 위해서는 교배 밀도가 최대가 되어야 한다. 그러나 문제점들이 늘어난다. 프로브 밀도가 너무 높으면 프로브 분자들이 표면상의 다른 프로브 분자들과 상호작용할 수 있어서 교배가 불가능해진다. 또한 높은 프로브 밀도가 큰 입체 장해를 유발함으로써 타깃들이 교배되는 것을 막는다. 많은 문제 해결법들이 이러한 파라메터들을 최적화하기 위하여 만들어졌다. 많은 경우에 기능성 프로브 밀도를 최대화하기 위하여 미세배열 표면과 프로브 분자들이 변경될 수 있다.

교배 밀도를 최적화하기 위한 또 다른 방법은 원치 않는 상호작용을 최소화하거나 방지하기 위하여 프로브를 멀리 이동시키는 연결 분자(linker molecules)를 사용한다. 연결자의 혁신에 의해 나뭇가지 형태의 연결자가 생겨났으며, 이것이 프로브 밀도와 교배 밀도가 크게 늘어난 것을 보여 주었다.

5.10.4 응용

DNA 미세배열들은 유전자 합성 연구를 위한 뛰어난 수단이며, 연구와 산업체 모두에 유용하게 사용되고 있다. DNA 미세배열의 첫 번째 사용은 대장균 연구에서였다. 고정상과 지수증식상 대장균 샘플들이 DNA 미세배열에 의해 분석되었다. 미세배열에 의한 분석 결과 밝혀진 데이터들에 의해 다중 성장 조절 유전자를 발견하게 되었고, 중요한 미세기관의 전체적인 이해에 진전이 있었다(Ye 등, 2001).

산업적으로 DNA 미세배열은 생촉매의 최적화에서 큰 의미가 있다. 특히 발효과정이 DNA 미세배열에 의해서 종종 최적화된다. 생물학적 수소 연료 전지가 보다 많은 주목을 받게 됨에 따라, DNA 미세배열이 이러한 시스템들을 최적화하는데 중요하게 될 전망이다.

DNA 미세배열이 헬스케어에 큰 잠재적 영향을 미친다. DNA 미세배열의 사용에 의해 지능적 약품 설계가 혜택을 받게 되었다. 왜냐하면 약품 개발자가 부작용을 예측하거나 대안으로 새로운 약품 타깃을 발견하도록 할 수 있기 때문이다. 다른 종류의 DNA 미세배열들도 질병의 진단에 유용하다. DNA 미세배열이 물려받은 유전적인 질병을 막기 위하여 설계되었다. 또한 어떤 유전자 발현의 변화는 암과 다른 만성질환의 탓이라 볼 수 있으므로 조기 검출을 가능하게 한다. 아마도 DNA 미세배열을 사용한 가장 고무적인 가능성은 개인용 의약품의 개발이다. 개인의 유전 형질을 보다 잘 이해하기 위하여 DNA 미세배열을 사용하면, 좀 더 효율적으로 각 개인들을 잘 관리할 수 있어서 궁극적으로 보다 건강한 나라가 될 것이다.

5.10.5 지지된 2층막 배열과 미세유체역학 플랫폼

공간적으로 펼쳐진 DNA 미세배열들의 사용이 데이터 수집을 위한 매우 빠르고 좋은 수단임이 밝혀졌다. DNA, 단백질 또는 펩티드 기반 배열과는 달리 형광

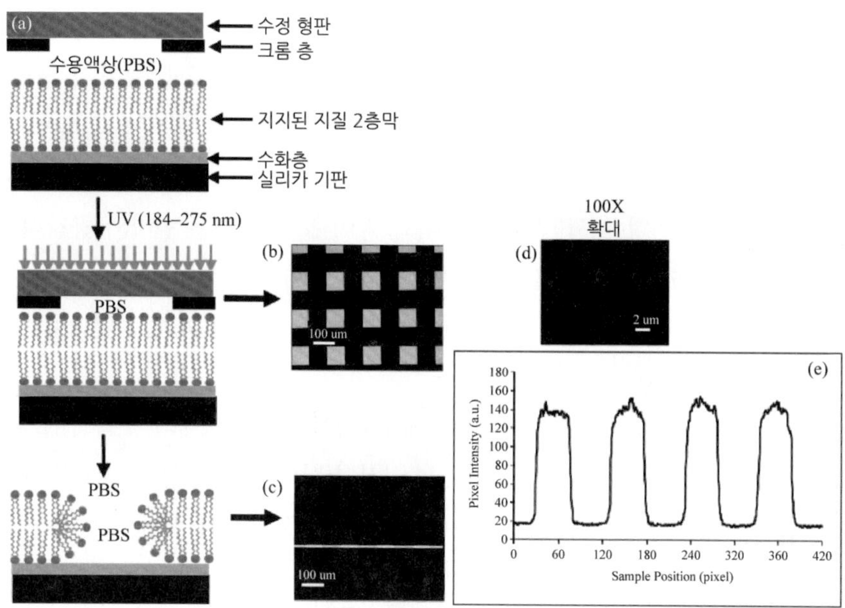

그림 5.36 UV 광리소그래피를 사용한 2층막에서의 빈 배열의 직접 패터닝. (a) 중요 단계의 개략도. (b) 밝은 바탕 영상, 밝은 네모는 수정이며, 어두운 영역은 크롬 배경을 나타낸다. (c) 형광 패턴들을 나타내는 표면 형광 영상(d) UV 노출과 UV 보호 영역들 사이의 선명한 경계의 고배율 형광 영상. (e) UV가 노출되거나 노출되지 않은 2층막 영역 위에 임의로 선택된 선에 걸친 4개의 반복된 형광 세기의 형태(Yee, C. K., Amweg, M. L., and PArikh, A. N. Direct Photochemical Patterning and Refunctionalization of Supported Phospholipid Bilayers. *Journal of the American Chemical Society* 2004, 126. 43:13962 - 13972. © American Chemical Society의 승인에 의해 다시 그려짐).

지질 2층막 시스템은 원하는 초분자 구조(그림 5.36)를 유지하기 위하여 늘 수화된 상태로 남아 있어야 한다. 이러한 요구는 지지된 2층막을 만드는데 중대한 문제를 야기시킨다.

고체에 의해서 지지되는 2층 형광지질막의 표면에 패턴을 뜨기 위한 첫 번째 방법이 Grove 등에 의해서 개발되었다(1997). 보통의 형성 절차에는 용융 석영 웨이프 위에 표준 광리소그래피법으로 감광제를 패터닝하는 것이 포함되어 있다. 그러면 SUVs는 장벽 사이의 기판 위에 녹아들어 리소그래피에 의해 패터닝된 동일한 평면 지지된 막들의 배열이 생성된다.

지지된 막들의 배열 또한 연속적으로 지지된 2층막의 선택적으로 파괴되는 영역에 의해 만들어질 수 있다. 수성 조건하에서 광마스크를 통한 강한 세기의 UV 조사에 의해 이루어진다(Yee 등, 2004). 자외선은 매우 국소적인 영역에서 오존과 일중항 산소를 발생시킨다. 이러한 종류들은 지질과 반응하여 물에 녹는 성분들이 되게 한다. 이러한 구멍이나 관련된 2층막 패턴들은 장기간 안정성을 보이고 기판 표면에서의 상대적인 위치뿐만 아니라 기하학적 형상, 크기, 분산상태를 유지한다.

그림 5.37에 나타난 바와 같이 마스크의 선명한 기하학적 모서리가 항상 두루뭉술한 곡선이나 원형 모서리로 된다. 이와 같이 보이는 것은 원자의 공간적 북적임(steric crowding)과 형광지질의 선응력(line tension) 때문이다. 이러한 접근은 2층막 내에서 이미 결정된 영역에서의 임의의 크기, 형상 그리고 밀도를 가진 빈 패턴을 만드는 데 적용할 수 있다.

이러한 패터닝법의 산뜻한 특징은 같거나 다른 액포 용액에의 후속적 노출에 의해서 빈 공간이 다시 채워지는 것이다. 이것이 막 성분들을 잘 조절하고, 지질-지질 확산 과정을 극적으로 탐지할 수 있게 한다. 그림 5.37에 나타난 광화학적 방법으로 패터된 POPC 2층막 샘플들에 의해, 작은 한쪽 면에 치우친 액포들에 노출되었을 때 두 번째 액포들부터 비형광 공간을 지질로 채우게 된다. 두 번째 액포의 성분에 따라 패턴들이 지워지거나 유지된다. 만약 두 번째 액포의 지질들이 첫 번째 패턴된 2층막과 같다면, 지질들이 흡수되거나 빠르게 균질화되어 패턴을 지우게 된다. 두 번째 액포 속의 지질들이 매우 다른 병진 운동성을 가진다면 나중에 채워진 패턴을 오랫동안 유지할 것이다. 이것이 특정 위치에 패턴된

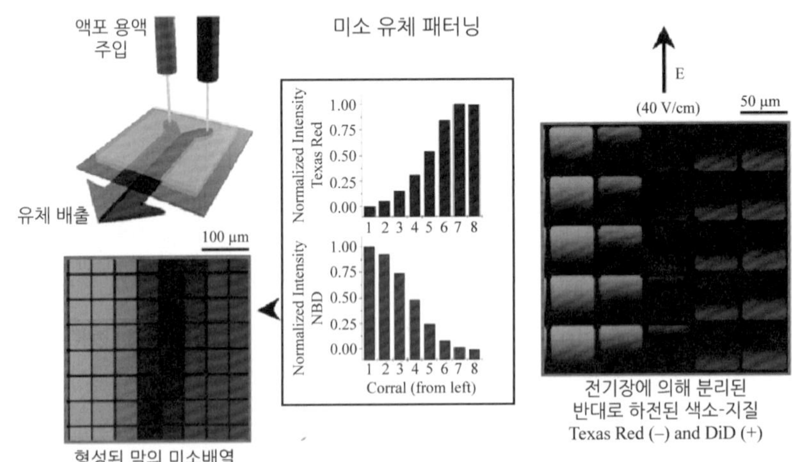

그림 5.37 미세 유체역학적 채널에서의 층류에 의한 위치 지정. 층류 조건하에서 미세채널에서의 확산적 혼합이 여러 색소가 표식된 액포의 농도 구배를 일으킨다(Groves, J. T. and Boxer, S. G. Micropattern Formation in Supported Lipid Membranes. *Acc. Chem. Res*. 2002, 35: 149-157. © American Chemical Society의 승인에 의해 다시 그려짐).

미세구역을 가진 유체 2층막 배경이 만들어질 가능성을 제시한다.

미세 유체역학적 채널 내부의 층류를 사용하는 것도 내부에 두 개의 뚜렷한 화학적 성분들이 1차원 구배를 따라서 동시에 변할 수 있는, 지지되는 형광지질 2층막의 성분 배열을 만들 수 있는 효과적인 수단이다. 이에 따라 두 개의 다른 SUV 용액들의 확산 혼합에 의해 생성되는 SUVs의 농도 구배의 흐름에 의한 패턴된 기판의 위치 지정이 가능해진다. 그림 5.38은 미세 유체역학적 채널에서의 층류에 의한 한 성분 혹은 두 성분 혼합 배열의 형성 과정을 보여 주고 있다. 이 방법에서의 결점은 2층막의 위치를 조절할 수 없을 뿐만 아니라 동시에 위치 지정이 가능한 구분되는 성분들의 개수가 제한적이라는 것이다.

보다 최근에 Smith 등(2008)이 다중분석 2층막 지질 배열을 준비하기 위한 3D-연속류 마이크로스포터(microspotter) 시스템을 사용하였다. 이 방법으로 기존의 2-D 미세 유체역학에 비하여 보다 높은 밀도의 다중성분 배열을 만들 수 있다. Poly(dimethylsiloxane)나 PDMS 마이크로스포터는 폴리머 내부에 새겨진 미세 유체역학적 채널쌍에 의해 연결된 일련의 입구와 출구의 패인 부분으로 이루어져 있다. PDMS 프린트 헤드가 기판에 닿으면 한 개의 연속된 채널이 입구와 출구 사이에 형성되며, 기판상으로 연속적인 용액의 흐름이 발생한다. 각 채널이 각각 위치 지정이 가능하므로 2-D 2층막 배열이 가능해진다. 사전에 패턴된 기판이 불필요하다. 왜냐하면 2층막들이 PDMS 프린트 헤드로부터 실리카 기판에 부착된 잔류 PDMS에 의하여 띄엄띄엄한 마이크로미터 크기의 구역으로 둘러싸이기 때문이며,

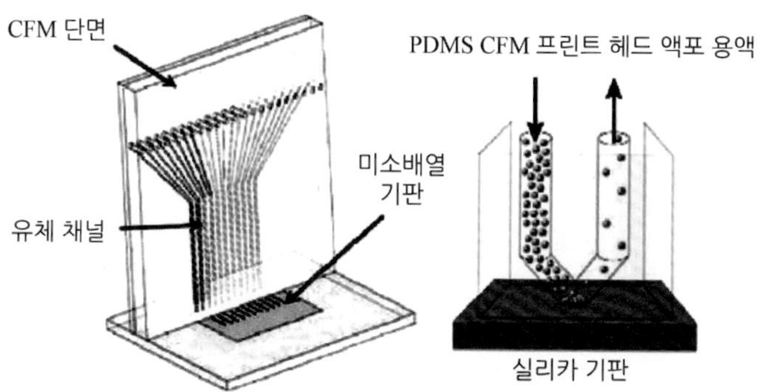

그림 5.38 CFM 장치 개략도와 실리카 기판에 접촉된 2층막 형성에 사용된 CFM 프린트 헤드의 상세도(Smith, K. A., Gale, B. K., and Conboy, J. C. Micropatterned Fluid Lipid Bilayer Arrays Created Using a Continuous Flow Microspotter. *Analytical Chemistry* 2008, 80.21: 7980－7987. © American Chemical Society의 승인에 의해 다시 그려졌음.)

이에 따라 지질들이 번지는 것이 방지된다. 면적 $400 \times 400\ \mu m^2$ 내에 구역들 사이 간격 400 μm으로 모아진 지질들에 의해 잘 거동되는 2층막이 생성된다.

5.10.6 요약

잠재적 유용성이 아직 달성되지는 않았지만, DNA와 지질 마이크로 배열들은 아주 새로운 기술들이다. 광범위한 사용이 현재로서는 올리고뉴클레오티드의 합성과 배열 제작 방법에서의 긴 시간에 의해 제한적이며, 이것이 미세배열 실험에 필요한 비용을 현저히 상승시킨다. 기술이 진보함에 따라 미세배열들은 어떤 생화학자나 분자 생물학자의 연구실에서도 필수적인 도구가 될 것으로 보인다.

인용된 문헌들

Baddour, C. E.; Breins, C. Carbon Nanotube Synthesis: A Review. *Int. J. Chem. React. Eng.* 2005, 3, 1-20.

Blodgett, K. B. Films Built by Depositing Successive Unimolecular Layers on a Solid Surface. *J. Am. Chem. SOC.* 1935, 57, 1007−1022.

Castellana, E. T.; Cremer, P. S. Solid Supported Lipid Bilayers: From Biological Studies to Sensor Design. *Surf. Sci. Rep.* 2006, 61(10), 429−444.

Crossland, E. J.; Ludwigs, S.; Hiimyer, M. A.; Steiner, U. Freestanding Nanowire Arrays from Soft-Etch Block Copolymer Templates. *Soft Matter.* 2007, 3, 94−98.

Dai, H. Carbon Nanotubes: Opportunities and Challenges. *Surf. Sci.* 2002, 500, 218−241.

Drexhage, K. H.; Zwick, M. M.; Kuhn, H. Sensitized Fluorescence after Light-Released Energy Transfer Through Thin Layers. *Ber. Bunsen-Ges. Phys. Chem.* 1963, 67, 6267.

Dufva, M. Fabrication of High Quality Microarrays. *Biomol. Eng.* 2005, 22, 173−184.

Gao, X.; Yang, L.; Petros, J. A.; Marshall, F. F.; Simons, J. W.; Nie, S. *In Vivo* Molecular and Cellular Imaging with Quantum Dots. *Curr. Opin. Biotechnol.* 2005, 16, 63−72.

Groves, J. T.; Boxer, S. G. Micropattern Formation in Supported Lipid Membranes. A*cc. Chem. Res.* 2002, 35, 149−157.

Groves, J. T; Ulman, N.; Boxer, S. G. Micropatterning Fluid Lipid Bilayers on Solid Supports. *Science.* 1997, 275(5300), 651−653.

Gu, L. Q., et al. Stochastic Sensing of Organic Analytes by a Pore-Forming Protein Containing a Molecular Adapter. *Nature.* 1999, 398(6729), 686−690.

Johal, M. S.; Parikh, a. N.; Lee. Y.; Casson, J. L.; Foster, L.; Swanson, B. I.; Mcbranch, D. W.; Li, D. Q.; Robinson, J. M. Study on the Conformational Structure and Cluster Formation in a Langmuir-Blodgett Film Using Second Harmonic Microscopy and FTIR Spectroscopy. *Langmuir.* 1999, 15, 1275.

Keidar, M.; Waas, A. M. On the Conditions of Carbon Nanotube Growth in the Arc Discharge. *Nanotechnology.* 2004, 15, 1571.

Klitzing, K. V.; Dorda, G.; Pepper, M. New Method for High Accuracy Determination of the Fine-Structure Constant Based on Quantized Hall Resistance. *Phys. Rev. Online Arch.* 1980, 45, 494−497.

Knobler, C. M. *Science.* 1990, 249, 870.

Lei, G.; Macdonald, R. Lipid Bilayer Vesicle Fusion: Intermediates Captured by High-Speed Microfluorescence Spectroscopy. *Biophysical Journal.* 2003, 85, 1585−1599, Biophysical Society, Elsevier.

Möbius, D. Z. *Naturforsch.* 1969, 24a, 251.

Radeva, T.; Petkanchin, I. Electrical Properties and Conformation of Polyethylenimine at the Hermatite-Aqueous Interface. *J. Colloid Interface Sci.* 1997, 196, 87.

Richter, R. P.; Berat, R.; Brisson, A. R. Formation of Solid-Supported Lipid Ailayers: An Integrated View. *Langmuir.* 2006, 22(8), 3497－3505.

Saito, R.; Dresselhaus, G.; Dresselhaus, M. S. *Physical Properties of Carbon Nanotubes.* Imperial College Press: London, 1998.

Sinnot, S. B.; Andrews, R.; Qian, D.; Rao, A. M.; Mao, Z.; Dickey, E. C.; Derbyshire, F. Model of Carbon Nanotube Growth through Chemical Vapour Deposition. *Chem. Phys. Lett.* 1999, 315, 25－30.

Smith, K. A.; Gale, B. K.; Conboy, J. C. Micropatterned Fluid Lipid Bilayer Arrays Created using a Continuous Flow Microspotter. *Anal. Chem.* 2008, 80(21), 7980－7987.

Takayanagi, K. Suspended Gold Nanowires: Ballistic Transport of Electrons. *JSAP Int.* 2001, 3, 3－8.

Tamm, L. K.; McConnell, H. M. Supported Phospholipid-Bilayers. *Biophys. J.* 1985, 47(1), 105－113.

Thostenson, E. T.; Resn, Z.; Chou, T. Advances in the Science and Technology of Carbon Nanotubes and Their Composites: A Review. *Compos. Sci. Technol.* 2001, 61, 1899－1912.

Wang, et al. AFM Tip Hammering Nanolithography, *Small.* 2009, 5(4), 477－483.

Ye, R.; Wang, T.; Bedzyk, L.; Croker, K. Applications of DNA Microarrays in Microbial Systems. *J. Microbiol. Meth.* 2001, 47, 257－272.

Yee, C. K.; Amweg, M. L.; Parikh, A. N. Direct Photochemical Patterning and Refunctionalization of Supported Phospholipid Bilayers. *J. Am. Chem. Soc.* 2004, 126(43), 13962－13972.

참고문헌과 권장도서

- Hamley, I. W. 2007. *Introduction to Soft Matter,* Revised Edition. John Wiley & Sons, Chichester, West Sussex, UK. 6장이 지질막, 단백질 그리고 다른 미세분자의 조립체 등에 대하여 우수한 읽을거리를 제공한다. 액정에 관한 재료들에 대하여 자세히 취급하지 않기 때문에 학생들이 이 책의 5장을 읽기를 권장한다. 또한 이 책은 좋은 몇 개의 연습문제를 갖고 있다.
- Kuhn, H., and Försterling, H.-D. 2000. *Principles of Physical Chemistry: Understanding Molecules, Molecular Assemblies, Supramolecular Machines.* John Wiley & Sons, Chichester, West Sussex, UK. 22장('Organized Molecules Assemblies')과 23장('Supramolecular Machin')이 자기 조립 물리화학과 초분자 과정에 관심을 가진 사람에게는 중요한 내용이다. 이 장들은 잘 쓰여졌으며, 학사과정 학생들이 접근하기 쉽다.
- Hanson, G. W. 2008. *Fundamentals of Nanoelectronics*, Prentice-Hall, Upper Saddle River, NJ. 이 책은 나노전자공학을 양자역학적으로 잘 취급하였다. 9장 'Nanowires and Nanotubes'가 특히 유용하다. 이 책을 읽으려면 물리학에 강한 배경 지식이 있어야 하며, 이 책은 나노 물질에서 자유 전자나 구속된 전자에 흥미를 가진 학생들에게 추천된다.
- Lehn, J. M. 1995. *Supramolecular Chemistry.* VCH Weinheim. 초분자 화학에 관한 필수 참고문헌이며, 이 용어를 만들어낸 노벨상 수상자에 의해 써졌다.
- Prasad, P. N. 2003. *Introduction to Biophotonics.* John Wiley & Sons, Hoboken, NJ. 이 책은 나노 물질에 초점을 맞추지 않았다 하더라도 나노 필름에 사용되는 매우 흥미로운 바이오물질들의 예를 제공한다. 이들은 바이오센서와 제노믹스, 프로테오믹스를 위한 미세배열 기술에 필요한 물질들을 포함한다.
- Prasad, P. N. 2004. *Nanophotonics.* John WIley & Sons, Hoboken, NJ. 이는 강력히 추천되는 책이다. 이 책은 바이오기술과 나노의약품을 위한 나노리소그래피와 나노광자학을 잘 다루고 있다.
- Decher, G., and Schlenoff, J. B. (Eds.). 2003. *Multilayer Thin Films: Sequential Assembly of Nanocomposite Materials.* John WIley & Sons, Weinheim, Germany. 이는 고분자전해질의 정전기적 자기 조립에 대한 최상의 정보이다. 이 책은 고분자전해질의 한층-한층 조립에서의 흥미로움을 느끼는 사람들에게 중요한 책이다. 이 책은 고분자전해질 다층 필름의 기본 원리와 잠재적 응용에 대한 좋은 자료를 제공한다.
- Rao, C. N. R., Müller, A., and Cheetham, A. K. (Eds.). 2005. *The Chemistry of Nanomaterials: Synthesis, Properties, and Applications(Volumes 1 and 2).* John Wiley & Sons, Weinheim, Germany. 이 책은 양자점, 나노튜브 그리고 나노와이어의(합성과 특성에 대하여) 좋은 해설을 담고 있다. 또한 이 책은 산화물 나노 입자에 대해서도 잘 다루고 있다.
- Rao, C. N. R., Müller, A., Cheetham, A. K. (Eds.). 2007. *Nanomaterials Chemistry:*

Recent Developments and New Directions. John Wiley & Sons, Weinheim, Germany. 이 책은 대부분의 무기 나노 재료에 대하여 잘 취급하고 있다. 이 책은 슈퍼캐패시터, 분자 기계 그리고 트랜지스터와 같은 흥미로운 응용을 위한 나노 재료의 사용에 대하여 논의한다.

- Gompper, G., and Schick, M. (Eds.). 2006. *Soft Matter.* John Wiley & Sons, Weinheim, Germany. 이 책의 첫 권은 고분자 용융체와 혼합물에 대하여 취급한다. 두 번째 권은 복합 콜로이드 현탁액에 대하여 논한다. 두 권 모두 이론적 연구가 깊으며, 계산 화학에 큰 흥미를 가진 대학원 학생들에게 권장된다.

연습문제

1. (a) 항원 X의 각기 다른 곳에 확실히 붙어있는 항체 A와 B 및 분광광도계를 사용하여, 용액 속 X의 농도를 정량화하기 위한 일련의 실험을 설계하시오. 모든 단계/계산에 대하여 설명하시오.

   (b) 양극성 이온의 2층 지질막 사이에서 어떤 종류의 척력이나 인력 작용을 예상할 수 있겠는가? 양극성 이온의 2층 지질막과 고체 지지대 사이에서는? 그들은 어떻게 다른가?

   (c) 결상을 위하여 양자점들이 세포에 주입된 상황을 생각해 보자 – 양자점들의 크기가 세포 기능들과 간섭을 일으키겠는가? 혹은 이 실험에서 어떤 문제가 발생하겠는가?

2. 2장 문제 11에서 보인 세 분자들을 생각해 보자. 이 분자들에 의해 만들어질 수 있는 랭뮤어 필름들이 그들의 $\Pi - A$ 등온선에서 히스테리리스를 보인다. 히스테리시스는 압축 등온선이 팽창 등온선과 다를 때 생긴다. 이러한 분자들에 대한 등온선에서의 히스테리시스는 가장 강한 끝쪽 그룹의 쌍극자 모멘트를 가진 것에서 최대가 된다. 이러한 관찰에 대하여 설명하시오.

3. 다음의 물질들과 자기 조립된 단일층필름에 대한 지식을 사용하여 금 표면에 항체(첫째 아민을 포함한)를 고정하기 위한 방법을 설계하시오. 표면은 주어진 용액 속에 담구는 과정을 거쳐서 기능화되었으며, 항체 자체를 고정하기 위하여 QCM이 사용되었다. 각 물질들이 왜, 그리고 어떻게 아래층과 결합하게 되었는지에 대해 자세히 설명하시오. 각 부착 단계에서 시간에 대한 QCM 질량의 형태가 무엇과 같이 보이게 되는지 정성적으로 예측하시오.

   (a) 1-ethyl-3-[3-dimethylaminopropyl]carbodiimide hydrochloride(혹은 ECD)의 수용액, (b) 무수 에탄올 속의 mercaptoundecanoic산, (c) N-hydroxysuccinimide (HNS)의 수용액, (d) 금 코팅된 기판.

4. 유리 기판 위에 PEI와 PAZO로 이루어진 다층 고분자전해질을 생성하는 것애 대하여 생각해 보자. 각 부착 단계 후에 필름의 질량은 QCM에 의해서 두께는 타원 분광계로 각각 측정될 수 있다. 다음의 파라메터들이 변함에 따라 10 – 2

층필름 필름에 대해서 어떻게 이 값들이 변하는지 예측하시오. (a) 고분자전해질 용액의 pH가 7에서 4까지 감소할 때, (b) 소금의 농도를 0에서 100 mM까지 증가시킬 때, (c) 부착 온도가 25°C에서 30°C까지 증가할 때. (a)에 대해서는 각 고분자전해질의 기들에 대한 여러 pK_a 값들을 찾을 필요가 있다.

부록

내부전반사(TIR : total internal reflection)

빛이 다른 굴절률($n_1 \neq n_2$)의 두 매질 사이 경계면에 쪼이면 빛은 2차 매질로 통과하며, $n_2 > n_1$이라고 하면 법선 쪽으로 굴절되고, $n_1 > n_2$라면 법선 쪽에서 멀어진다. 이 굴절은 스넬(Snell)의 법칙을 따르며

$$n_1 \sin\theta_1 = n_2 \sin\theta_2 \tag{A.1}$$

여기서 n_1과 n_2는 두 물질의 굴절률이다, θ_1은 입사각이고, θ_2는 굴절각이다. 두 번째 매질의 굴절률이 첫 번째 매질의 굴절률보다 더 작다면 임계각 ($\theta_{임계}$)이라고 하는 각이 존재한다. 여기서 굴절각이 $90°$이거나, 두 번째 매질에 있는 빛이 두 물질 사이의 경계면을 따라서 굴절된다. 어느 두 물질 사이의 임계각 $\theta_{임계}$는 스넬의 법칙을 적용한으로써 계산될 수 있으며, 간단한 대수식으로

$$\theta_{임계} = \arcsin\left(\frac{n_2}{n_1}\right) \tag{A.2}$$

입사각이 임계각보다 더 큰 각으로 물질 사이의 경계면을 때리면, 빛은 표면에서 반사된다. 이 현상을 내부 전반사라고 한다.

소멸파(evanescent waves)

고전물리학을 이용한 내부 전반사의 설명은 입사광이 두 물질 사이의 경계면에서 완전히 반사된다고 말한다. 하지만 실제로 입사광으로부터 약간의 에너지가 소량으로 두 번째 매질을 투과한다. 다른 매질로 들어간 빛의 일부를 소멸파(evanescent waves)라고 한다. 소멸파는 급속하게 감쇠하며, 다음 식에 따라서 두 물질 사이의 경계면에서 멀어진다.

$$E_x = E_0 e^{-x/d_p} \tag{A.3}$$

여기서 E_x는 경계면으로부터의 거리 x에서 소멸파의 전기장 진폭이며, E_0는

경계면에서 전기장이다. d_p는 투과 깊이, E_o가 원래 값의 $1/e$로 줄어드는 거리로 정의된다. 소멸파를 발생시키는 TIR의 조건이 알려진다면 d_p는

$$d_p = \frac{\lambda}{2\pi n_1 \sqrt{\sin^2\theta_{i\ \text{입사}} - \left(\frac{n_2}{n_1}\right)^2}} \tag{A.4}$$

여기서 $\theta_{\text{입사}}$는 입사각이고, n_1과 n_2는 두 매질의 굴절률이다. 소멸파의 투과 깊이 d_p는 빛의 주어진 파장에 대하여 계산될 수 있다. 가시광 영역에서, d_p의 값은 50에서 100nm 범위이다. 이와 같이 소멸파는 두 매질 사이의 경계면에 가까운 충분한 탐침 면적이 될 수 있다(즉, 그것이 표면 변위의 충분한 탐침이다). 가령 SPR, ATR-FTR 및 DPI 같은 여러 가지 나노 물질의 특성 기술에 대한 기초로서 도움이 된다.

찾아보기

ㄱ

ㄴ

ㄷ

ㄹ

ㅁ

ㅂ

M

P

S

V

W

X

기타

❑ 저자에 대하여

Makiat S. Johal은 캘리포니아 소재 포모나대학의 물리화학과 부교수이다. 영국의 워릭대학에서 화학 최우등 학위를 받았다. 영국 캠브리지 대학의 물리화학으로 박사학위를 획득한 후 박사후 연구교수로 뉴멕시코 주에 있는 로스 알라모스 국립연구소에 합류했다. 여기서 그는 나노 조립에 관한 비선형 광학 특성에 관하여 연구하였다. 포모나 대학에 있는 그의 실험실은 광학과 생화학적 응용을 위한 나노 물질 제조를 하기 위하여 자기조립과 이온 흡착 과정을 이용하는 데 초점을 두고 있다. Johal 교수의 실험실은 이온쌍 복합체 형성, 흡착, 표면 습윤성 및 분자간 비공유 상호작용을 연구한다. 그는 물리화학 및 소프트 나노 물질 과정을 가르친다. 나노 물질의 이해(Understanding Nanomaterials)는 그가 쓴 최초의 책이다.

나노물질의 이해

2014년 12월 05일 제1판 1쇄 인쇄
2014년 12월 10일 제1판 1쇄 펴냄

지은이 MALKIAT S. JOHAL
옮긴이 이용산·김석원
펴낸이 류제동
펴낸곳 **청문각**

편집국장 안기용 | 책임편집 우종현 | 본문디자인 네임북스
표지디자인 네임북스 | 제작 김선형 | 영업 류원식·함승형
출력 블루엔 | 인쇄 동화인쇄 | 제본 한진인쇄

주소 413-120 경기도 파주시 교하읍 문발로 116 | 우편번호 413-120
전화 1644-0965(대표) | 팩스 070-8650-0965 | 홈페이지 www.cmgpg.co.kr
등록 2012. 11. 26. 제406-2012-000127호

ISBN 978-89-6364-215-4 93500
값 22,000원

* 잘못된 책은 바꾸어 드립니다.
* 역자와의 협의하에 인지를 생략합니다.